普通高等教育系列教材

单片机原理及应用

——基于 C51+Proteus 仿真

刘志君　姚　颖　主　编

姜连国　关　蕊　副主编

付长顺　张程博　参　编

机 械 工 业 出 版 社

《单片机原理及应用——基于 C51+Proteus 仿真》以 51 单片机为核心芯片，使用 C51 编程语言和 Proteus 仿真软件联合对实际案例进行仿真调试，注重方法论述。本教材注重以就业为导向，以能力为本位，面向市场，面向社会，充分体现应用型教育的特色，满足培养高技能人才的需要。

本书不仅讲述了单片机的基本原理和内部结构，同时也介绍了 Proteus 和 Keil 软件的使用方法，对 C51 单片机的基础知识做了详细的介绍，本书的每个程序都进行了实际的调试。本书力争做到重点突出、概念清楚、层次清晰、深入浅出、简明易学，从而达到紧密联系实际、学用一致的目的。

本书适合作为本科和高职高专电气自动化、自动控制、电气控制、电子信息类专业的教学用书，还可作为从事电气自动化行业的工程技术人员的参考材料。

图书在版编目（CIP）数据

单片机原理及应用：基于 C51+Proteus 仿真/刘志君，姚颖主编 . —北京：机械工业出版社，2020.6（2024.1 重印）
普通高等教育系列教材
ISBN 978-7-111-65645-6

Ⅰ.①单… Ⅱ.①刘… ②姚… Ⅲ.①单片微型计算机-高等学校-教材
Ⅳ.①TP368.1

中国版本图书馆 CIP 数据核字（2020）第 084520 号

机械工业出版社（北京市百万庄大街 22 号　邮政编码　100037）
策划编辑：尚　晨　　　责任编辑：尚　晨
责任校对：张艳霞　　　责任印制：邓　博
北京盛通数码印刷有限公司印刷

2024 年 1 月第 1 版·第 7 次印刷
184mm×260mm·20 印张·493 千字
标准书号：ISBN 978-7-111-65645-6
定价：65.00 元

电话服务　　　　　　　　　　网络服务
客服电话：010-88361066　　　机 工 官 网：www.cmpbook.com
　　　　　010-88379833　　　机 工 官 博：weibo.com/cmp1952
　　　　　010-68326294　　　金 书 网：www.golden-book.com
封底无防伪标均为盗版　　　机工教育服务网：www.cmpedu.com

前　言

目前，单片机作为微型计算机的一个重要分支，发展迅速，应用广泛，尤其是AT89X51 系列单片机，在我国已经得到广泛应用。它用片内程序存储器代替片外程序存储器、串行扩展技术代替并行扩展技术使得外围电路更简单，成本更低，应用前景更好。

本书以 AT89S51 为核心芯片，先从单片机结构到指令系统到程序设计讲述了单片机的基础知识；再从中断到外围扩展电路逐步介绍了单片机系统设计的过程；最后给出了系统设计的实例。C51 结构简单，可移植性及程序可读性好，在单片机开发中越来越重要，因此本书以 C51 为主要编程语言进行实例的仿真。

全书共分 11 章，主要内容包括：单片机的基础知识；汇编语言简介；基于 Keil μVision4 软件的设计入门；Proteus 软件入门；Keil C51 语言的知识要点；单片机系统的输入输出和显示；中断系统、定时器/计数器、串行通信、单片机的扩展技术以及 I^2C 总线和 SPI 总线技术方面的知识等，从硬件电路到软件编程详细阐述了单片机设计的全过程。

参加本书编写工作的有：刘志君（编写第 5、第 6、第 8 章），姚颖（编写第 1、第 2 章），沈阳连国科技有限公司的姜连国（编写第 3、第 4 章），关蕊（编写第 9、10 章及附录），付长顺（编写第 5、第 7 章），张程博（编写第 11 章并调试全书的程序）。由辽宁科技学院方井林教授对本书进行主审。全书由刘志君统稿，后又根据主审的意见进行了必要修改和定稿。

限于编者的水平和经历，书中难免出现错误和不妥之处，恳请广大师生和读者提出宝贵意见和建议，以便再版修订时改正。

编　者

目　　录

第 1 章　单片机的基础知识

1.1　单片机的基础

单片机即在一片集成电路芯片上集成了 CPU、RAM、ROM、时钟、定时器/计数器、多功能串行或并行 I/O 口的通用 IC，从而构成了一个完整的单芯片微型计算机（Single Chip Microcomputer）。它的结构及功能最初是按工业控制要求设计的，使用时单片机通常处于测控系统的核心地位并嵌入其中，所以国际上通常把单片机称为嵌入式控制器（EMCU, Embedded MicroController Unit）或微控制器（MCU, MicroController Unit）。我国习惯使用"单片机"这一名称。

1.1.1　单片机的发展史

1. 单片机发展经历的四个阶段

以 8 位单片机的推出作为起点，单片机的发展历史大致可分为以下几个阶段。

第一阶段（1976~1978）：单片机的探索阶段。以 Intel 公司的 MCS-48 为代表。MCS-48 的推出属于在工控领域的探索，参与这一探索的公司还有 Motorola 、Zilog 等，都取得了满意的效果。这就是 SCM 的诞生年代，"单片机"一词即由此而来。

第二阶段（1978~1982）：单片机的完善阶段。Intel 公司在 MCS-48 基础上推出了完善的、典型的单片机系列 MCS-51。它在以下几个方面奠定了典型的通用总线型单片机体系结构。

1）完善的外部总线。MCS-51 设置了经典的 8 位单片机的总线结构，包括 8 位数据总线、16 位地址总线、控制总线及具有多机通信功能的串行通信接口。

2）具备 CPU 外围功能单元的集中管理模式。

3）体现工控特性的位地址空间及位操作方式。

4）指令系统趋于丰富和完善，并且增加了许多突出控制功能的指令。

第三阶段（1982~1990）：向微控制器发展的阶段，也是 8 位单片机的巩固发展及 16 位单片机的推出阶段。Intel 公司推出的 MCS-96 系列单片机，将一些用于测控系统的模数转换器、程序运行监视器、脉宽调制器等纳入片中，体现了单片机的微控制器特征。随着 MCS-51 系列的广泛应用，许多电气厂商竞相使用 80C51 为内核，将许多测控系统中使用的电路技术、接口技术、多通道 A-D 转换部件、可靠性技术等应用到单片机中，增强了外围电路的功能，强化了智能控制的特征。

第四阶段（1990 至今）：微控制器的全面发展阶段。随着单片机在各个领域全面深入的发展和应用，出现了高速、大寻址范围、强运算能力的 8 位/16 位/32 位通用型单片机，以及小型廉价的专用型单片机。

2. 单片机的发展趋势

为了降低功耗，单片机在工艺上已经全部采用了 CHMOS 技术。今后单片机的发展趋势将是向低功耗、小体积、大容量、高性能、低价格、外围电路内装化等方面发展。为满足不同用户的要求，各公司竞相推出能满足不同需要的产品。

（1）CPU 的改进

1）增加 CPU 数据总线宽度。例如，各种 16 位单片机和 32 位单片机，数据处理能力要优于 8 位单片机。另外，8 位单片机内部采用 16 位数据总线，其数据处理能力明显优于一般 8 位单片机。

2）采用双 CPU 结构，以提高数据处理能力。

3）采用精简指令集（RISC）结构和流水线技术，可以大幅度提高运行速度。现指令最高速度已达 100MIPS（Million Instruction Per Seconds，即兆指令每秒），并加强了位处理功能、中断和定时控制功能。这类单片机的运算速度比标准的单片机高出 10 倍以上。由于这类单片机有极高的指令速度，就可以用软件模拟其 I/O 功能，由此引入了虚拟外设的新概念。

（2）存储器的发展

1）片内程序存储器普遍采用闪烁（Flash）存储器。可不用外扩展程序存储器，简化系统结构。

2）加大存储容量。目前有的单片机片内程序存储器容量可达 128 KB 甚至更多。

（3）片内 I/O 的改进

1）增加并行口驱动能力，以减少外部驱动芯片。有的单片机可以直接输出大电流和高电压，以便能直接驱动 LED 和 VFD（荧光显示器）。

2）有些单片机设置了一些特殊的串行 I/O 功能，为构成分布式、网络化系统提供方便条件。

（4）低功耗管理

现在几乎所有的单片机都配置有等待状态、睡眠状态、关闭状态等工作方式。CMOS 芯片除具有低功耗特征外，还具有功耗的可控性，使单片机可以工作在功耗精细管理状态。此外，有些单片机采用了双时钟技术，即有高速和低速两个时钟，在不需要高速运行时，即转入低速工作以降低功耗；有些单片机采用高速时钟下的分频和低速时钟下的倍频控制运行速度，以降低功耗。低功耗的实现提高了产品的可靠性和抗干扰能力。

（5）外围电路内装化

将众多外围电路全部装入片内，即系统的单片化是目前发展趋势之一。例如，美国 Cygnal 公司的 8 位 C8051F020 单片机，内部采用流水线结构，大部分指令的完成时间为 1 或 2 个时钟周期，峰值处理能力为 25 MIPS。片上集成有 8 通道 A-D、两路 D-A、两路电压比较器，内置温度传感器、定时器、可编程数字交叉开关和 64 个通用 I/O 口、电源监测、看门狗、多种类型的串行接口（两个 UART、SPI）等。一片芯片就是一个"测控"系统。

（6）串行扩展技术

在很长一段时间里，通用型单片机通过并行三总线结构扩展外围器件成为单片机应用的主流结构。随着 I²C、SPI 等串行总线及接口的引入，推动了单片机"单片"应用结构的发展，使单片机的引脚可以设计得更节约，单片机系统结构更简化和规范化。

（7）ISP 更加完善

ISP，In-System Programming 的缩写，即在线可编程，指电路板上没有装载程序的空白单片机芯片可以编程写入最终用户代码，而不需要从电路板上取下单片机芯片，已经编程的单片机芯片也可以用 ISP 方式擦除、改写或再编程。ISP 技术是未来发展方向。快擦写存储器（Flash Memory）的出现和发展，推动了 ISP 技术的发展，使得 ISP 的实现变得简单。单片机芯片内部的快擦写存储器可以由个人计算机的软件通过串口来进行改写，所以即使我们将单片机芯片焊接在电路板上，只要留出和个人计算机接口的这个串口，就可以实现单片机芯片内部存储器的改写，而无须再取下单片机芯片。

（8）SOC 型单片机方兴未艾

随着超大规模集成电路设计技术发展，一个硅片上就可以实现一个复杂的系统，即 System On Chip（SOC），即片上系统。狭义上理解，可以将它翻译为"系统集成芯片"，指在一个芯片上实现信号采集、转换、存储、处理和 I/O 等功能，包含嵌入软件及整个系统的全部内容；广义上理解，可以将它翻译为"系统芯片集成"，指一种芯片设计技术，可以实现从确定系统功能开始，到软硬件划分，并完成设计的整个过程。核心思想是把整个电子系统全部集成在一个芯片中，避免大量 PCB 设计及板级的调试工作。设计者面对的不再是电路及芯片，而是根据系统的固件特性和功能要求，把各种通用处理器内核及各种外围功能部件模块作为 SOC 设计公司的标准库，成为 VLSI 设计中的标准器件，用 VHDL 等语言描述，存储在器件库中。用户只需定义整个应用系统，仿真通过后就可以将设计图交给半导体器件厂商制作样品。除无法集成的器件外，整个系统大部分均可集成到一块或几块芯片中去，系统电路板简洁，对减小体积和功耗、提高可靠性非常有利。SOC 使系统设计技术发生革命性变化，标志着一个全新时代到来。

综上所述，单片机正在向多功能、高性能、高速度（时钟达 40 MHz）、低电压（0.8 V 即可工作）、低功耗、低价格（几元钱）、外围电路内装化、片内程序存储器和数据存储器容量不断增大以及 SOC 型单片机的方向发展。

1.1.2 单片机的应用

目前单片机已渗透到我们生活的各个领域，几乎很难找到哪个领域没有单片机的踪迹。如导弹的导航装置，飞机上各种仪表的控制，计算机的网络通信与数据传输，工业自动化过程的实时控制和数据处理，广泛使用的各种智能 IC 卡，民用豪华轿车的安全保障系统，录像机、摄像机、全自动洗衣机的控制，以及遥控玩具、电子宠物等，这些都离不开单片机。个人计算机中也会有为数不少的单片机在工作，更不用说自动控制领域的机器人、智能仪表、医疗器械以及各种智能机械了。单片机的数量不仅远超过 PC 和其他计算机的总和，甚至比人类的数量还要多。以下大致介绍一些典型的应用领域和应用特点。

1. 家电领域

可以这样说，现在的家用电器基本上都采用了单片机控制，从电饭煲、洗衣机、电冰箱、微波炉、空调机、彩电、摄像机及其他视频音像设备的控制，再到电子秤、儿童玩具以及机器人的控制，五花八门，无所不在。

2. 办公自动化领域

现代办公室中所使用的大量通信、信息产品多数都采用了单片机，如通用计算机系统中的键盘译码、磁盘驱动、打印机、绘图仪、复印机、电话、传真机、考勤机等。

3. 通信领域

现在的通信设备基本上都实现了单片机智能控制，从调制解调器、传真机、小型程控交换机、楼宇自动通信呼叫系统、列车无线通信、再到日常工作中随处可见的移动电话、集群移动通信、信息网络、无线电对讲机等。

4. 商业营销领域

在商业营销系统已广泛使用的电子秤、收款机、条码阅读仪、仓库安全监测系统、商场保安系统、空调调节系统、冷冻保险系统等目前已纷纷采用单片机构成专用系统，主要由于这种系统具有明显的抗病菌侵害、高效高智能化、抗电磁干扰等高可靠性保证。

5. 工业控制领域

工业过程控制、过程监测、工业控制器及机电一体化控制系统等除一些小型工控机之外，许多系统都是由单片机为核心的单机或多机网络系统。如工业机器人的控制系统是由中央控制器、感知系统、行走系统、擒拿系统等节点构成的多机网络系统。另外由单片机构成的控制系统形式多样，如工厂流水线的智能化管理、电梯智能化控制、各种报警系统、与计算机联网构成的二级控制系统等。

6. 仪器仪表领域

单片机具有体积小、功耗低、控制功能强、扩展灵活、微型化和使用方便等优点，广泛应用于仪器仪表中，结合不同类型的传感器，可实现诸如电压、功率、频率、湿度、温度、流量、速度、厚度、角度、长度、硬度、压力等物理量的测量。采用单片机控制使得仪器仪表数字化、智能化、微型化，且功能比起采用电子或数字电路更加强大。例如精密的测量设备（功率计、示波器、各种分析仪）。将单片机与传感器相结合可以构成新一代的智能传感器，它将传感器初级变化后的电量作进一步的变换、处理，输出能满足远距离传送的数字信号。例如将压力传感器与单片机集成在一起的微小压力传感器可随钻机送至井底，以报告井底的压力状况。

7. 医疗器械领域

单片机在医用设备中的用途亦相当广泛，例如医用呼吸机、各种分析仪、监护仪、超声诊断设备及病床呼叫系统等。

8. 汽车电子领域

单片机在汽车电子中的应用非常广泛，例如汽车中的发动机控制器、基于 CAN 总线的汽车发动机智能电子控制器、智能自动驾驶系统、GPS 导航系统、ABS 防抱死系统、制动系统、汽车紧急请求服务系统、汽车防撞监控系统、汽车自动诊断系统以及汽车黑匣子等。

此外，单片机在工商、金融、科研、教育、交通、国防、航空、航天、航海等领域都有着十分广泛的应用。

1.1.3 数制和编码

1. 计算机中数据的单位

（1）位（bit）

位简记为 b，也称为比特，是计算机存储数据的最小单位。一个"比特"也可以说成"位"，一个二进制位只能表示 0 或 1。

（2）字节（byte）

字节由 8 位二进制数字构成，一般用大写的"B"表示"byte"，字节是存储信息的基本单位，并规定 1B＝8bit。

（3）字（Word）

一个字通常由一个字节或若干个字节组成。字节是微型计算机一次所能处理的实际位数长度。

（4）十六进制数字的表示

十六进制数的表示，即后面跟随"H"或"h"后级的数字，或者前面加"0x"或"0X"前级的数字表示是一个十六进制数。

2. 数制

计算机只能识别二进制数。用户通过键盘输入的十进制数字和符号命令，计算机是不能识别的，计算机必须把它们转换成二进制形式才能识别、运算和处理，然后再把运算结果还原成十进制数字和符号，并在显示器上显示出来，所以需要对计算机常用的数制和数制间的转换进行讨论。

所谓数制是指计数的规则，按进位原则进行计数的方法，成为进位计数制。数制有很多种，计算机编程时常用的数制为二进制、八进制、十进制和十六进制。

（1）十进制（decimal）

十进制由 0~9 十个数码组成。十进制的基数是 10，低位向高位进位的规律是"逢十进一"。十进制数的主要特点：

1）有 0~9 十个不同的数码，这是构成所有十进制数的基本符号。

2）逢 10 进位。十进制在计数过程中，当它的某位计数满 10 时就要向它邻近的高位进一。

在一个多位的十进制数中，同一个数字符号在不同的数位所代表的数值是不同的。因为，任何一个十进制数不仅与构成它的每个数码本身的值有关，而且还与这些数码在数中的位置有关。如 333.3 中 4 个 3 分别代表 300、30、3 和 0.3，这个数可以写成：

$$333.3 = 3\times10^2+3\times10^1+3\times10^0+3\times10^{-1}$$

式中的 10 称为十进制的基数，指数 10^2、10^1、10^0、10^{-1} 称为各数位的权。从上式可以看出：整数部分中每位的幂是该位位数减 1；小数点后第一位的位权是 10^{-1}，第二位的位权是 10^{-2}，……，其余位的位权以此类推。

通常，任意一个十进制数 N 都可以表示成按权展开的多项式：

$$(N)_{10} = \pm \sum_{i=n-1}^{-m} a_i \times 10^i \tag{1-1}$$

式（1-1）中，a_i 是基数 10 的 i 次幂的系数，是 0~9 共 10 个数字中的任意一个，m 是小数点右边的位数，i 是位数的序数。

一般而言，对于 R 进制表示的数 N，可以按权展开为

$$N = a_{n-1} \times R^{n-1} + \cdots + a_0 \times R^0 + a_{-1} \times R^{-1} + \cdots + a_{-m} \times R^{-m} = \sum_{i=-m}^{-m} a_i \times R^i \tag{1-2}$$

其中，a_i 是 0、1、…、$(R-1)$ 中的任一个，m、n 是正数，R 是基数。在 R 进制中，每个数字所表示的值是该数字与它相应的权 R^i 的乘积，计数原则是"逢 R 进一"。

（2）二进制（binary）

二进制数的主要特点：

1）它有 0 和 1 两个数码，任何二进制都是由这两个数码组成。

2）二进制数的基数为 2，它奉行"逢二进一"的进位计数原则。

当式（1-1）中 $R=2$ 时，称为二进制计数制，简称二进制。在二进制数中，只有两个不同码数：0 和 1，进位规律为"逢二进一"。任何一个数 N，可用二进制表示为

$$N = a_{n-1} \times 2^{n-1} + \cdots + a_0 \times 2^0 + a_{-1} \times 2^{-1} + \cdots + a_{-m} \times 2^{-m} = \sum_{i=-m}^{-m} a_i \times 2^i \quad (1-3)$$

例如，二进制数 1011.01 可表示为

$$(1011.01)_2 = 1 \times 2^3 + 0 \times 2^2 + 1 \times 2^1 + 1 \times 2^0 + 0 \times 2^{-1} + 1 \times 2^{-2}$$

（3）八进制

当 $R=8$ 时，称为八进制。在八进制中，有 0、1、2、…7 共 8 个不同的数码，采用"逢八进一"的原则进行计数。例如，$(503)_8$ 可表示为

$$(503)_8 = 5 \times 8^2 + 0 \times 8^1 + 3 \times 8^0$$

（4）十六进制（hexadecimal）

当 $R=16$，称为十六进制数。十六进制数的主要特点：

1）它有 0、1、2、3、…、D、E、F 共 16 个数码，任何一个十六进制都由其中的一些或全部数码构成。

2）十六进制的基数为 16，进位方式为逢 16 进 1。

十六进制数也可展开成幂级数形式。例如，$(3AB.0D)_{16}$ 可表示为：

$$(3AB.0D)_{16} = 3 \times 16^2 + 10 \times 16^1 + 11 \times 16^0 + 0 \times 16^{-1} + 13 \times 16^{-2}$$

各种进制的对应关系见表 1-1。

表 1-1　十、二、八、十六进制的对应关系

十进制	二进制	八进制	十六进制	十进制	二进制	八进制	十六进制
0	0	0	0	9	1001	11	9
1	1	1	1	10	1010	12	A
2	10	2	2	11	1011	13	B
3	11	3	3	12	1100	14	C
4	100	4	4	13	1101	15	D
5	101	5	5	14	1110	16	E
6	110	6	6	15	1111	17	F
7	111	7	7	16	10000	20	10
8	1000	10	8				

3. 不同进制之间的转换

计算机中数的表示形式是二进制，这是因为二进制只有 0 和 1 两个数码，可通过晶体管的导通和截止、脉冲的高电平和低电平等方便地表示。此外二进制数运算简单，便于用电子线路实现。在实际编程的过程中，采用十六进制可以大大减轻阅读和书写二进制数时的负担。

例如，11011011＝DBH、1001001111110010B＝93F2H。

显然，采用十六进制数描述一个二进制数特别简短，尤其在描述的二进制数位数较长

时，更令计算机工作者感到方便。

但人们习惯于使用十进制数，为了方便各种应用场合的需要，要求计算机能自动对不同数制的数进行转化。

（1）二进制、八进制、十六进制数转化为十进制数

对于任何一个二进制数、八进制数、十六进制数，均可以先写出它的位权展开式，然后再按十进制进行计算，即可将其转换为十进制数。

例如，二进制数转化为十进制数：

$$(1111.11)_2 = 1 \times 2^3 + 1 \times 2^2 + 1 \times 2^1 + 1 \times 2^0 + 1 \times 2^{-1} + 1 \times 2^{-2} = 15.75$$

八进制数转换为十进制数：

$$(46.12)_8 = 4 \times 8^1 + 6 \times 8^0 + 1 \times 8^{-1} + 2 \times 8^{-2} = 38.15625$$

十六进制转换为十进制数：

$$(A10B.8)_{16} = 10 \times 16^3 + 1 \times 16^2 + 0 \times 16^1 + 11 \times 16^0 + 8 \times 16^{-1} = 41227.5$$

（2）十进制数转换成二进制数、八进制数、十六进制数

本转换过程是上述过程的逆过程，但十进制整数和小数转换成二进制、八进制、十六进制整数和小数的方法是不同的，现分别进行介绍。

1）整数部分：除基取余法。分别用基数 R 不断地去除 N 的整数，直到商为零为止，每次所得的余数依次排列即为相应进制的数码。最初得到的为最低有效数字，最后得到的为最高有效数字。现列举加以说明。

【例题 1-1】试求出十进制数 100 的二进制数、八进制数和十六进制数。

解：① 转化为二进制数：

把 100 连续除以 2，直到商数小于 2，相应的有

	余数	
100/2 = 50	0	最低位
50/2 = 25	0	
25/2 = 12	1	
12/2 = 6	0	
6/2 = 3	0	
3/2 = 1	1	
1/2 = 0	1	最高位

把所得余数从高位到低位排列起来便可以得到：100 = 1100100B。

② 转化为八进制数：

把 100 连续除以 8，直到商数小于 8，相应的有

	余数	
100/8 = 12	4	最低位
12/8 = 1	4	
1/8 = 0	1	最高位

把所得余数从高位到低位排列起来便可以得到：100 = 144O。

③ 转化为十六进制数：

把 100 连续除以 16，直到商数小于 16，相应的有

$$100/16 = 6 \qquad 4 \qquad 最低位$$

$$6/16 = 0 \qquad 6 \qquad 最高位$$

把所得余数从高位到低位排列起来便可以得到：100＝64H

2）小数部分：乘基取整法。分别用基数 R（R＝2、8 或 16）不断地去乘 N 的小数，直到积的小数部分为零（或满足所需精度）为止，每次乘得的整数依次排列即为相应进制的数码。最初得到的为最高有效数字，最后得到的为最低有效数字。

【例1-2】试求出十进制数 0.645 的二进制、八进制数和十六进制数。

解：① 转化为二进制数：

$$0.645 \times 2 = 1.290 \qquad 整数 \cdots\cdots 1 \qquad 高位$$
$$0.29 \times 2 = 0.58 \qquad 整数 \cdots\cdots 0$$
$$0.58 \times 2 = 1.16 \qquad 整数 \cdots\cdots 1$$
$$0.16 \times 2 = 0.32 \qquad 整数 \cdots\cdots 0$$
$$0.32 \times 2 = 0.64 \qquad 整数 \cdots\cdots 0$$
$$0.64 \times 2 = 1.28 \qquad 整数 \cdots\cdots 1$$
$$0.28 \times 2 = 0.56 \qquad 整数 \cdots\cdots 1 \qquad 低位$$

把所得整数按从高位到低位排列后得到：0.645D≈0.1010011B。

② 转化为八进制数：

$$0.645 \times 8 = 5.16 \qquad 整数 \cdots\cdots 5 \qquad 高位$$
$$0.16 \times 8 = 1.28 \qquad 整数 \cdots\cdots 1$$
$$0.28 \times 8 = 2.24 \qquad 整数 \cdots\cdots 2$$
$$0.24 \times 8 = 1.92 \qquad 整数 \cdots\cdots 1$$
$$0.92 \times 8 = 7.36 \qquad 整数 \cdots\cdots 7 \qquad 低位$$

把所得整数按从高位到低位排列后得到：0.645D≈0.51217O。

③ 转化为十六进制数：

$$0.645 \times 16 = 10.320 \qquad 整数 \cdots\cdots A \qquad 高位$$
$$0.32 \times 16 = 5.12 \qquad 整数 \cdots\cdots 5$$
$$0.12 \times 16 = 1.92 \qquad 整数 \cdots\cdots 2$$
$$0.92 \times 16 = 14.72 \qquad 整数 \cdots\cdots E$$
$$0.72 \times 16 = 11.52 \qquad 整数 \cdots\cdots B \qquad 低位$$

把所得整数按从高位到低位排列后得到：0.645D≈0.A52EBH。

3）对同时有整数和小数两部分的十进制数，在转化为二进制、八进制和十六进制时，其转换的方法是：先对整数和小数部分分开转换后，再合并起来。

（3）二进制数和八进制数的转换

由于 2 的 3 次方是 8，所以可采用"三合一"的原则，即从小数点开始分别向左、右两边各以 3 位为一组进行二进制到八进制数的转换；若不足 3 位的以 0 补足，便可将二进制数转换为八进制数。

反之，采用"一分为三"的原则，每位八进制数用三位二进制数表示，就可将八进制数转换为二进制数。

【例1-3】 将二进制数 1011010101.01111B 转换成八进制数。

$$
\begin{array}{ccccccc}
001 & 011 & 010 & 101 & . & 011 & 110 \\
1 & 3 & 2 & 5 & . & 3 & 6
\end{array}
$$

所以，1011010101.01111B = 1325.36O。

例题：将八进制数 472.63 转换成二进制数。

$$
\begin{array}{cccccc}
4 & 7 & 2 & . & 6 & 3 \\
100 & 111 & 010 & . & 110 & 011
\end{array}
$$

所以，472.63O = 100111010.110011B。

（4）二进制数和十六进制数的转换

由于二进制数和十六进制数间的转换十分方便，再加上十六进制数在表达数据时形式简单，所以编程人员大多采用十六进制数的形式来代替二进制数。

二进制数和十六进制数间的转换同二进制数和八进制数之间的转换一样，采用“四位合一位法”，即从二进制的小数点开始，分别向左、右两边各以4位为一组，不足4位以0补足，然后分别把每组数用十六进制数码表示，并按序相连。

而十六进制数转换成二进制数的转换方法采用“一分为四”的原则，即把十六进制数的每位分别用4位二进制数码表示，然后分别把它们连成一体。

【例1-4】 将二进制数 1011010101.01111B 转换成十六进制数。

$$
\begin{array}{ccccccc}
0010 & 1101 & 0101 & . & 0111 & 1000 \\
2 & D & 5 & . & 7 & 8
\end{array}
$$

所以，1011010101.01111B = 2D5.78H。

【例1-5】 将十六进制数 EF8.7D 转换成二进制数。

$$
\begin{array}{cccccc}
E & F & 8 & . & 7 & D \\
1110 & 1111 & 1000 & . & 0110 & 1101
\end{array}
$$

所以，EF8.7D = 111011111000.01101101B。

4. 编码

计算机不仅要识别人们习惯的十进制数、完成数值计算问题，而且要处理大量文字、字符和各种符号（标点符号、运算符号）等非数值计算问题。这就要求计算机必须能够识别它们。也就是说，字符、符号和十进制数最终都要转换为二进制格式的代码，即信息和数据的二进制编码。

根据信息对象的不同，计算机中的编码方式（码制）也不同，常见的码制有 BCD 码和 ASCII 码。

（1）BCD 码

为了在计算机的输入输出操作中能直观迅速地与常用的十进制数相对应，习惯上用二进制代码表示十进制数，这种编码方法简称 BCD 码（Binary Coded Decimal），其与十进制数对应关系见表 1-2。

8421 码是 BCD 的一种，因组成它的4位二进制数每一位的权为8、4、2、1而得名。这种编码形式利用4位二进制码来表示一个十进制的数码，使二进制和十进制之间的转换得以便捷地进行。

表 1-2　十进制数与对应的 BCD 码

十 进 制 数	BCD 码	十 进 制 数	BCD 码
0	0000	8	1000
1	0001	9	1001
2	0010	10	0001000
3	0011	11	00010001
4	0100	12	00010010
5	0101	13	00010011
6	0110	14	00010100
7	0111	15	00010101

（2）ASCII 码

目前采用的字符编码主要是 ASCII 码，即 American Standard Code for Information Interchange 的缩写。

ASCII 码是用 7 位二进制数编码来表示 128 个字符和符号，一个 ASCII 码存放在一个字节的低 7 位，字节的高位为 0，因此可以表示 128 个不同字符，如附录 B 所见。

数字 0~9 的 ASCII 码为 0110000B~0111001B（即 30H~39H），大写字母 A~Z 的 ASCII 码为 41H~5AH。同一个字母的 ASCII 码的码制小写字母比大写字母大 32（20H）。

1.1.4　计算机中数的表示与运算

计算机中的数按数的性质分为：整数（无符号整数、有符号整数）和小数（定点数、浮点数）；按有无符号分为：有符号数（正数、负数）和无符号数。

1. 无符号数的表示

（1）无符号数的表示形式

用来表示数的符号的数位称为符号位。无符号数没有符号位，数的所有数位 D_{n-1}~D_0 均为数值位。其表示形式为：

（2）无符号二进制数的表示范围

一个 n 位无符号二进制数 X，它可以表示的数的范围为 $0 \leqslant X \leqslant 2^n - 1$。若结果超出了数的可表示范围，则会产出溢出，出错。

2. 有符号数的表示

有符号数由符号位和数值位两部分组成，数学中的正、负号用符号"+"、"−"来表示，在计算机中规定：用"0"表示"+"，用"1"表示"−"。这样数的符号位在计算机中已经数码化了。符号位数码化后的数就称为机器数，原来的数称为机器数的真值。

计算机的有符号数或者说机器数有 3 种表示形式：原码、反码和补码。目前计算机中的数是采取补码表示的。

（1）原码

对于一个二进制数 X，若最高数位用"0"表示"+"，用"1"表示"−"，其余各数位表示数值本身，则称为原码表示法，记为$[X]_原$。

【例1-6】$X=+1101011$，$Y=-1000011$，求$[X]_原$，$[Y]_原$。

$$[X]_原=01101011，[Y]_原=11000011$$

值得注意的是，0在8位单片机中的两种原码形式为：$[+0]_原=00000000B$，$[-0]_原=10000000B$，所以数0的原码不唯一。

8位二进制原码可表示的范围为：$-127\sim+127$。

（2）反码

正数的反码表示与其原码相同，负数的反码是其原码的符号位不变、数值各位取反，记为$[X]_反$。

【例1-7】$X=+1101011$，$Y=-1000011$，求$[X]_反$，$[Y]_反$。

$$[X]_反=01101011，[Y]_反=10111100$$

0在反码中有两种表示形式：

$$[+0]_反=00000000B，[-0]_反=11111111B$$

（3）补码

正数的原码、反码和补码相同，负数的补码其最高位为1，数值位等于反码数值位的低位加"1"。

【例1-8】$X=+1101011$，$Y=-1000011$，求$[X]_补$，$[Y]_补$。

$$[X]_补=01101011，[Y]_补=10111101$$

$$[+0]_补=00000000B，[-0]_补=00000000B$$

由此可见，不论是+0还是-0，0在补码中只有唯一的一种表示形式。

3. 无符号数的运算

无符号数的运算主要是无符号数的加、减、乘、除运算与溢出。

（1）二进制数的加减运算

二进制加法运算，每一位遵循如下法则：

$0+0=0$，$0+1=1$，$1+0=1$，$1+1=0$（向高位有进位），逢二进一。

$0-0=0$，$1-1=0$，$1-0=1$，$0-1=1$（向高位有借位），借一为二。

（2）二进制数乘法运算

二进制乘法运算，每一位遵循如下法则：$0\times0=0$，$0\times1=0$，$1\times0=0$，$1\times1=1$。其特点是：当且仅当两个1相乘时结果为1，否则为0。二进制数乘法运算过程是若乘数位为1，则将被乘数加于中间结果中；若乘数为0，则加0于中间结果中。

【例1-9】乘数为1101B，被乘数为0101B，求乘积的值。

0101	被乘数
× 1101	乘数
0101	部分积
0000	
0101	
0101	
1000001B	乘积

（3）二进制数除法运算

【例1-10】除数为101，被除数为011010，求商的值。

$$
\begin{array}{r}
101 \quad\text{商} \\
\text{除数}101\quad\sqrt{011010}\quad\text{被除数} \\
101 \\
\hline
00110\quad\text{部分余数} \\
-)\quad101 \\
\hline
001\quad\text{余数}
\end{array}
$$

二进制数除法商的过程和十进制数有些类似，首先将除数和被除数的高 n 位进行比较，若除数小于被除数，则商为1，然后从被除数中减去除数，得到部分余数；否则商为0。将除数和新的部分余数进行比较，直至被除数所有的位数都处理完毕为止，最后得到商和余数。

4. 二进制数的逻辑运算

计算机处理数据时常常要用到逻辑运算，逻辑运算由专门的逻辑电路完成。

（1）逻辑与运算

逻辑与运算常用算符"$\wedge$"表示，逻辑与运算的运算法则为：$0 \wedge 1 = 1 \wedge 0 = 0$，$0 \wedge 0 = 0$，$1 \wedge 1 = 1$。逻辑与运算法则可概括为"只有对应的两个二进位均为1时，结果位才为1，否则为0"。

$$
\begin{array}{r}
01110101B \\
\wedge\quad01000111B \\
\hline
01000101B
\end{array}
$$

所以，$01110101B \wedge 01001111B = 01000101B$。

（2）逻辑或运算

逻辑或运算常用算符"$\vee$"表示，逻辑或的运算法则为：$0 \vee 1 = 1 \vee 0 = 1$，$0 \vee 0 = 0$，$1 \vee 1 = 1$。逻辑或运算法则可概括为"只要对应的两个二进位有一个为1时，结果位就为1"。

例如：求 $00110101B \vee 0000111B$ 的值。

$$
\begin{array}{r}
00110101B \\
\vee\quad00000111B \\
\hline
00110111B
\end{array}
$$

所以，$00110101B \vee 00000111B = 00110111B$。

（3）逻辑非运算

逻辑非运算常采用算符"$-$"表示，运算法则为：$\overline{1} = 0$，$\overline{0} = 1$。

例如：已知 $A = 10101B$，试求 $\overline{A}$ 的值。

$$
\overline{A} = \overline{10101B} = 01010B
$$

（4）逻辑异或运算

逻辑异或运算常采用算符 $\oplus$ 表示，逻辑异或的运算法则为：$0 \oplus 1 = 1 \oplus 0 = 1$，$0 \oplus 0 = 1 \oplus 1 = 0$。逻辑异或运算可概括为"两对应的二进位不同时，结果为1，相同时为0"。

例如：已知 $A = 10110110B$，$B = 11110000B$，试求 $A \oplus B$ 的值。

$$
\begin{array}{r}
10110110B \\
\oplus\quad11110000B \\
\hline
01000110B
\end{array}
$$

5. 有符号数的运算

原码表示的数虽然比较简单、直观，但由于计算机中的运算电路非常复杂，尤其是符号位需要单独处理。补码虽不易识别，但运算方便，特别在加减运算中更是这样。当所有参加运算的带符号数都用补码表示后，计算机对它运算后得到的结果必然也是补码，符号位则无须单独处理。

（1）补码的加、减法运算

补码加、减法运算的通式为：

$$[A+B]_补 = [A]_补 + [B]_补$$

$$[A-B]_补 = [A]_补 - [B]_补$$

即两数之和的补码等于两数补码之和，两数之差的补码等于两数补码之差。设机器数字长为 n，则参与运算的数值的模为 2^n。A、B、A+B 和 A-B 必须都在 $-2^n \sim 2^{n-1}-1$ 范围内，否则机器便会产生溢出错误。在运算过程中，运算位和数值位要一起参加运算，符号位的进位位略去不计。

【例1-11】 已知 A = +19，B = 10，C = -7。试求 $[A+B]_补$、$[A-B]_补$、$[A+C]_补$。

解：$[A]_补 = 00010011B$，$[B]_补 = 00001010B$，$[-B]_补 = 11110110B$，$[C]_补 = 11111001B$。

1）$[A+B]_补 = [A]_补 + [B]_补 = 00010011B + 00001010B = 00011101B$；

2）$[A-B]_补 = [A]_补 + [-B]_补 = 00010011B + 11110110B = 00001001B$（符号位的进位位略去不计）；

3）$[A+C]_补 = [A]_补 + [C]_补 = 00010011B + 11111001B = 00001100B$（符号位的进位位略去不计）。

上述运算表明：补码运算的结果和十进制运算的结果是完全相同的。补码加法可以将减法转化为加法来做；把加法和减法问题巧妙地统一起来，从而实现了一个补码加法器在移位控制电路作用下完成加、减、乘、除的四则运算。

（2）乘法和除法运算

乘法运算包括符号运算和数值运算。两个同符号数相乘之积为正，两个异符号数相乘之积为负；数值运算是对两个数的绝对值相乘，它们可以被视为无符号数的乘法，无符号数的乘法运算在前面章节中已经做了介绍。

除法运算也包括符号运算和数值运算。两个同符号数相除商为正，两个异符号数相除商为负；数值运算是对两个数的绝对值相除，它们可以被视为无符号数的除法。

注意：在计算机中凡是有符号数一律用补码表示且符号位参与运算，其运算结果也用补码表示。若结果的符号位为 0，则表示结果为正数，此时可以认为就是它的原码形式；若结果的符号位为 1，则表示结果为负数，它是以补码形式表示的。若要用原码来表示该结果，还需要对结果求补（除符号位外取反加 1，$[[X]_补]_补 = [X]_原$）。

（3）对补码运算结果正确性的判断

对 8 位机而言，如果运算结果超出 $-128 \sim +127$，则称为溢出（小于 -128 的运算结果称为下溢，大于 $+127$ 称为上溢）。也就是说如果参加运算的两数或运算结果超出 8 位数所能表示的范围，则机器的运算就会出现溢出，运算结果就不正确。因此，补码运算的正确性主要体现在对补码运算结果的溢出判断上。

在 MCS-51 单片机中，补码运算结果中的符号位的进位位用 C_p 表示，用 C_s 表示补码运算过程中次高位向符号位的进位位。若加法过程中符号位无进位（$C_p = 0$）以及最高数值位有进位（$C_s = 1$），则操作结果产生正溢出；若加法过程中符号位有进位（$C_p = 1$）以及最高数值位无进位（$C_s = 0$），则操作结果产生负溢出。

用 OV 表示溢出标志位，判断补码运算是否溢出的逻辑表达式可描述为：

$$OV = C_p \oplus C_s$$

【例 1-12】 已知 A = +127，B = 10，C = -7，试求 $[A+B]_{补}$、$[A+C]_{补}$，并分析溢出情况。

$$[A]_{补} = 01111111B，[B]_{补} = 00001010B，[C]_{补} = 11111001B$$

$[A+B]_{补}$ 算式为：

$$
\begin{array}{rll}
127 & [A]_{补} = & 0111\ 1111B \\
+)\quad 10 & [B]_{补} = & 0000\ 1010B \\
\hline
137 & [A+B]_{补} = & 01000\ 0001B
\end{array}
$$

从上式可以看出，$[A+B]_{补}$ 超出了 8 位二进制数能够表示的范围，无论符号 C_p 有无进位，都产生了溢出。运算结果 $C_p = 0$，$C_s = 1$，利用 $OV = C_p \oplus C_s$ 可以判断出 $[A+B]_{补}$ 带符号数补码加法运算的结果产生了溢出，所以结果不正确。

$[A+C]_{补}$ 算式为：

$$
\begin{array}{rll}
127 & [A]_{补} = & 0111\ 1111B \\
+)\quad -7 & [C]_{补} = & 1111\ 1001B \\
\hline
120 & [A+C]_{补} = & 10111\ 1000B
\end{array}
$$

$[A+C]_{补}$ 的运算结果是正确的，没有产生溢出，符号进位 C_p 属于正常的自动丢弃。运算结果 $C_p = 1$，$C_s = 1$，根据式 $OV = C_p \oplus C_s$ 可以判断出 $[A+C]_{补}$ 带符号数补码加法运算的结果没有产生溢出，从而结果正确。

从上面两个例子可以看出，带符号数相加时，符号位所产生的进位 C_p 有自动丢弃和用来指示操作结果是否溢出的两种功能。

1.2　主流的单片机系列

1. 80C51 系列

Intel 公司 MCS-51 系列单片机以其经典的结构、完善的总线、特殊功能寄存器（SFR）集中管理模式、位操作系统和面向控制功能的丰富指令系统，为单片机的发展奠定了良好的基础。其典型芯片是 80C51（CHMOS 型的 8051）。随后 Intel 公司将 80C51 内核的使用权以专利或互换方式出让给世界许多著名 IC 制造厂商，这些公司在保持与 80C51 单片机兼容的基础上，融入了自身的优势，扩展了针对满足不同测控对象要求的外围电路，开发出上百种功能各异的新品种。这样 80C51 单片机就变成了众多芯片制造厂商支持的"大家族"，统称为 80C51 系列单片机。目前，80C51 已成为 8 位单片机的主流芯片，成了事实上的标准 MCU 芯片。

2. PIC 系列

PIC 系列单片机是 Microship 公司的产品，是当前市场份额增长最快的单片机之一。其 CPU 采用 RISC 结构，仅有 30 多条指令，采用 Harvard 双总线结构，具有较快的运行速度和低工作电压、低功耗、较大的输入/输出直接驱动能力，且价格低、可一次性编程、体积小，适用于用量大、要求低、价格弹性大的场所。但该系列单片机的特殊功能寄存器并不像

80C51 系列那样都集中在一个固定的地址区间内，而是分散在四个地址区间内，在编程过程中，要使用专用寄存器，并反复选择对应的存储体，编程比较麻烦。

3. AVR 系列

AVR 系列单片机是 Atmel 公司推出的较为新颖的单片机，其显著的特点为高性能、高速度和低功耗。AVR 系列的 I/O 脚类似 PIC 系列，它也有用来控制输入/输出的方向寄存器，输出驱动虽不如 PIC，但比 80C51 系列强。AVR 系列单片机工作电压为 2.7~6.0 V，可以实现耗电量最优化，芯片上的 Flash 存储器附在用户的产品中，可随时编程和再编程，使用户的产品设计容易，更新换代方便。

1.3 51 单片机基本知识

1.3.1 51 单片机简介

51 单片机基本结构如图 1-1 所示，它把作为控制应用所必需的基本功能部件都集中在一个尺寸有限的集成电路芯片上。

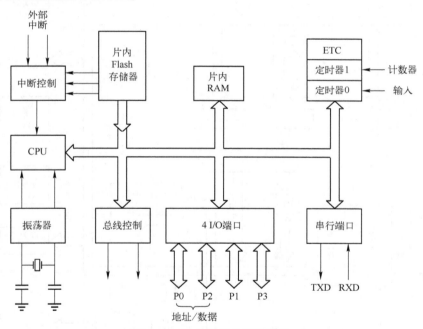

图 1-1 51 单片机的基本结构

51 单片机有如下部件和特性：

1）8 位微处理器（CPU）；

2）程序存储器（4 KB Flash ROM），可进行 1000 次重复擦写和三级加密；

3）128B 数据存储器（RAM）；

4）26 个特殊功能寄存器（SFR）；

5）4 个 8 位可编程并行 I/O 端口（P0 口、P1 口、P2 口、P3 口）；

6）1 组全双工可编程串行通道；

7）2个可编程的16位定时器/计数器；

8）1个看门狗定时器；

9）5个中断源；

10）低功耗模式有空闲和掉电模式，且具有断电模式下的中断恢复模式；

11）灵活的在线系统程序设计（ISP）。

51单片机的内部结构框图如图1-2所示。

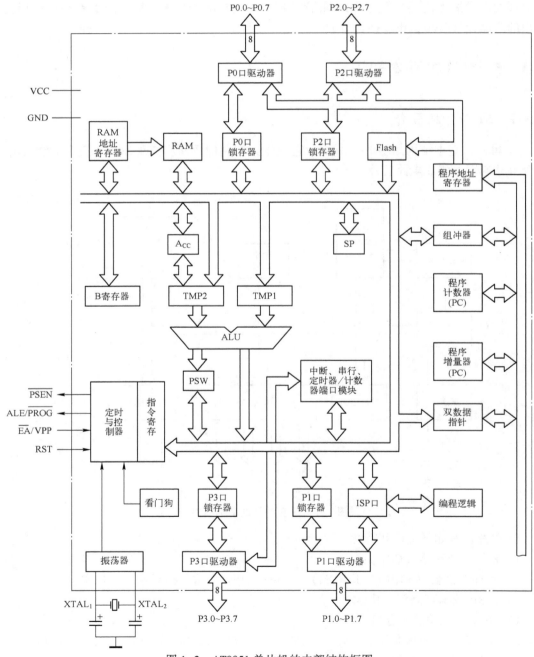

图1-2　AT8951单片机的内部结构框图

1.3.2　51 单片机的引脚介绍

51 单片机实际有效的引脚为 40 个，主要有三种封装形式，其引脚图可参见图 1-3：图 1-3a 为 PDIP 封装形式，这是普通 40 脚塑封双列直插形式；图 1-3b 为 PLCC 封装形式，

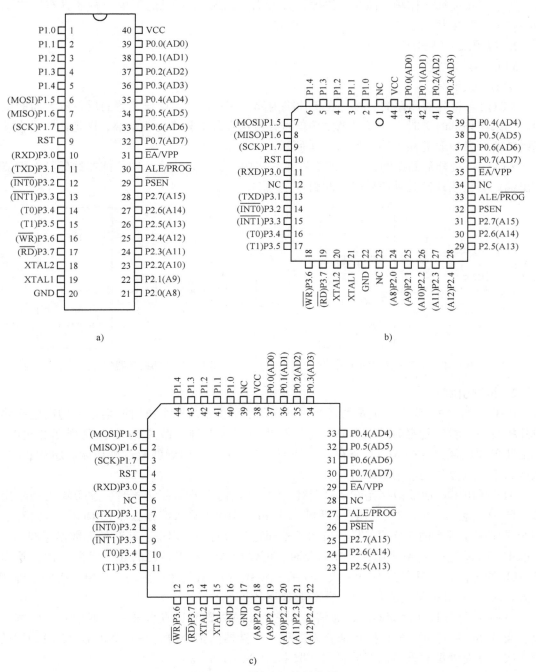

图 1-3　51 单片机的引脚图

a) PDIP40 封装的 51 单片机　b) PLCC44 封装的 51 单片机　c) TQFP44 封装的 51 单片机

这种形式是具有 44 个"J"形脚（其中有 4 个空脚）的方形芯片，使用时需要插入与其相配的方形插座中；图 1-3c 为 TQFP 封装形式，这种形式也具有 44 个"J"形脚（其中有 3 个空脚，2 个接地端），但其体积更小、更薄，注意，它是一种不同封装形式的引脚，排列不一致，使用时一定要注意。

为了尽可能缩小体积，减少引脚数，51 单片机/S52 单片机的不少引脚还具有第二功能（也称为"复用功能"）。

1. 电源及时钟引脚

VCC：电源端。

GND：接地端。

XTAL1：接外部晶振的一端。在单片机内部，它是构成片内振荡器的反相放大器的输入端。当采用外部时钟时，外部时钟振荡信号直接送入此引脚作为驱动端，即把此信号直接接到内部时钟发生器的输入端，如图 1-4 所示。

XTAL2：接外部晶振的另一个端。在单片机内部，它是构成片内振荡器的反相放大器的输出端。当采用外部时钟信号时，此引脚应悬空，如图 1-5 所示。

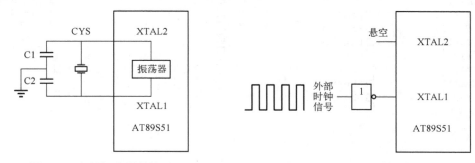

图 1-4　内部振荡器的接法　　　　　　图 1-5　外部振荡器的接法

2. 控制引脚

RST：复位输入端。在振荡器运行时，在此引脚上出现两个机器周期以上的高电平将使单片机复位。看门狗定时器（Watchdog）溢出后，该引脚会保持 98 个振荡周期的高电平，也会使单片机复位。在 AUXR 寄存器中的 DISRTO 位可以用于屏蔽这种功能。DISRTO 位的默认状态，是复位高电平输出有效。

$\overline{\text{ALE}}$/$\overline{\text{PROG}}$：地址锁存允许/编程脉冲信号。在访问外部存储器时，这个输出信号用于锁存低字节地址。在对 Flash 内存编程时，这条引脚用于输入编程脉冲 $\overline{\text{PROG}}$。一般情况下，ALE 是振荡器频率的 6 分频信号，可用于外部定时或时钟。但是，在对外部数据存储器每次存取中，会跳过一个 ALE 脉冲。在需要时，可以把 AUXR 寄存器的 0 位置为"1"，从而屏蔽 ALE 的工作；而只有在 MOVX 或 MOVC 指令执行时 ALE 才被启动。在单片机处于外部执行方式时，对 ALE 屏蔽位置"1"并不起作用。

$\overline{\text{PSEN}}$：外部程序存储器的选通信号。它用于读外部程序存储器的选通信号，低电平有效。当 AT89 系列单片机在执行来自外部程序存储器的指令时，每一个机器周期 $\overline{\text{PSEN}}$ 被启动 2 次。在对外部数据存储器的每次存取中，$\overline{\text{PSEN}}$ 不出现。

$\overline{\text{EA}}$/VPP：外部程序存储器访问允许端/编程电源输入端。$\overline{\text{EA}}$ 接地时，单片机从地址为 0000H~FFFFH 的外部程序内存中读取代码。$\overline{\text{EA}}$ 接到 VCC，单片机先从内部程序内存中读取代码，然后自动转向外部。在对 Flash 内存编程时，这条引脚用于接收 12 V 编程电压 VPP。

3. I/O 口引脚

P0. X ~ P3. X 是 51 单片机与外界联系的 4 个 8 位双向并行 I/O 端口，引脚分配如下：

P0. 0 ~ P0. 7：P0 口的 8 位漏极开路的双向 I/O 口。P0 在当作 I/O 用时可以推动 8 个 LS 的 TTL 负载。如果当$\overline{EA}$引脚为低电平时（即取用外部程序代码或数据存储器），P0 口就以多工方式提供地址总线（A0 ~ A7）及数据总线（D0 ~ D7）。设计者必须外加一锁存器将端口 0 送出的地址栓锁使其成为 A0 ~ A7 地址，再配合 P2 口所送出的 A8 ~ A15 地址合成一套完整的 16 位地址总线，而定址到 64 KB 的外部存储器空间。

P2. 0 ~ P2. 7：P2 口的 8 位内部接有上拉电阻的准双向 I/O 口。每一个引脚可以驱动 4 个 LS 的 TTL 负载，将 P2 口的输出设为高电平时，此端口便能当成输入端口来使用。P2 除了当作一般 I/O 端口使用外，若是在 51 单片机扩充外接程序存储器或数据存储器时，也提供地址总线的高字节 A8 ~ A15，这个时候 P2 便不能当作 I/O 来使用了。

P1. 0 ~ P1. 7：P1 口的 8 位内部接有上拉电阻的准双向 I/O 口。其输出缓冲器可以驱动 4 个 LS TTL 负载，同样地，若将端口 1 的输出设为高电平，便是由此端口来输入数据。P1. 5/MOSI、P1. 6/MISO 和 P1. 7/SCK 可用于对片内 Flash 存储器串行编程和校验，它们分别是串行数据输入、输出和移位脉冲引脚。

P3. 0 ~ P3. 7：P3 口的 8 位内部接有上拉电阻的准双向 I/O 口。其输出缓冲器可以驱动 4 个 TTL 负载，同时还具有其他的额外特殊功能，包括串行通信、外部中断控制、计时计数控制及外部数据存储器内容的读取或写入控制等功能。

1.3.3　51 单片机的中央处理器（CPU）

中央处理器 CPU 是单片机的核心，从功能上看，CPU 主要由运算部件和控制部件组成。CPU 功能可概括为以下三条：

1）产生控制信号；

2）控制数据传送；

3）对输入数据进行算术逻辑运算及位操作。

1. 运算部件

运算部件是用来对数据进行算术运算和逻辑操作的执行部件，包括算术逻辑单元 ALU（Arithmetic Logic Unit）、累加器 ACC（Accumulator）、暂存器、程序状态字寄存器 PSW（Program Status Word）、通用寄存器和 BCD 码运算调整电路等。为了提高数据处理和位操作能力，片内增加了一个通用寄存器区和一些专用寄存器，而且还包含一个布尔处理器，可以执行置位、清零、求补、取反、测试、逻辑与、逻辑或等操作，为单片机的应用提供了极大的便利。

（1）算术逻辑单元 ALU

ALU 是用于对数据进行算术运算和逻辑操作的执行部件，由加法器和其他逻辑电路（移位电路和判断电路等）组成。在控制信号的作用下，它能完成"加、减、乘、除、比较"等算术运算和"与、或、异或"等逻辑运算以及循环移位操作、位操作等功能。此外，通过对运算结果的判断，还能影响程序状态标志寄存器的有关标志位。

（2）累加器 ACC

累加器 ACC 是一个 8 位寄存器，指令助记符可简写为"A"，它是 CPU 工作中最繁忙、最活跃的一个寄存器。CPU 的大多数指令，都要通过累加器 ACC 与其他部件交换信息。

（3）暂存器

暂存器用于暂存进入运算器之前的数据，它不能通过编程访问。设置暂存器的目的是暂时存放某些中间过程所产生的信息，以避免破坏通用寄存器的内容。

（4）布尔（位）处理器

除对字节（Byte）进行操作外，51 单片机借用 PSW 中的 CY（进位标志位）可以直接对位（Bit）进行操作，在进行位操作时，CY 就类似进行字节操作的 ACC 用作数据源或存放结果。通过位操作指令可以实现置位、清零、取反以及位逻辑运算等操作。

运算部件中的程序状态字寄存器 PSW 地位特殊，下面单独介绍。其他专用寄存器则放在存储器结构中逐一介绍。

（5）程序状态字寄存器

程序状态字（PSW）寄存器是一个 8 位的寄存器，它包含了各种程序状态信息，相当于一个标志寄存器，以供程序查询和判别。PSW 的标志见表 1-3。

表 1-3　PSW 的标志

CY	AC	F0	RS1	RS0	OV	—	P

此寄存器各位的含义如下（其中 PSW.1 未用）。

CY（PSW.7）：进位标志。在执行某些算术和逻辑指令时，它可以被硬件或软件置位或清零。CY 在布尔处理机中被认为是位累加器，其重要性相当于一般中央处理器中的累加器 A。

AC（PSW.6）：辅助进位标志。当进行加法或减法操作而产生由低 4 位数向高 4 位数进位或借位时，AC 将被硬件置位，否则就被清零。AC 被用于 BCD 码调整，详见指令系统中的"DA　A"指令。

F0（PSW.5）：用户标志位。F0 是用户定义的一个状态标记，用软件来使它置位或清零。该标志位状态一经设定，可用软件测试 F0，以控制程序的流向。

RS1、RS0（PSW.4、PSW.3）：寄存器区选择控制位。可以用软件来置位或清零以确定工作寄存器区。RS1、RS0 与寄存器组的对应选择关系见表 1-4。

表 1-4　工作寄存器组选择

RS1	RS0	工作寄存器组
0	0	0 组（00H~07H）
0	1	1 组（08H~0FH）
1	0	2 组（10H~17H）
1	1	3 组（18H~1FH）

OV（PSW.2）：溢出标志。带符号加减运算中，当超出了累加器 A 所能表示的符号数有效范围（-128~+127）时，即产生溢出，OV=1，表明运算结果错误。如果 OV=0，表明运算结果正确。

P（PSW.0）：奇偶标志。每个指令周期都由硬件来置位或清零，以表示累加器 A 中 1 的

20

位数的奇偶数。若 1 的位数为奇数，P 置 1，否则 P 清零。P 标志位对串行通信中的数据传输有重要的意义，在串行通信中常用奇偶校验的办法来检验数据传输的可靠性。在发送端可根据 P 的值对数据进行奇偶置位或清零。

PSW.1：程序状态字的第 1 位，该位的含义没有定义，若用户要使用这一位，可直接使用 PSW.1 的位地址。

PSW 寄存器除具有字节地址外，还具有位地址，因此，可以对 PSW 中的任一位进行操作，这无疑大大提高了指令执行的效率。

2. 控制部件

控制部件是用来统一指挥和控制计算机进行工作的部件。其功能是从存储器中逐条获取指令，进行指令译码，并通过定时和控制电路，在规定的时刻发出各种操作所需的全部内部控制信息及 CPU 外部所需的控制信号，使各部分按照一定的节拍协调工作，完成指令所规定的各种操作。它由指令部件、时序部件和操作控制部件组成。

（1）指令部件

指令部件是一种能对指令进行分析、处理并产生控制信号的逻辑部件，也是控制器的核心。通常，它由程序计数器 PC（Program Counter）、指令寄存器 IR（Instruction Register）和指令译码器等组成。这三个寄存器用户都不能直接访问。

程序计数器 PC 用于存放 CPU 要执行的下一条指令的地址。程序中的每条指令都有自己的存放地址（指令都存放在 ROM 区的某一单元），CPU 要执行某条指令时，就把该条指令的地址码（即 PC 中的值）送到地址总线，从 ROM 中读取指令，当 PC 中的地址码被送上地址总线后，PC 会自动指向 CPU 要执行的下一条指令的地址。执行指令时，CPU 按 PC 的指示地址从 ROM 中读取指令，所读取指令码送入指令寄存器中，由指令译码器对指令进行译码，并发出相应的控制信号，从而完成指令所指定的操作。

指令寄存器 IR 是一个 8 位寄存器，用于暂时存放指令代码，等待译码。

指令译码器用于对送入指令译码器中的指令进行译码。所谓"译码"，就是把指令转变成执行此指令所需要的电信号。当指令送入译码器后，由译码器对该指令进行译码，根据译码器输出的信号，CPU 控制电路定时产生执行该指令所需的各种控制信号，使单片机能够正确执行程序所需要的各种操作。

（2）时序部件

时序部件由时钟电路和脉冲分配器组成，用于产生操作控制部件所需的时序信号。产生时序信号的部件称为"脉冲发生器"或"时序系统"，它由一个振荡器和一组计数分频器组成。振荡器是一个脉冲源，输出频率稳定的脉冲，也称为"时钟脉冲"，为 CPU 提供时钟基准。时钟脉冲经过进一步的计数分频，产生所需的节拍信号或更长时间的机器周期信号。

（3）操作控制部件

操作控制部件可以为指令译码器的输出信号配上节拍电位和节拍脉冲，也可以和外来的控制信号组合，共同形成相应的微操作控制序列信号，以完成规定的操作。

1.3.4　存储器结构

一般微机通常是程序和数据共用一个存储空间，即 ROM 和 RAM 统一编址，属于"冯·诺依曼"（Von Neumann）结构。而单片机的存储器组织结构则把程序存储空间和数据存储空间严格区分开来，即程序存储器 ROM 和数据存储器 RAM 分开编址，属于"哈佛"（Harvard）结构。

程序存储器 ROM 用于固化程序、常数和数据表。数据存储器用于存放程序运行中产生的各种数据并用于堆栈等。

51 单片机存储器结构如图 1-6 所示。

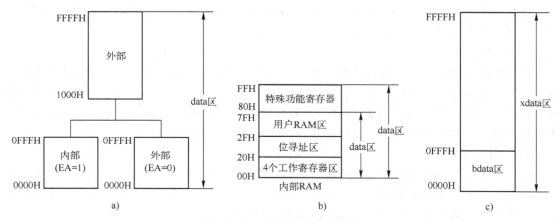

图 1-6　51 单片机存储器结构

a）程序存储器（ROM）　b）片内数据存储器（内 RAM）　c）片外数据存储器（外 RAM）

51 单片机存储器在物理结构上分成四个存储空间：片内程序存储器、片外程序存储器、片内数据存储器和片外数据存储器。从用户使用的角度，即从逻辑上考虑，则有三个存储空间：片内外统一编址的 64 KB 程序存储器地址空间（0000H ~ FFFFH）、256B 的片内数据存储器地址空间（00H ~ FFH）及片外数据存储器地址空间（0000H ~ FFFFH）。

CPU 在访问三个不同的逻辑空间时，通过采用不同形式的指令，来产生相应的存储器选通信号，访问程序存储器使用 MOVC 指令、访问片内数据存储器使用 MOV 指令、访问片外数据存储器使用 MOVX 指令。

1. 程序存储器

（1）51 单片机程序存储器 ROM

它用于存放编好的程序、常数或表格。在正常工作时只可读不可写，掉电后数据不丢失。

1）片内具有 4 KB 的 Flash 结构的电可擦除只读存储器，与 INTEL 公司早期产品的紫外线擦除的 EPROM 结构相比，使用更灵活更方便。

2）外部可以扩展 64 KB 的 ROM，以满足一些大程序的需要。建议用户尽量不要外扩 ROM，因为当扩展外部 ROM 的时候，系统要占据单片机的 P0 口、P2 口及 P3 口的部分口线作为总线。所以在大多数的应用场合，尽量选择片内的 Flash 内存的容量能够满足实际需要单片机型号，这样不仅可以节省额外的硬件投资、节省单片机的口线资源，更重要的是片内 Flash 中的程序在下载、烧写时通过"加密"可以得到保护。只有当程序特别大，内部空间无法满足要求时才选择扩展外部 ROM。

3）程序内存最低端的地址可以在片内 Flash 中或在外部 ROM 中。可以通过单片机/EA 的引脚的电平来选择。

例如，在带有 4 KB 片内 Flash 的 51 单片机中，如果把 $\overline{EA}$ 引脚连到 VCC，当地址为 0000H ~ 0FFFH 时，则访问内部 Flash；当地址为 1000H ~ FFFFH 时，将自动转向外部程序内存。

如果 $\overline{EA}$ 端接地，则只访问外部程序内存，不管是否存在内部 Flash 内存。

（2）51 单片机程序存储器的管理

1）每个 ROM 单元（Byte）对应一个唯一的 16 bit 的地址编码（Address）。

2）CPU 要到某个 ROM 单元去取指令，是通过把地址编码写入 16 位的程序计数器 PC 来实现的，因此 AT89 系列单片机地址的编码范围（通常称为寻址范围）为：

$$0000 \quad 0000 \quad 0000 \quad 0000B \quad \sim \quad 1111 \quad 1111 \quad 1111 \quad 1111B \quad （二进制）$$
$$0 \quad 0 \quad 0 \quad 0H \quad \sim \quad F \quad F \quad F \quad F H \quad （十六进制）$$
$$0 \quad \sim \quad 65535 \quad （十进制）$$

3）系统复位后，PC 的初始值为 0000H，以后的取值是 CPU 根据用户程序的运行流程自动装载的（程序顺序执行时，PC 值自动加 1；执行转移指令、子程序调用和中断服务程序时，PC 值分别等于转移的目标地址、子程序或中断服务程序的入口地址）。

（3）51 单片机程序存储器的分配

程序内存的某些单元是保留给系统使用的，这几个单元的配置如图 1-7 所示。从图 1-7 可知，单片机复位后，程序计数器 PC 的内容为 0000H，所以 CPU 总是从 0000H 单元开始执行程序。

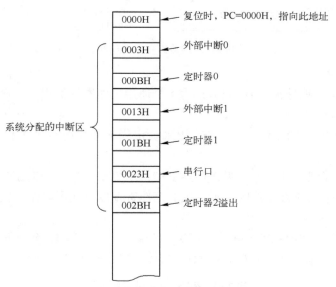

图 1-7　程序内存的复位及中断入口配置

从地址 0003H 开始，系统每隔 8 个单元为 6 个中断服务子程序分配有一个固定的入口地址。如外部中断 0 的入口地址为 0003H；定时器 0 的入口地址为 000BH；外部中断 1 的入口地址为 0013H；定时器 1 的入口地址为 001BH；以此类推。

中断响应后，程序指针 PC 将自动根据中断类型指向这些入口地址的某一个，CPU 就从这里开始执行中断服务子程序。

因此从 0003H 单元开始的这段区域应该保留给中断使用，所以程序设计时在 0000H ~

0002H 单元放置一条转移指令，跳过这段区域，直接转到系统主程序，除非系统不使用中断，主程序才可以覆盖这段区域。

2. 片内数据存储器

单片机的片内数据存储器结构如图 1-8 所示。片内数据存储器地址范围是 00H～FFH，只有 256B，这里仅介绍低 128 字节区，高 128 字节区由于被特殊功能寄存器占有，故单独列出介绍。低 128 字节区主要分为三个区域：工作寄存器组区、位寻址区和用户 RAM 区。

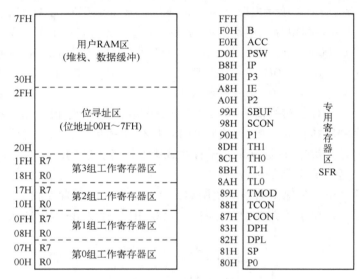

图 1-8 片内数据存储器的结构

（1）工作寄存器区

最低 32 个单元（地址为 00H～1FH）为 4 个通用工作寄存器组。每个寄存器组含有 8 个 8 位寄存器，编号为 R0～R7。

程序状态字 PSW 中的 2 位 RS0、RS1 用来确定当前采用哪一个工作寄存器组，其对应关系见前面的表 1-4。

在某一时刻只能选用其中的一组寄存器工作，系统复位后，指向工作寄存器组 0。如果用户程序不需要 4 个工作寄存器区，则不用的工作寄存器单元可以作一般的 RAM 使用。

（2）位寻址区

内部 RAM 区中的 20H～2FH 单元（16B）可供位寻址，这 16 个单元共有 128 位，每位均可直接寻址，其位地址范围为 00H～7FH，具体情况见表 1-5。

表 1-5 RAM 位寻址区地址表

单元地址	MSB			位地址			LSB	
2FH	7FH	7EH	7DH	7CH	7BH	7AH	79H	78H
2EH	77H	76H	75H	74H	73H	72H	71H	70H
2DH	6FH	6EH	6DH	6CH	6BH	6AH	69H	68H
2CH	67H	66H	65H	64H	63H	62H	61H	60H
2BH	5FH	5EH	5DH	5CH	5BH	5AH	59H	58H
2AH	57H	56H	55H	54H	53H	52H	51H	50H

单元地址			MSB	位地址		LSB		
29H	4FH	4EH	4DH	4CH	4BH	4AH	49H	48H
28H	47H	46H	45H	44H	43H	42H	41H	40H
27H	3FH	3EH	3DH	3CH	3BH	3AH	39H	38H
26H	37H	36H	35H	34H	33H	32H	31H	30H
25H	2FH	2EH	2DH	2CH	2BH	2AH	29H	28H
24H	27H	26H	25H	24H	23H	22H	21H	20H
23H	1FH	1EH	1DH	1CH	1BH	1AH	19H	18H
22H	17H	16H	15H	14H	13H	12H	11H	10H
21H	0FH	0EH	0DH	0CH	0BH	0AH	09H	08H
20H	07H	06H	05H	04H	03H	02H	01H	00H

这些位地址有两种表示方式：一种是采用位地址形式，即 00H～7FH；

一种是用单元地址（20H～2FH）. 位数方式表示。例如，位地址 00H～07H 也可表示为 20H. 0～20H. 7。

（3）用户 RAM 区

30H～7FH 共有 80 个字节单元，为字节寻址的内部 RAM 区，可供用户作为数据存储区。这一区域的操作指令非常丰富，数据处理方便灵活，是非常宝贵的资源。但是，如果堆栈指针初始化时设置在这个区域，就要留出足够的字节单元作为堆栈区，以防止在数据存储时，破坏了堆栈的内容。

堆栈：堆栈是按先进后出或后进先出原则进行读/写的特殊 RAM 区域。51 单片机的堆栈区是不固定的，原则上可设置在内部 RAM 的任意区域内。实际使用时要根据对片内 RAM 各功能区的使用情况而灵活设置，应避开工作寄存器区、位寻址区和用户实际使用的数据区，一般将其设在 2FH 地址单元以后的区域。

堆栈的作用：主要用在子程序调用或中断处理过程中，用于保护断点和现场，实现子程序或中断的多级嵌套处理。在 CPU 响应中断或调用子程序时，会自动地将断点处的 16 位返回地址压入堆栈。在中断服务程序或子程序结束时，返回地址会自动由堆栈弹出，并放回到程序计数器 PC 中，使程序从原断口处继续执行下去。

堆栈除了用于保护断点处的返回地址外，还可以用于保护其他一些重要信息，要注意的是，必须按照"后进先出"的原则存取信息。堆栈也可以作为特殊的数据交换区使用。

确定堆栈的位置：栈顶的位置由专门设置的堆栈指针 SP 指出。

51 单片机的 SP 是 8 位寄存器，堆栈属向上生长的，当数据压入堆栈时，SP 的内容自动加 1，作为本次进栈的指针，然后再存入数据。SP 的值随着数据的存入而增加。当数据从堆栈弹出之后，SP 的值随之减少。复位时，SP 的初值为 07H，用户在初始化程序中可以给 SP 赋新的初值。

（4）特殊功能寄存器

内部 RAM 的高 128 字节区是给特殊寄存器使用的，因此也称之为专用寄存器区，其单元地址为 80H～FFH。因为这些寄存器的功能已作专门规定，所以称其为专用寄存器或特殊功能寄存器（Special Function Registers），简称 SFR。51 单片机的 SFR 的总数为 26 个，仅占用了 80H～0FFH 中的很小一部分。SFR 是单片机片内资源的控制指挥单元，单片机内部不管集成了多少外围接口部件和功能单元，都是通过 SFR 进行控制和管理的，因此学习任何一个单片机的功能部件的使用，一定要了解与之相关的 SFR，并弄清通过这些 SFR 如何去控制用户所使用的功能部件。

51 系列单片机内的 I/O 锁存器、定时器、串行口数据缓冲器以及各种控制寄存器和状态寄存器都以特殊功能寄存器的形式出现。它们离散地分布在 80H～0FFH 的地址空间范围内，具体分布见表 1-6。

表 1-6　51 单片机的 SFR 在 80H～0FFH 的离散分布

0F8H									0FFH
0F0H	B 00000000								0F7H
0E8H									0EFH
0E0H	ACC 00000000								0E7H
0D8H									0DFH
0D0H	PSW 00000000								0D7H
0C8H									0CFH
0C0H									0C7H
0B8H	IP XX000000								0BFH
0B0H	P3 11111111								0B7H
0A8H	IE 0X000000								0AFH
0A0H	P2 11111111		AUXR1 xxxxxxx0				WDTRST xxxxxxxx		0A7H
98H	SCON 00000000	SBUF xxxxxxxx							9FH
90H	P1 11111111								97H
88H	TCON 00000000	TMOD 00000000	TL0 00000000	TL1 00000000	TH0 00000000	TH1 00000000	AUXR xxx00xx0		8FH
80H	P0 11111111	SP 00000111	DP0L 00000000	DP0H 00000000	DP1L 00000000	DP1H 00000000		PCON 0xxx0000	87H

表 1-6 列出了 51 单片机所有的特殊功能寄存器及其地址和初始值。字节地址能被 8 整除的专用寄存器都可以实现位寻址，个别不能被 8 整除的专用寄存器也可以实现位寻址。

SFR 的使用方法如下：

26

1）从表1-6可以看出，80H~FFH这128B并不是所有的地址都定义了SFR。在这个区域当中，除了SFR之外剩余的空闲单元，用户不得使用。读这些地址，一般将得到一个随机数据；写入的数据将会无效。

2）必须使用直接寻址方式对SFR进行访问，可使用寄存器名称（是它的符号地址）或地址。

例如：0EOH——累加器的地址；

ACC——累加器的名称。

3）具有位地址和位名称的SFR才可以进行位寻址，位地址有以下4种表示形式：

① 直接使用位地址表示：

例如：0D7H —— PSW最高位的位地址。

② 使用位名称表示：

例如：CY —— PSW最高位的位名称。

③ 使用SFR字节地址和位形式表示：

例如：0D7H.7—— PSW字节地址.最高位。

④ 使用SFR名称和位形式表示：

例如：PSW.7—— PSW名称.最高位。

3. 片外数据存储器

片外数据存储器的P0端口作为RAM的地址/数据总线，当外部地址空间小于FFH时，只需P0口作为地址总线即可，P2口可以作为一般的I/O使用。当外部地址空间大于FFH时，则由P2端口传送高8位地址。对片外数据存储器的访问，使用MOVX的间接寻址指令，以区别对内部RAM（片内用MOV）的访问，同时自动产生读/写控制信号RD和WR。

片外RAM做通用RAM使用，主要存放大量采集的或接收的数据、运算的中间数据、最后结果和堆栈数据等。

使用外部RAM同样是要付出占用端口资源为代价的，所以一般情况下不提倡使用外部RAM。

4. 地址空间

（1）片外总线结构

从51单片机引脚可以看出，除了电源、复位、时钟输入以及I/O口外，其余的引脚都是为实现系统扩展而设置的。这些引脚构成了片外三总线结构，如图1-9所示。

1）地址总线（AB）。地址总线的宽度是16位，因此可以寻址的范围是64KB。采用分时复用技术，可以对外部64KB的数据存储器或程序存储器直接寻址。它由P0口提供16位地址总线的低8位（A0~A7），由P2口提供地址总线的高8位（A8~A15）。

2）数据总线（DB）。数据总线的宽度是8位，它由P0口提供。

3）控制总线（CB）。控制总线由P3口的第二功能（RXD、TXD、INT0、INT1、T0、T1、RD、WR）和4根独立的控制线（RST、EA、ALE、PSEN）组成。

（2）程序存储器地址空间

程序存储器用于存放编好的程序和表格常数。程序存储器通过16位程序计数器寻址，寻址能力为64KB，这使得指令能在64KB地址空间内任意跳转。51单片机ROM的地址范

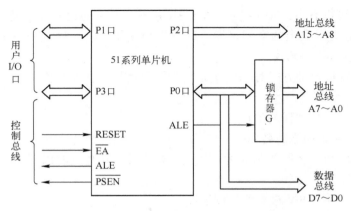

图 1-9　51 系列单片机片外总线结构图

围为 0000H~0FFFH。

（3）数据存储器地址空间

1）片内 RAM

① 工作寄存器区：51 单片机的前 32 个单元（地址 00H~1FH）称为寄存器区。通过对特殊功能寄存器 PSW 中 RS1、RS0 两位的编程设置，可选择任一寄存器组为工作寄存器组，方法见前面表 1-4。

② 位寻址区：字节地址 20H 到 2FH 称为位地址区，共有 16B，计 128 位，每位都有相应的位地址，位地址范围为 00H~7FH，见前面表 1-5。位寻址区有两种访问方式：一种是按字节访问；另一种是通过位寻址，对位寻址区 128 位进行位操作。

③ 便笺区：30H~7FH，便笺区共有 80 个 RAM 单元，用于存放用户数据或作堆栈区使用。51 单片机对便栈区中每个 RAM 单元是按字节存取的。

④ 特殊功能寄存器（26 个）：51 单片机片内高 128B RAM 中，有 26 个特殊功能寄存器（SFR），它们离散地分布在 80H~FFH 的 RAM 空间中。访问特殊功能寄存器只允许使用直接寻址方式。特殊功能寄存器见表 1-7。

表 1-7　特殊功能寄存器

序　　号	符　　号	名　　称	地　　址
1	ACC	累加器	E0H
2	B	B 寄存器	F0H
3	PSW	程序状态字	D0H
4	SP	栈指针	81H
5	DP0L	数据寄存器 0 指针（低 8 位）	82H
6	DP0H	数据寄存器 0 指针（高 8 位）	83H
7	DP1L	数据寄存器 1 指针（低 8 位）	84H
8	DP1H	数据寄存器 1 指针（高 8 位）	85H
9	AUXR1	辅助寄存器 1	A2H
10	P0	P0 锁存寄存器	80H
11	P1	P1 锁存寄存器	90H
12	P2	P2 锁存寄存器	A0H
13	P3	P3 锁存寄存器	B0H

序　号	符　号	名　称	地　址
14	IP	中断优先级控制寄存器	B8H
15	IE	中断允许控制寄存器	A8H
16	TMOD	定时/计数器工作方式寄存器	89H
17	TCON	定时/计数器工作方式寄存器	88H
18	TH0	定时/计数器 0（高 8 位）	8CH
19	TL0	定时/计数器 0（低 8 位）	8AH
20	TH1	定时/计数器 1（高 8 位）	8DH
21	TL1	定时/计数器 1（低 8 位）	8BH
22	WDTRST	看门狗复位特殊功能寄存器	A6H
23	AUXR	辅助寄存器	8EH
24	SCON	串行口控制寄存器	98H
25	SBUF	串行数据缓冲器	99H
26	PCON	电源控制及波特率选择寄存器	87H

2）片外 RAM

51 单片机构成的应用系统当片内 RAM 不够用时，可在片外部扩充数据存储器。51 单片机给用户提供了可寻址 64 KB（0000H ~ FFFFH）的外部扩充 RAM 的能力，至于扩充多少 RAM，则根据用户实际需要来确定。

1.3.5　复位电路和时钟电路

复位是单片机的初始化操作，其主要功能是把 PC 初始化为 0000H，使单片机从 0000H 单元开始执行程序。除了进入系统的正常初始化之外，当由于程序运行出错或操作错误使系统出现死机时，也必须对单片机进行复位，使其重新从头开始工作。

系统刚接通电源或重新启动时均进入复位状态。当系统处于正常工作状态时，如果 RST 引脚上有一个高电平并维持 2 个机器周期（24 个振荡周期）以上，则 CPU 就可以实现可靠复位，如图 1-10 所示，其中 TCY 为机器周期，等于 12 个时钟周期。复位后 ALE、PSEN 均为高电平，各寄存器和程序计数器 PC 的状态见表 1-8。

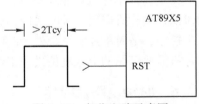

图 1-10　复位电路示意图

表 1-8　复位后寄存器的初始状态

寄　存　器	初始状态值	寄　存　器	初始状态值
PC	0000H	TMOD	00H
ACC	00H	TCON	00H
B	00H	TH0	00H
PSW	00H	TL0	00H
SP	07H	TH1	00H
DPTR	0000H	TL1	00H
P0 ~ P3	FFH	SCON	00H
IP	XXX00000B	PCON	0XX00000B
IE	0XX00000B	SBUF	XXXXXXXXB
WDTRST	XXXXXXXXB		

单片机的外部复位电路有上电自动复位、按键复位以及外接复位芯片电路等方式。

1. 上电自动复位电路（自动复位电路）

当接通电源的瞬间，RST 端与 VCC 同电位，随着电容上的电压逐渐上升，RST 端的电压逐渐下降，于是在 RST 端便形成了一个正脉冲，其持续时间取决于 RC 电路的时间常数，单片机在正常工作时，高电平持续 2 个时钟即可实现系统有效地复位，注意，上电时高电平要维持 10 ms 以上，如图 1-11 所示。

2. 按键复位电路

图 1-12 是 51 单片机的上电复位及按键复位电路。上电复位过程同上。当单片机工作过程中需要复位时，按下复位键，复位端 RST 通过 200 Ω 的电阻与 VCC 电源接通，使 RST 引脚为高电平。复位按键弹起后，RST 端经 10 kΩ 的电阻接地，完成复位过程。图中 VCC 是单片机的供电电压，一般为+5 V。

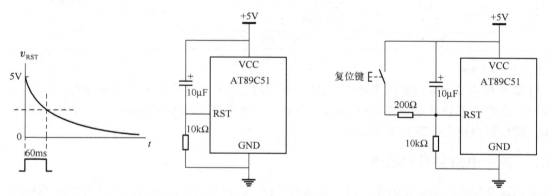

图 1-11　51 单片机的上电复位电路　　　图 1-12　51 单片机的上电复位及按键复位电路

3. 外接复位芯片电路

为了保证单片机可靠地复位，有时需要外接复位芯片，特别是当单片机处于间歇工作情况的时候，单片机需要频繁的复位，例如，在计算机监测系统中，电池供电的单片机系统由主计算机控制，平时单片机系统处于断电状态（节省电能），当主计算机接通单片机系统电源后，单片机需要可靠的上电复位进入工作状态。为提高复位的可靠性，可选用专用的复位芯片。

1.3.6　时钟电路及时序

1. 时钟电路

51 单片机的时钟电路主要分为内部振荡方式和外部振荡方式两种接法。

（1）内部振荡方式

51 单片机中有一个用于构成内部振荡器的高增益反相放大器，引脚 XTAL1 和 XTAL2 分别是该放大器的输入端和输出端。这个放大器与作为反馈元件的片外石英晶体或陶瓷谐振器一起构成自激振荡器。外接石英晶体（或陶瓷谐振器）及电容 C1、C2 接在放大器的反馈回路中构成并联振荡电路。对外接电容 C1、C2 虽然没有十分严格的要求，但电容容量的大小会轻微影响振荡频率的高低、振荡器工作的稳定性、起振的难易程度及温度稳定性。如果使用石英晶体，推荐使用 30 pF+/-10 pF，而如使用陶瓷谐振器建议选择 40 pF+/-10 pF。内部振荡方式接法如图 1-13 所示。

（2）外部振荡方式

用户也可以采用外部时钟。采用外部时钟的电路如图1-14所示。这种情况下，外部时钟脉冲接到XTAL1端，即内部时钟发生器的输入端，XTAL2端则悬空。由于外部时钟信号是通过一个2分频触发器后作为内部时钟信号的，所以对外部时钟信号的占空比没有特殊要求，但最小高电平持续时间和最大的低电平持续时间应符合产品技术条件的要求。

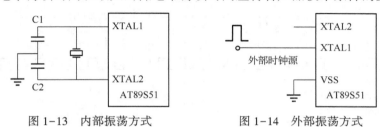

图1-13 内部振荡方式　　　　图1-14 外部振荡方式

图1-15为51单片机采用内部振荡方式的时钟电路框图。

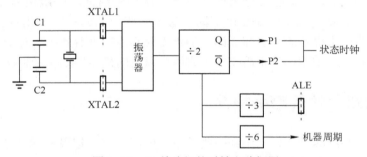

图1-15 51单片机的时钟电路框图

2. CPU时序

单片机的时序是指CPU在执行指令时所需控制信号的时间顺序。时序信号是以时钟脉冲为基准产生的。CPU发出的时序信号有两类：一类用于片内各功能部件的控制，由于这类信号在CPU内部使用，用户无须了解；另一类信号通过单片机的引脚送到外部，用于片外存储器或I/O端口的控制，这类时序信号对单片机系统的硬件设计非常重要。为了便于对CPU时序进行分析，人们按指令的执行过程规定了几种周期，即时钟周期、状态周期、机器周期和指令周期，也称为时序定时单位。

1）时钟周期：时钟周期也称振荡周期，即振荡器的振荡频率f_{osc}的倒数，它是时序中最小的时间单位。单片机在工作时，它是由内部振荡器产生或由外部直接输入的送到内部控制逻辑单元的时间信号的周期。

2）状态周期：时钟周期经2分频后成为内部的时钟信号，用作单片机内部各功能部件按序协调工作的控制信号，称为状态周期，用S表示。一个状态周期包含两个时钟周期，前半状态周期对应的时钟周期定义为P1，后半周期对应的时钟周期定义为P2。一般情况下，CPU中的算术逻辑运算在P1有效期间完成，在P2有效期间则进行内部寄存器间的信息传送。

3）机器周期：执行一条指令的过程可分为若干个阶段，每一阶段完成一项规定的操作，完成一项规定操作所需要的时间称为一个机器周期。规定一个机器周期有12个时钟周期，也就是说一个机器周期共包含12个振荡脉冲，即机器周期就是振荡脉冲的12分频。

即：1 个机器周期=6 个状态周期=12 个时钟周期。

例如：有一个单片机系统，它的 f_{osc} = 12 MHz，则时钟周期为 1/12 μs，状态周期为 1/6 μs，机器周期为 1 μs 。

图 1-16 为 51 单片机各种周期的相互关系。

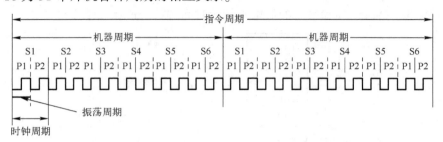

图 1-16 51 单片机各种周期的相互关系

4）指令周期：指令周期定义为执行一条指令所用的时间。一般由若干个机器周期组成。指令不同，所需要的机器周期数也不同。对于一些简单的单字节指令，在取指令周期中，指令取出到指令寄存器后，立即译码，不再需要其他的机器周期。对于一些比较复杂的指令，例如转移指令、乘除运算则需要两个或两个以上的机器周期。

1.4 常用电路元件及电平特性

在设计单片机系统时，常常会用到一些常用的电路元器件以及将单片机连接外接电源，那么了解常用电路元件及电平特性是很必要的。

1.4.1 常用电路元件

1. 电阻的基本知识

（1）电阻的作用及电路图形符号

1）电阻

电阻在电路中通常起分压、分流的作用。电阻的主要物理特征是将电能转换为热能，也可说它是一个耗能元件，电流经过它就产生热能。对信号来说，交流与直流信号都可以通过电阻。其文字符号为 R，图形符号如图 1-17 所示。

图 1-17 电阻的图形符号

2）电阻在电路中的作用

电阻的作用是在电路中阻碍电流流过，应用于限流、分流、降压、分压、负载以及与电容配合作滤波器等；数字电路中功能有上拉电阻和下拉电阻。上拉就是将不确定的信号通过一个电阻钳位在高电平，电阻同时起限流作用。下拉同理，即将不确定的信号通过一个电阻钳位在低电平。

（2）电阻的分类

按制造材料可分为炭膜电阻、金属膜电阻、线绕电阻，无感电阻，薄膜电阻等；

按阻值特性可分为固定电阻、可调电阻、特种电阻（敏感电阻）等；

按安装功能可分为负载电阻，采样电阻，分流电阻，保护电阻等。

按安装方式可分为插件电阻、贴片电阻等；

下面对几种常用电阻进行简要介绍：

1）金属膜电阻

金属膜电阻是用高真空加热蒸发（或高温分解、化学沉积或烧渗等方法）技术，将合金材料（有高阻、中阻、低阻三种）蒸镀在陶瓷骨架上制成的。通过刻槽或改变金属膜厚度来控制电阻值的大小。这种电阻器的耐热性及稳定性均比碳膜电阻器好，噪声低、体积小，但价格较高，被广泛应用于稳定性和可靠性要求较高的电路中。

2）碳膜电阻

碳膜电阻是将通过真空高温热分解出的结晶碳膜沉积在柱形或管形陶瓷骨架上制成的。通过改变碳膜的厚度和使用刻槽的方法，可以变更碳膜的长度，以得到不同的电阻值。由于此类电阻价格低廉，故应用最广泛。

3）金属氧化膜电阻

金属氧化膜电阻是将锡和锡的化合物配制成溶液，经喷雾送入500℃的恒温炉，把溶液涂覆在旋转的陶瓷基体上制成的。其性能与金属膜电阻类似，但电阻值范围较窄。其典型特点是金属氧化膜与陶瓷基体结和得更牢固，耐酸碱能力强，抗盐雾侵蚀，因而适用于恶劣工作环境。

4）线绕电阻

线绕电阻是用高电阻值的合金丝（即电阻丝，采用镍铬丝，锰铜丝等材料制成）缠绕在绝缘基棒上制成的。它具有电阻值范围大（0.1～0.5 MΩ）、噪声小、电阻温度系数小、耐高温及承受负荷功率大（最大可达500W）等特点，其缺点是高频特性差。

线绕电阻有固定式和可调式两种。可调式线绕电阻从电阻体上引出一个滑动端子，可对电阻值进行调整。

5）玻璃釉电阻

玻璃釉电阻属于厚膜电阻器，目前该系列产品用得较多的是钌系玻璃釉电阻，它具有温度系数小、噪声低、稳定可靠、耐潮性好及负荷稳定性好等优点。

6）合成碳膜电阻

合成碳膜电阻又称合成膜电阻，其抗潮性和电压稳定性差，噪声高，频率特性差，但便于制成高电阻值、高精度的电阻，故多用于直流仪表中。

7）可变电阻

可变电阻通常又分为微调电阻和电位器。电位器又分为单联电位器、双联电位器、多联电位器、带开关电位器等。

8）有机实心电阻

有机实心电阻具有良好的绝缘外壳，在恶劣的环境和超负荷使用的情况下无断路现象，且体积小、易焊接，适用于要求精度高的场合。

9）敏感电阻

敏感电阻包括热敏电阻、压敏电阻、光敏电阻、磁敏电阻、湿敏电阻和气敏电阻等。

10）熔断电阻

熔断电阻是一种保护性元件，通常用来对电路的工作进行保护。一旦被保护电路出现问题使电流过大，熔断电阻就会迅速熔断，对电路元件进行保护。

（3）电阻的型号和命名方法

1）电阻的型号

电阻的型号标注由四部分组成，第一部分是主称，电阻用 R 表示，第二部分代表电阻体的材料，第三部分代表类别或者额定功率，第四部分为序号，具体见表1-9。

表 1-9　电阻器的型号

第一部分	第二部分	第三部分		第四部分
R-电阻器 W-电位器	T-碳膜 H-合成膜 S-有机实心 N-无机实心 J-金属膜 Y-氧化膜 C-化学沉淀物 I-玻璃釉膜 X-绕线	0 1-普通 2-普通 3-超高频 4-高阻 5-高温 6-精密 7-精密 8-高压	9-特殊 G-高功率 W-微调 T-可调 D-多圈	数字序号

示意图如图 1-18 所示：

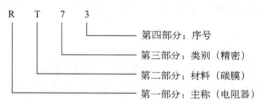

图 1-18　电容器型号命名示意图

2）电阻器的标识方法

电阻器的标识方法有直标法、文字符号法、数码法和色环法 4 种。

① 直标法。直标法是用阿拉伯数字和单位文字符号在电阻器表面直接标出标称阻值和允许偏差的方法。允许偏差用百分数表示。如图 1-19 所示。

② 文字符号法。文字符号法是用阿拉伯数字和文字符号有规律地组合来表示标称阻值及允许偏差的方法。标称阻值单位文字符号的位置则代表标称阻值有效数字中小数点所在的位置，单位文字符号前面的数表示阻值的整数部分，文字符号后面的数表示阻值的小数部分，文字符号表示小数点和单位。文字符号法标称阻值系列，见表1-10。

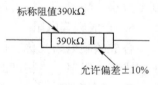

图 1-19　电阻值标法

表 1-10　文字符号法标称阻值系列

标 称 阻 值	文字符号法	标 称 阻 值	文字符号法	标 称 阻 值	文字符号法
$0.1\,\Omega$	R1	$1\,M\Omega$	1M0	$33000\,M\Omega$	33G
$0.33\,\Omega$	R33	$3.3\,M\Omega$	3M3	$59000\,M\Omega$	59G
$0.59\,\Omega$	R59	$5.9\,M\Omega$	5M9	$10^5\,M\Omega$	100G
$3.3\,\Omega$	3R3	$10\,M\Omega$	10M	$3.3\times10^5\,M\Omega$	330G
$5.9\,\Omega$	5R9	$1000\,M\Omega$	1G	$5.9\times10^5\,M\Omega$	590G
$3.3\,k\Omega$	3k3	$3300\,M\Omega$	3G3	$10^6\,M\Omega$	1T
$5.9\,k\Omega$	5k9	$5900\,M\Omega$	5G9	$3.3\times10^6\,M\Omega$	3T3
$10\,k\Omega$	10k	$10000\,M\Omega$	10G	$5.9\times10^6\,M\Omega$	5T9

③ 数码法。数码法是用三位整数表示电阻阻值的方法。数码是从左向右，前面的两位数为有效值，第三位数零的个数（或倍率10），单位为Ω。

④ 色环法。色环法是用不同颜色的色环在电阻器表面标出电阻值和误差的方法，是目前常用的电阻值标识方法。能否识别色环电阻，是考核电子行业人员的基本项目之一。其中四环、五环标示法分别如图1-20和图1-21所示。

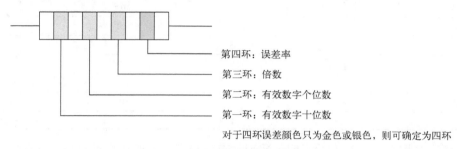

第四环：误差率

第三环：倍数

第二环：有效数字个位数

第一环：有效数字十位数

对于四环误差颜色只为金色或银色，则可确定为四环

图1-20　电阻阻值的四色环标示表法

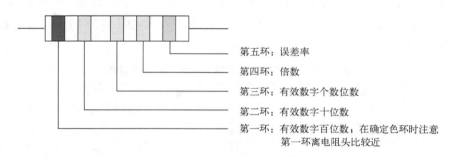

第五环：误差率

第四环：倍数

第三环：有效数字个数位数

第二环：有效数字十位数

第一环：有效数字百位数；在确定色环时注意第一环离电阻头比较近

图1-21　电阻阻值的五色环标示表法

每种颜色对应数字：棕1、红2、橙3、黄4、绿5、蓝6、紫7、灰8、白9、黑0。

确定五环第一色环的方法如下：

① 从阻值范围判断：因为一般电阻范围是0~10 MΩ，如果读出的阻值超过这个范围，就可能是第一环选错了。

② 从误差环的颜色判断环表示误差的色环颜色有银、金、紫、蓝、绿、红、棕。如果靠近电阻器瑞头的色环不是误差颜色，则可确定为第一环。四环可用如下方法读数，类似的五环只需再加一层即可。

普通电阻大多用四个色环表示其阻值和允许偏差。第一、二环表示有效数字，第三环表示倍率（乘数），第四环与前三环距离较大（约为前几环间距的1.5倍），表示允许偏差。例如红、红、红、银四环表示阻值为$22 \times 10^2 = 2200\,\Omega$，允许偏差为±10%；又如绿、蓝、金、金四环表示的阻值为$56 \times 10^{-1} = 5.6\,\Omega$，允许偏差为±5%，见表1-11。

表1-11　两位有效数字阻值的色环表示法详解

颜色	第一位有效值	第二位有效值	倍率	允许误差
黑	0	0	10^0	
棕	1	1	10^1	
红	2	2	10^2	

颜色	第一位有效值	第二位有效值	倍率	允许误差
橙	3	3	10^3	
黄	4	4	10^4	
绿	5	5	10^5	
蓝	6	6	10^6	
紫	7	7	10^7	
灰	8	8	10^8	
白	9	9	10^9	$-20\% \sim +50\%$
金			10^{-1}	$\pm 5\%$
银			10^{-2}	$\pm 10\%$
无色				$\pm 20\%$

精密电阻采用五个色环表示，前三环表示有效数字，第四环表示倍率，与前四环距离较大的第五环表示允许偏差。例如，棕、黑、绿、棕、棕五环表示电阻 $105 \times 10^1 = 1050\ \Omega = 1.5\ \text{k}\Omega$，允许偏差为 $\pm 1\%$；如棕、紫、绿、银、绿五环表示电阻 $175 \times 10^{-2} = 1.75\ \Omega$，允许偏差为 $\pm 0.5\%$，见表 1-12。

表 1-12　三位有效数字阻值的色环表示法详解

颜色	第一位有效值	第二位有效值	第三位有效值	倍率	允许误差
黑	0	0	0	10^0	
棕	1	1	1	10^1	$\pm 1\%$
红	2	2	2	10^2	$\pm 2\%$
橙	3	3	3	10^3	
黄	4	4	4	10^4	
绿	5	5	5	10^5	$\pm 0.5\%$
蓝	6	6	6	10^6	$\pm 0.25\%$
紫	7	7	7	10^7	$\pm 0.1\%$
灰	8	8	8	10^8	
白	9	9	9	10^9	
金				10^{-1}	
银				10^{-2}	

2. 电容的基本知识

电容器（简称为电容）是组成电子电路的主要元件。电容量是表现电容器容纳电荷本领的物理量。电容主要用于电源滤波、信号滤波、信号耦合、谐振、充电放电、储能、隔直流等电路中。

（1）电容的结构、作用及图形符号

1）电容的结构特性和作用

电容的基本结构是用一层绝缘材料（介质）间隔的两片导体。最简单的电容是由两块平行并且彼此绝缘的金属板组成。由于两块平行并且彼此绝缘的金属板具有存储电荷的能力，因此电容是一种可存储电荷的元件。

当在电容的两个电极加上电压时，电容就能充电，能够暂时储存所充入的电能。

电容具有"通交流，隔直流"的特性。直流电的极性和电压大小是固定不变的，不能通过电容器。而交流电的极性和电压的大小是不断变化的，能使电容不断地充电和放电，形成充、放电电流。

2）电容的作用

电容的用途较广，它是电子、电力领域中不可缺少的电子元件。主要用于电源滤波（消除干扰信号、杂波等）、信号滤波、去除信号耦合（消除或减轻两个以上电路间在某方面相互影响的方法）、旁路（与某元器件并联，其中电容一端接地）、谐振（与电感并联或串联后，振荡频率与输入信号频率相同时产生的现象）、滤波、补偿、充电、放电、储能、隔直流等电路中。

3）电容的图形符号

电容的在电路中图形的符号如图 1-22 所示，它形象地表达出电容是由两块平行并且彼此绝缘的金属板组成。图 1-22 中从左到右依次表示的是固定电容、预调电容、可调电容和极性电容。

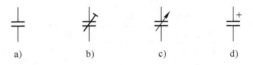

图 1-22　电容的符号

a）固定电容　b）预调电容　c）可调电容　d）极性电容

（2）电容的分类

电容有多种分类方法。

1）按结构及电容量，电容根据结构可分为固定电容、可变电容和半可变电容，目前使用最多的是固定容量的电容。

2）按极性来分，电容可分为有极性的电解电容和无极性的普通电容。

3）根据其介质材料，电容可以分为瓷介质、云母介质、纸介质、金属化薄膜介质等电容。

（3）电容的型号和命名方法

根据规定，国产电容的型号一般由四部分组成（不适用于亚敏、可变、真空电容）。依次分别代表名称（主称）、材料、特征分类和序号，见表 1-13 和表 1-14。

举例如图 1-23 所示：

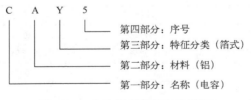

图 1-23　电容器型号命名示意图

图中 CAY5 的含义就是 5 号、箔式、铝电解电容。

（4）电容的常用识别方法

电容的参数标注方法有直标法、文字符号法、数码标示法和色标法。

1）直标法。该方法指标法使用数字和字母把规格、型号直接标在外壳上，主要用在体积较大的电容器上。通常用数字标注容量、耐压、误差、温度范围等内容；而字母则用来标示介质材料、封装形式等内容。这种标注方法可参考表 1-13 和表 1-14 所列。

表 1-13　电容型号命名方法

第一部分		第二部分		第三部分		第四部分
用字母表示主称		介质材料		用数字或字母表示特征		序号
字母	意义	符号	含意	符号	含意	
C	电容器	C	瓷介	T	铁电	包括：品种、尺寸、代号、温度特征、直流工作电压、标称值、允许误差、标准代号
		I	玻璃釉	W	微调	
		O	玻璃膜	J	金属化	
		Y	云母	X	小型	
		V	云母纸	S	独石	
		Z	纸介	D	低压	
		J	金属化纸	M	密封	
		B	聚苯乙烯	Y	高压	
		F	聚四氟乙烯	C	穿心	
		L	涤纶			
		S	聚碳酸酯			
		H	纸膜复合			
		Q	漆膜			
		A	铝			
		D	钽			
		G	金属			
		N	铌			
		T	钛			
		M	压敏			
		E	其他材料			

表 1-14　第三部分是数字所代表的意义

符号 （数字）	特征（型号的第三部分）的意义			
	瓷介电容	云母电容	有机电容	电解电容
1	圆片		非密封	箔式
2	管型	非密封	非密封	箔式
3	叠片	密封	密封	烧结粉液体
4	独石	密封	密封	
5	穿心		穿心	
6				
7				无限性
8	高压	高压	高压	
9			特殊	特殊

在有些厂家采用的直标法中，常把整数单位的"0"省去，如".01μF"表示0.01μF；有些用R表示小数点，如R10μF。

2）文字符号法。用文字符号表示电容的单位（n表示nF、p表示pF、μ表示μF或用R来表示μF等）。电容容量（用阿拉伯数字表示）的整数部分写在电容单位的前面，电容容量的小数部分写在电容单位的后面；凡为整数（一般为4位）、又无单位标注的电容器，其单位默认为pF，凡用小数、又无单位标注的电容器，其单位默认为μF。

示例如下：

10p 表示容量为 10 pF；

10n 表示容量为 10 nF，即 0.01 μF；

3p3 表示容量为 3.3 pF；

8n2 表示容量为 8.2 nF，即 8200 pF；

允许偏差一般用字母表示，见表1-15。

表1-15 允许偏差标注字母及含义

字 母	含 义	字 母	含 义	字 母	含 义
B	±0.1%	H	+100%	P	±0.1%
C	±0.25%	J	±5%	Q	−10%~+30%
D	±0.5%	K	±10%	S	−20%~+50%
E	±0.005%	L	±0.01%	T	−10%~+50%
F	±1%	M	±20%	W	±0.05%
G	±2%	N	±30%	X	±0.001%
Y	±0.002%	Z	−20%~+80%	不标注	−20%

3）数码标示法。体积较小的电容器常用数字标志法。数码表示法一般用三位整数，第一位、第二位为有效数字，第三位数表示有效数字后面零的个数，单位为pF。

示例如下：

243 表示容量为 $24×10^3$ pF；

479 表示容量为 $47×10^{-1}$ pF。

4）色标法。电容器的色标法和电阻器相似，单位一般为pF。对于圆片或矩形等电容，非引线端部的一环为第1色环，以后依次为第2色环，第3色环，……，色环电容也分为4环和5环形式，有些产品还有距4环或5环较远的第5环或第6环，这两环往往代表电容特性或工作电压。第1、2环是有效数字，第3环是"0"的个数，第4环是误差，各色环代表的数值与色环电阻一样。另外，若某一通道色环的宽度是标准宽度的2或3倍，则表示这是相同颜色的2或3道色环。

小型电解电容器的耐压也有用色标法进行标识的，标识的位置靠近正极引出线的根部，电容色标法中颜色对应的耐压值见表1-16。

表1-16 电容色标法中颜色对应的耐压值

颜色	黑	棕	红	橙	黄	绿	蓝	紫	灰
耐压/V	4	6.3	10	16	25	32	40	50	63

3. 电感线圈的基本知识

电感是闭合回路的一种自身属性。当线圈通过电流后，在线圈中形成感应磁场，感应磁场又会产生感应电流来抵制通过线圈中的电流。这种线圈中的电流与磁场的相互作用关系称为电的感抗。电感器电感量的大小，主要取决于线圈的圈数（匝数）、绕制方式、有无磁心及磁心的材料等。通常，线圈圈数越多、绕制的线圈越密集，电感量就越大。一般来说，有磁心的线圈电感量大；磁心磁导率越大的线圈，电感量也越大。

电感线圈是由导线一圈靠一圈地绕在绝缘管上，导线彼此互相绝缘，而绝缘管既可以是空心的，也可以包含铁心或磁心，简称电感。

电感线圈和电容器一样，也是一种储能元件，它能把电能转变为磁场能，并在磁场中储存能量。电感器用符号 L 表示，它的基本单位是亨利（H），由于亨利单位较大，常用毫亨（mH）为单位。

当线圈中有电流通过时，线圈的周围就会产生磁场。当线圈中电流发生变化时，其周围的磁场也产生相应的变化，此变化的磁场可使线圈本身产生感应电动势，这就是自感。当两个电感线圈相互靠近时，一个电感线圈的磁场变化将影响另一个电感线圈，这种影响就是互感。互感的大小取决于电感线圈的自感与两个电感线圈耦合的程度。

电感线圈在电路中用字母"L"来表示。电感线圈的主要作用是对交流信号进行隔离、滤波或者与电容器和电阻器组成谐振电路。

（1）电感线圈的分类

电感线圈的分类方法很多，几种常见的电感的电路图形符号，如图1-24所示。

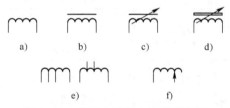

图 1-24　几种电感的电路图形符号

a）空心电感　b）磁心或铁心电感　c）磁心可调电感　d）铜心可调电感
e）双抽头可调电感　f）滑动接点可调电感

1）按结构分类

按外形引脚方式分类可分为绕线式电感、非绕线式电感、可调式电感、贴片式电感和插件式电感，见表1-17。

表 1-17　电感按结构分类示意图

按结构分类	绕线式	
	非绕线式	空心电感
		磁心电感
		铁心电感
	可调式	磁心可调电感
		铜心可调电感
		滑动接点可调电感
		串联可调电感
		多抽头可调电感
	贴片式	
	插件式	

2）按工作频率分类

电感按工作频率分类见表1-18。

表1-18 电感按工作频率分类示意图

按工作频率分类	高频电感器	空心电感
		磁心电感
		铜心电感
	中频电感器	空心/磁心电感
	低频电感器	铁心电感

3）按用途分类

电感按用途分类见表1-19。

表1-19 电感按用途分类示意图

按用途分类	振荡电感器	电视机行振荡线圈
		东西枕形振校正线圈
	校正电感器	
	显像管偏转电感器	行偏转线圈
		场偏转线圈
	隔离电感器	
	滤波电感器	工频滤波电感器
		高频滤波电感器
	补偿电感器	
	阻流电感器	高频阻流线圈
		低频阻流线圈
		电子镇流器用阻流线圈
		电视机行频阻流线圈
		电视机场频阻流线圈

（2）电感线圈的型号命名和标识方法

1）电感线圈的型号命名

电感线圈的型号一般由四部分组成，如图1-25所示。

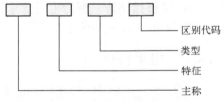

图1-25 电感线圈的型号命名结构

第一部分为主称，用字母表示，常用 L 表示线圈，ZL 表示高频或低频阻流线圈；第二部分为特征，用字母表示，常用 G 表示高频；第三部分为类型，用字母表示，常用 X 表示小型；第四部分为区别代码，用数字或字母表示。例如，LGX 型即为小型高频电感线圈。

2）电感线圈的标识法

电感线圈的标识方法有直标法、色标法、数码标注法和字符标注法。

① 直标法。直标法指的是在小型电感线圈的外壳上直接用文字标出电感线圈的电感量、允许偏差和最大直流工作电流等重要参数。其中最大工作电流常用字母标志，见表1-20。

② 色标法。色标法指的是在电感线圈的外壳上涂有不同颜色的色环，用来表明其参数，第一条色环表示电感量的第一位有效数字；第二条色环表示电感量的第二位有效数字；第三位色环表示十进倍数；第四条色环表示允许误差。如图1-26所示。

表 1-20　小型固定电感线圈的最大工作电流和标志字母

标志字母	A	B	C	D	E
最大工作电流/mA	50	150	300	700	1600

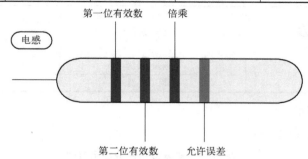

图 1-26　电感规格的色标法

标志中的电感量单位为 μH。数字与颜色的对应关系见表 1-21。

表 1-21　数字与颜色的对应关系

颜色	有效数字	乘数	允许偏差	颜色	有效数字	乘数	允许偏差
黑	0	10^0		紫	7	10^7	±0.1%
棕	1	10^1		灰	8	10^8	
红	2	10^2	±1%	白	9	10^9	+5% −20%
橙	3	10^3	±2%				
黄	4	10^4		金		10^{-2}	±5%
绿	5	10^5	±0.5%	银		10^{-1}	±10%
蓝	6	10^6	±0.25%	无色			±20%

③ 数码标注法。电感器的数码标注法与电容器的相同，即数码的前两位数为有效数字，第三位数为零的个数，它们的单位为 μH，允许偏差为±10%。

④ 字符标注法。有的电感器采用字符标注法进行标注，即用数字和文字符号按一定的组合规律进行标注，所用单位为 nH 及 μH。

1.4.2　电平特性

TTL 电平和 COMS 电平的概念具体介绍如下：

1. TTL 电平

用+5 V 等价于逻辑"1"，0 V 等价于逻辑"0"，这被称为 TTL（晶闸管-晶体管逻辑电平）信号系统，这是计算机处理器控制的设备内部各部分之间通信的标准技术。TTL 电路的电平就称为 TTL 电平（在其他数字电路中，TTL 电平就是由 TTL 电子元器件组成的电路使用的电平。电平是一个电压范围，规定输出高电平大于 2.4 V，输出的低电平小于 0.4 V，在室温下，一般输出的高电平是 3.5 V，输出低电平是 0.2 V）。

2. COMS 电平

CMOS 集成电路使用场效应晶体管（MOS 管），其功耗小，工作电压范围很大，速度相对于 TTL 电路来说较低。但随着技术的发展，其速度在不断提高。

CMOS 电路的电平就称为 CMOS 电平。具体而言，COMS 电平就是：高电平（1 逻辑电平）电压接近于电源电压，低电平（0 逻辑电平）电压接近于 0 V。

TTL 电路和 COMS 电路相连接时，由于电平的数值不同，TTL 的电平不能触发 CMOS 电路，COMS 的电平可能会损坏 TTL 电路，因此不能互相兼容匹配，这就需要设置电平转换电路。

1.5 逻辑电路及芯片知识

数字电路除了包括门电路、组合逻辑电路外，还有时序逻辑电路。时序逻辑电路某时刻的输出不仅取决于该时刻的输入，还与该时刻前电路的状态有关。时序逻辑电路的基本单元一般是触发器，常用的基本电路有二进制计数器、十进制计数器和移位寄存器电路等。

1.5.1 触发器

计算机处理的程序、数据都是用二进制表示的，也就是由大量的 0 和 1 组成。因此，必须有能存放和记忆 0 和 1 这两种状态的基本单元。触发器就是存放这种信号的基本单元电路，它有两个稳定的状态——0 状态和 1 状态；它能接收、保持和输出送来的信号；在一定的外界触发条件下，这两个稳定状态可以互相转换。根据电路结构不同和触发条件和方式的不同。触发器有不同的种类，如 RS 触发器、JK 触发器、D 触发器等。

1. 基本 RS 触发器

触发器有两个稳定的状态，可用来表示数字 0 和 1。按结构的不同可分为，没有时钟控制的基本触发器和有时钟控制的门控触发器。

基本 RS 触发器是组成门控触发器的基础，一般有与非门和或非门组成的两种形式，以下介绍与非门组成的基本 RS 触发器。

（1）电路结构与符号图

用与非门组成的 RS 触发器如图 1-27 所示。图中 $\bar{S}$ 为置 1 输入端，$\bar{R}$ 为置 0 输入端，都是低电平有效，Q 和 $\bar{Q}$ 为输出端，一般以 Q 的状态作为触发器的状态。

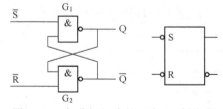

表 1-22　基本 RS 触发器的真值表

$\bar{R}$	$\bar{S}$	Q^{n+1}	$\bar{Q}^{n+1}$
0	1	0	1
1	0	1	0
1	1	Q^n	$\bar{Q}^n$
0	0	1	1

图 1-27　与非门组成的基本 RS 触发器

（2）工作原理与真值表

1）当 $\bar{R}=0$，$\bar{S}=1$ 时，因 $\bar{R}=0$，G_2 门的输出端 $\bar{Q}=1$，G_1 门的两输入为 1，因此 G_1 门的输出端 Q=0。

2）当 $\bar{R}=1$，$\bar{S}=0$ 时，因 $\bar{S}=0$，G_1 门的输出端 Q=1，G_2 门的两输入为 1，因此 G_2 门的输出端 $\bar{Q}=0$。

3）当 $\bar{R}=1$，$\bar{S}=1$ 时，G_1 门和 G_2 门的输出端被它们的原来状态锁定，故输出不变。

4）当 $\bar{R}=0$，$\bar{S}=0$ 时，则有 Q=$\bar{Q}$=1。若输入信号 $\bar{S}=0$，$\bar{R}=0$ 之后出现 $\bar{S}=1$，$\bar{R}=1$，则输出状态不确定。因此 $\bar{S}=0$，$\bar{R}=0$ 的情况不能出现，为使这种情况不出现，特意给该触发器加一个约束条件 $\bar{S}\,\bar{R}=1$。

由以上分析可得到表 1-22 所示真值表。这里 Q^n 表示输入信号到来之前 Q 的状态，一般称为现态。同时，也可用 Q^{n+1} 表示输入信号到来之后 Q 的状态，一般称为次态。

2. 同步 D 触发器

由于同步 RS 触发器工作时，由于不允许 R、S 端信号同时为 1，使应用受到一定限制。为了克服这一缺点，可以在 S 与 R 输入端之间增加一个非门，只在 S 端加输入信号，S 端改称为 D 输入端，这样构成的触发器，称为同步 D 触发器，又称 D 锁存器。其逻辑电路及逻辑符号如图 1-28 所示。

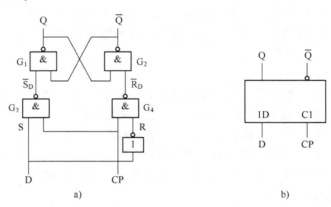

图 1-28 同步 D 触发器和逻辑符号

a）D 触发器的逻辑电路 b）逻辑符号

同步 D 触发器的工作原理可分为 CP = 0 和 CP = 1 两种情况分析。

当 CP = 0 时，触发器不工作，触发器处于维持状态。

当 CP = 1 时，触发器功能如下：

D = 0，G_3 门输出为 1，G_4 门输出为 0，则基本 RS 触发器的 $\overline{R_D} = 0$、$\overline{S_D} = 1$，触发器状态置 0。

D = 1，G_3 门输出为 0，G_4 门输出为 1，则基本 RS 触发器的 $\overline{R_D} = 1$、$\overline{S_D} = 0$，触发器状态置 1。

根据工作原理的分析，可列出同步 D 触发器的特性见表 1-23。

表 1-23 同步 D 触发器的特性

D	Q^n	Q^{n+1}	逻辑功能
0	0	0	置 0
0	1	0	
1	0	1	置 1
1	1	1	

D 触发器类常用集成电路芯片介绍如下：

在单片机芯片内部及单片机外围电路中使用了大量各类 D 触发电路芯片，下面分别进行介绍。

（1）74LS74

74LS74 芯片中包含两个独立的上升沿触发的 TTL 集成双 D 触发器。每个触发器都有独立的直接复位（清除）端 CLR，直接预置端 PR，数据和时钟输入端 D 和 CK，另外还各有一组互补输入端 Q 和 $\overline{Q}$，其功能表见表 1-24。

表 1-24　74LS74 功能表

输　入				输出		输　入				输出	
PR	CLR	CK	D	Q	$\overline{Q}$	PR	CLR	CK	D	Q	$\overline{Q}$
L	H	×	×	H	L	H	H	↑	H	H	L
H	L	×	×	L	H	H	H	↑	L	L	H
L	L	×	×	H*	H*	H	H	L	×	Q_0	$\overline{Q}_0$

（2）74LS273

74LS273 是带清除端（CLK）的 8D 触发器。在时钟上升沿作用下（加在 CK 端），输入信息由 D 端传送到 Q 输出端。触发器的时钟频率响应范围为 0~30 MHz，每个触发器功耗为 10 mW。

74LS273 功能框图及引脚逻辑图如图 1-29 和图 1-30 所示。其功能表见表 1-25。

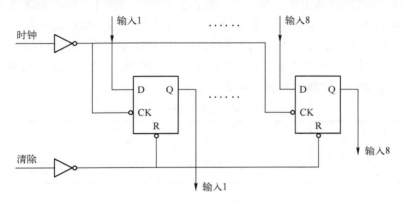

图 1-29　74LS273 功能框图

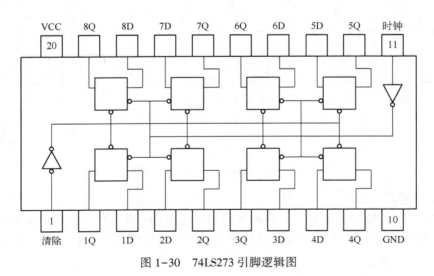

图 1-30　74LS273 引脚逻辑图

表 1-25　74LS273 功能表

输　入			输出 Q
CLR	CK	D	
低电平（L）	任　意（X）	X	L
高电平（H）	正边沿（△）	H	H
高电平（H）	正边沿（△）	L	L
高电平（H）	低电平（L）	X	维持

（3）74LS373

74LS373 为透明 D 型锁存器，即当允许端（G）是高电平时，Q 输出数据（D）并被锁存。当输出控制端（$\overline{OE}$,1 脚）接低电平时（在一般硬件系统中 G 接地），数据输出，当 $\overline{OE}$ 端接高电平时输出为高阻状态。

由于输出可提供具有高阻抗的第三态，则在总线系统结构中不需另加外加接口和上拉部件，74LS373 可直接连接到总线上，并驱动总线。在高阻状态下输出端的状态下输出端的状态由其他电路的输出状态决定。8 位寄存器的特点是可驱动大电容或低阻抗的负载。因此，74LS373 特别适合用于作为缓冲寄存器、I/O 通道、总线驱动器及工作寄存器。图 1-31 所示为其功能框图，表 1-27 所示为其功能表。

表 1-26　74LS373 功能表

输出控制	允许（G）	D	输出	输出控制	允许（G）	D	输出
L	H	H	H	L	L	×	新状态
L	L	L	L	H	×	×	三态

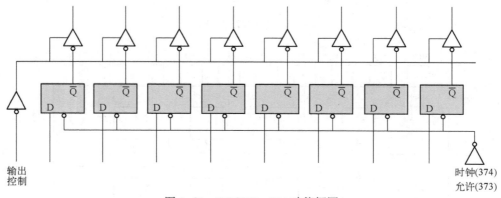

图 1-31　74LS373、374 功能框图

（4）74LS374

74LS374 和 74LS373 基本相同，逻辑功能如图 1-31 所示。它们的区别在于 74LS374 是边沿触发，即在时钟上升沿时，锁存器的输入端（D）的状态建立在锁存器输出端（Q）。表 1-27 为其功能表。

此外，8282 的功能与 74LS373 相同。

74LS373 与 74LS374 的引脚图如图 1-32 所示。

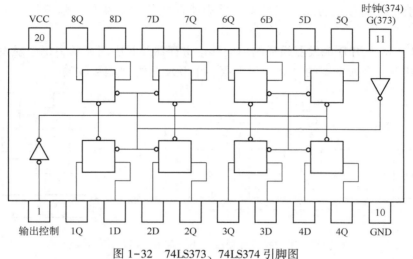

图 1-32　74LS373、74LS374 引脚图

表 1-27　LS374 功能表

输出控制	时钟	D	输出	输出控制	允许（G）	D	输出
L	△	H	H	L	L	×	维持
L	△	L	L	H	×	×	三态

通常用作单片机地址锁存的芯片有两类：一类是 8D 触发器，如 74LS273、74LS377 等；另一类是 8 位锁存器，如 74LS373、8282 等。图 1-33 描绘了 74LS273 和 74LS277 两类芯片用作单片机地址锁存器时的控制线的接法。

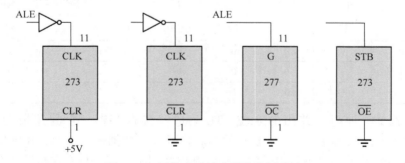

图 1-33　用作地址锁存器的常用芯片

1.5.2　寄存器及移位寄存器

寄存器是一种用来暂时存放数据、指令等的器件，它由触发器组成。一个触发器可以储存一位二进制代码。存放几位二进制代码用几个触发器即可。图 1-34 所示由 D 触发器组成的四位寄存器。

CP 为时钟控制端，当 CP 上升沿到来时，四个数据输入端 $D_4D_3D_2D_1$ 被寄存到四个触发器中使输出状态 $Q_4Q_3Q_2Q_1 = D_4D_3D_2D_1$。$\overline{R_D}$ 为清除端，当 $\overline{R_D}$ 为低电平时，$Q_4Q_3Q_2Q_1$ 清零。

在微型计算机中，常用的是经过改造的移位寄存器，它除了具有存储数码的功能外，还具有移位功能。所谓移位功能，就是寄存器中所存的数据可在移位脉冲作用下逐次左移或右移。

图 1-34 所示为用 D 触发器组成的单向移位寄存器及时序图。其中每个触发器的输出端 Q 端依次接到下一个触发器的 D 端，只有第一个触发器的 D 端接收数据。

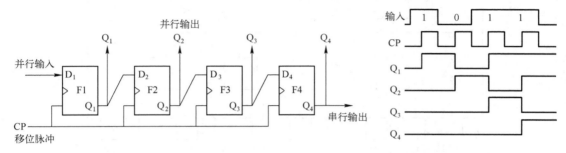

图 1-34　单向移位寄存器（串行输入，串、并行输出）

当时钟脉冲上升沿到来时，输入的数码移入 F1，同时每个触发器把自身的状态移给下一个触发器。假设输入的数码为 1011，那么经过四个移位脉冲后，1011 这四位数码恰好全部移入寄存器中。这时，也可以从四个触发器 Q 端得到并行的数码输出。如果需要得到串行输出信号，则只要再输入四个时钟脉冲，四位数码便可以从 Q_4 端依次串行输出。由此可见，以上移位寄存器可实现串入并出或串入串出。

在 CP 移位脉冲的作用下，移位寄存器中数码的移动情况见表 1-28。

表 1-28　移位寄存器中数码的移动情况

CP	移位寄存器中数码				CP	移位寄存器中数码			
顺序	F1	F2	F3	F4	顺序	F1	F2	F3	F4
0	0	0	0	0	3	1	0	1	0
1	1	0	0	0	4	1	1	0	1
2	0	1	0	0					

74LS164 就是一种串入并出的 8 位 TTL 集成移位寄存器，它的逻辑功能及引脚如图 1-35 所示。串行输入具有允许和禁止的功能。当 A 作数据输入端时，B 则作为禁止或允许输入端。在时钟脉冲为高或低电平时，串入并出数据不改变，只有在时钟上升沿时才起作用。74LS164 的功能表见表 1-29。

表 1-29　74LS164 功能表

输　　　　入				输　　　出			
CLEAR	CLOCK	A	B	Q_A	Q_B	……	Q_H
L	×	×	×	L	L		L
H	L	×	×	Q_{AO}	Q_{BO}		QHO
H	↑	H	H	H	Q_{Bn}		Q_{Hn}
H	↑	L	×	L	Q_{Bn}		Q_{Hn}
H	↑	×	L	L	Q_{Bn}		Q_{Hn}

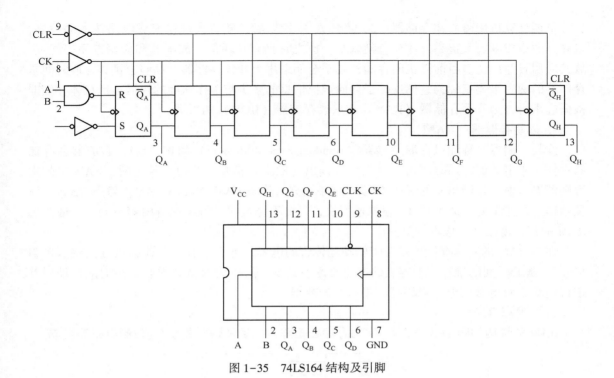

图 1-35　74LS164 结构及引脚

移位寄存器的输入同样也可以采用并行输入方式。图 1-36 所示就是一个串、并行输入，串行输出的移位寄存器。在并行输入时，采用了两拍接收方式，第一步先用清零脉冲通过触发器的 R_d 端，把所有触发器置 0，第二步再利用接收脉冲通过 S_d 端输入数据。

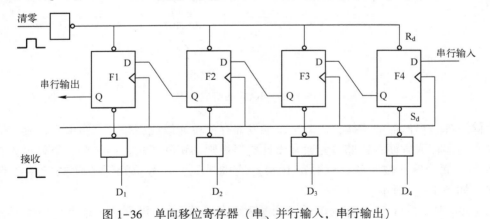

图 1-36　单向移位寄存器（串、并行输入，串行输出）

另外，74LS166/165 为 8 位并行输入、串行输出的移位寄存器，引脚及功能可查相关手册。

1.5.3　半导体存储器

存储器是计算机的记忆部件。CPU 要执行的程序、要处理的数据、处理的中间结果等都存放在存储器中。

早期计算机用磁心作存储器。20世纪70年代以后，随着大规模集成电路技术的发展，半导体的集成度大大提高，体积急剧减小，加之它具有功耗低、成本低和应用方便等优点，故其应用日益广泛。目前微机的存储器几乎全部采用半导体存储器。存储容量和存取时间是存储器的两项重要指标，它们反映了存储记忆信息的多少与工作速度的快慢。半导体存储器根据应用可分为读写存储器（RAM）和只读存储器（ROM）两大类。

1. 读写存储器（RAM）

读写存储器又称随机存取存储器（Random Access Memory）简称RAM，它能够在存储器中任意指定的地方随时写入（存入）或读出（取出）信息；当电源掉电时，RAM里的内容则消失。根据存储单元的工作原理，RAM又分为静态RAM和动态RAM。静态RAM用触发器作为存储单元存放1和0，存取速度快，只要不掉电即可持续保持内容不变。一般静态RAM的集成度较低，成本较高。

动态RAM的基本存储电路为带驱动晶体管的电容。电容上有无电荷会被分别视为逻辑1和0。随着时间的推移，电容上的电荷会逐渐减少，所以为保持其内容必须周期性地对其进行刷新（对电容充电）以维持其中所存的数据。

（1）静态RAM

RAM的结构如图1-37所示。它由存储器矩阵，地址译码器和读/写控制电路等组成。

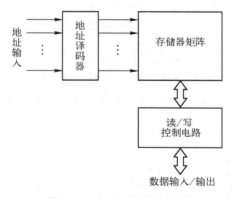

图1-37　RAM的组成框图

存储矩阵是存储器的主体，由若干个触发器存储单元组成，每个存储单元存放一位二进制信息。为了存取方便，存储单元通常设计成很规则的矩阵形式。例如，一个容量为256×4（256个字，每个字4位）的存储器有1024个存储单元，这些单元可排成32行×32列的矩阵形式，如图1-38所示。

图1-38中每行有32个存储单元（圆圈表示存储单元），可存储8个字，每4列为一个字列，可存储32个字。每根行选线选中一行，每根列选择线选中一个字列。因此，图示阵列有32根行选线和8根列选线。

RAM内容的存取是以字为单位的，为了区别不同的字，将存放同一个字的存储单元编为一组，并赋予一个号码，称为地址。存储单元是存储器中最基本的存储细胞，不同的单元有不同的地址。在进行读写操作时，可以按照地址访问某个单元。

地址的选择是借助于地址译码器实现的。在大容量的存储器中，通常采用双译码结构，即将输入地址分为两部分，分别由行译码器和列译码器译码。行、列译码器的输出即为存储

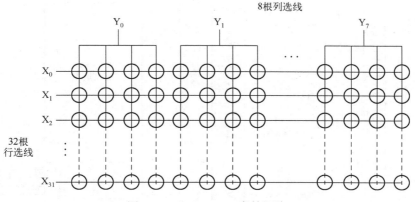

图 1-38　256×4RAM 存储矩阵

矩阵的行、列选择线，由它们共同确定欲选择的地址单元。

对于图 1-38 所示的存储矩阵，256 个字需要 8 位二进制地址（$A_7 \sim A_0$）区分（$2^8 = 256$）。其中地址码的低 5 位 $A_0 \sim A_4$ 作为行译码输入，产生 32 根行选择线，地址码的高 3 位 $A_5 \sim A_7$ 用于列译码输入，产生 8 根列选择线，只有被行选择线和列选择线都选中的单元，才能被访问。例如，若输入地址 $A_7 \sim A_0$ 为 00011111 时，X_{31} 和 Y_0 输出高电平，位于 X_{31} 和 Y_0 交叉处的字单元此时可以进行读出或写入操作，而其余任何字单元都不会被选中。

由于集成度的限制，目前单片机 RAM 容量很有限，对于一个大容量的存储系统，往往需要若干片 RAM 组成，而读/写操作时，通常仅与其中的一片（或几片）打交道，这就存在一个片选问题。RAM 芯片上特设了一根片选信号线，在片选信号线上加入有效电平，芯片即被选中，可进行读/写操作，未被选中的芯片则不工作。

片选信号仅解决芯片是否工作问题，而芯片执行读还是写操作则还需要有一根读写信号线，所以芯片上还没有读/写控制线。

Intel 2114A 是一片 1 KB×4（1 KB 即 1024 个单元）位的静态 RAM，它与 TTL 完全兼容。单接+5 V 电源。如图 1-39 所示其外形、逻辑符号和内部结构。

10 根地址线 $A_0 \sim A_9$ 用于行译码，产生 64 根行选择线：A_0、A_1、A_2、A_9 4 根地址线用于列译码，产生 16 条列选线。每根列选择线同时接至 4 个基本存储电路，即 4 位。所以这种双译码结构可寻址 64×16×4 = 4096 个存储单元。$\overline{CS}$ 为片选信号线，输入低电平有效；$\overline{WE}$ 为低电平，则进行写操作；若使 $\overline{WE}$ 为高电平则可进行读操作。读写的数据通过 $I/O_1 \sim I/O_4$ 送到数据总线上，由 CPU 读取。

6116、6264、62256、628128 芯片分别是 2 KB×8、8 KB×8、32 KB×8 和 128 KB×8 的静态 RAM，使用这些芯片时都不必外加刷新电路。

（2）动态 RAM

静态 RAM 的存储单元所用管子数目多、功耗大、集成度低，而动态 RAM 集成度高、成本低、功耗也很低。动态 RAM 是一种以电荷形式存储信息的器件，其基本存储电路采用晶体管和电容。目前常用的动态 RAM 单元电路有两种，一种由三个 CMOS 管组成，另一种由一个 CMOS 管组成。

动态 RAM 的缺点是电容所存信息的电信号会逐渐漏掉。一般要求 2 ms 周期就要对所存

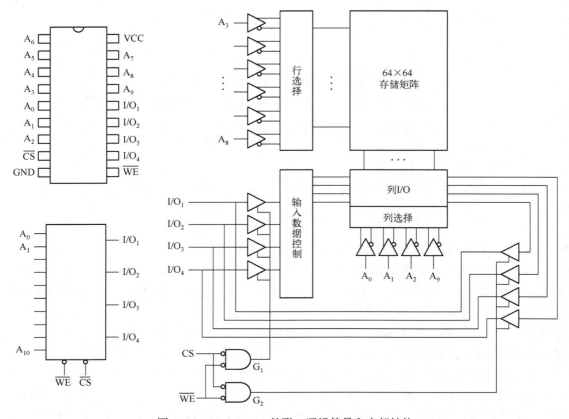

图 1-39 Intel 2114A 外形，逻辑符号和内部结构

信息全部刷新一遍。所以动态 RAM 要加有专门的刷新电路。但对大容量存储系统，附加刷新电路的成本会被其高集成度、低功耗和价廉等优点所补偿。

如 Intel 2164A 是 16 引脚双列直插动态 RAM 集成芯片，它采用单一 +5 V 电源，其基本存储电路为单管型，它的引脚及结构可查看有关手册。

2. 只读存储器（ROM）

只读存储器简称 ROM，用以存放不变信息——至少不经常改变的信息。与 RAM 不同，当 ROM 仍能保持内容不变。在读取某地址内客这一点，ROM 类似于 RAM。但 ROM 并不含修改其内容的结构——只读存储器的名称即由此而得。

一般 ROM 用来存储程序和一些固定的数据，比如计算机的系统程序、一些固定表格等。而 RAM 用于存储数据。

只读存储器有掩膜 ROM、PROM、EPROM 和 E²PROM 等。

（1）掩膜 ROM

这种 ROM 基本存储电路的 0 或 1 两种状态，是在制造电路时由生产厂家根据用户提出的要求，通过掩膜技术制作或不制作晶体管栅极来实现 0 或 1 状态的。一旦制作完毕，存储内容即不可修改，大批量生产时成本很低。

（2）PROM

为了弥补掩膜 ROM 成本高和不能改变其内容的不足，出现了一种由用户编程且只能写入的一次的 PROM。出厂时 PROM 设置为熔丝断裂型，未写入时每个基本存储电路都是一个带熔丝的晶体管或二极管。编程后丝断为"1"，未断者为"0"，用户用专用编程器进行编程时，对需写 1 的单元，通过大电流以熔断其熔丝，丝断后无法复原，因此只能写入一次。在软件开发过程中 PROM 比掩膜 ROM 方便价廉。

（3）EPROM

EPROM 是一种可多次写入的 ROM。其特点是写入的信息可以长期保存，这一点与掩膜 ROM 一样；与掩膜 ROM 不同的是，当不需要这些信息或欲进行修改时，可进行擦除和重写。EPROM 芯片上开有一石英窗口，当芯片置于紫外线下照射时，高能光子将与 EPROM 中的电子相碰撞，将其驱散，于是以电荷形成存储的信息即被擦除。EPROM 在开发样机时非常有用，因为在研制过程中数次修改程序的情况颇为常见。

现常用的 EPROM 型号有 2732、2764、27128、27256、27514 等，其容量分别为 4 KB、8 KB、16 KB、32 KB、64 KB 等。以 2732A 为例，介绍该类芯片的结构及工作方式。图 1-40 所示 2732A 引脚及内部结构。它是以 HMOS-E 工艺制成的 24 引脚双列直插式芯片。其中 $A_0 \sim A_{11}$ 为 13 位地址线，$O_0 \sim O_7$ 为 8 位数据线，$\overline{CE}$ 为芯片允许信号，低电平有效，该引脚在编程时亦作为编程电压输入引脚 V_{CC} 和 GND 分别为 +5 V 电源和接地端。

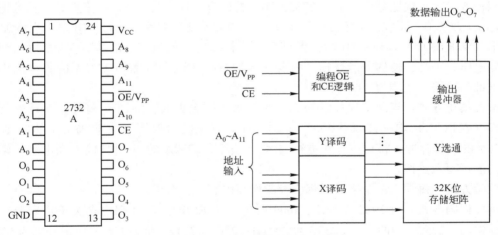

图 1-40　2732A 引脚及内部结构

2732A 有六种工作方式，见表 1-30。

表 1-30　2732A 工作方式

方式＼引脚	$\overline{CE}$ (18)	$\overline{OE}/V_{PP}$ (20)	A_9 (22)	V_{CC} (24)	输出
读	V_{IL}	V_{IL}	×	+5 V	D_{OUT}
输出禁止	V_{IL}	V_{IH}	×	+5 V	高阻
待机	V_{IH}	×	×	+5 V	高阻
编程	V_{ILL}	V_{PP}	×	+5 V	D_{IN}
编程禁止	V_{IH}	V_{PP}	×	+5 V	高阻
读标识码	V_{IL}	V_{IL}	V_H	+5 V	标识码

读方式：2732A 由 $\overline{CE}$ 和 $\overline{OE}$ 两条控制线控制。为在输出端读到数据，两者均必须输入低电平 V_{IL}。$\overline{CE}$ 为电源控制信号，用来进行器件选择。$\overline{OE}$ 为输出控制，用来把数据从输出缓冲器送往输出引脚，即送至数据总线。

2732A 采用读方式读出时间约为 250 ns。

待机方式：若某 2732A 的 $\overline{CE}$ 输入端为高电平，则它将处于待机方式。2732A 的工作电流为 125 mA，待机时的电流可降至 35 mA。在这种方式下，输出呈高阻状态，且不受 $\overline{OE}$ 限制。

输出禁止方式：多个 2732A 芯片的输出可以并联到数据总线上。在这种接法中，为使存储系统功耗最小并防止各存储芯片争夺总线资源，如果所有芯片的 $\overline{CE}$ 都接地的话，则可向未被选中芯片的 $\overline{OE}$ 端输入高电平，使其输出处于高阻状态，这便是输出禁止方式；而被选中芯片的 $\overline{OE}$ 给低电平信号，因此，只有它的输出才能送往数据总线。但为更有效地利用 $\overline{OE}$ 和 $\overline{CE}$ 两条控制线，各片的 $\overline{CE}$（脚 18）通常通过译码得来。即在多个 EPROM 芯片中选中一个使之工作，而各片 $\overline{OE}$（脚 20）都接到控制总线的而线 $\overline{RD}$ 上，这就保证未选中的 EPROM 处于低功耗待机方式，它们的输出为高阻状态。被选中芯片的 $\overline{CE}$ 和 $\overline{OE}$ 均为低电平，因此便将其数据送入数据总线。

编程方式：每次擦除后或新购 2732A 芯片的所有位均应为 1。写入信息时，只是把应为 0 的位由 1 改为 0。而应为 1 的位保持不变。当 2732A 处于编程方式时，$\overline{OE}/V_{PP}$ 引脚加上 21 V 电压。要求在 $\overline{OE}/V_{PP}$ 和 GND 两引脚间跨接一个 0.1 μF 的电容，以抑制该两脚间可能产生的尖峰电压。否则，器件可能受损。将要写入的数据 8 位并行加到 2732A 的数据输出引脚上。地址与数据输入均为 TTL 电平。

编程禁止方式：当向多片并联的 2732A 写入不同数据时，除 $\overline{CE}$ 引脚外，各片的所有同名引脚（包括 $\overline{OE}$）均呈并联状况。在 $\overline{OE}$ 接 21 V 电压的情况下，向某 2732A 的 $\overline{CE}$ 脚加一 TTL 电平的编程脉冲，将对该芯片进行写入。向其他 2732A 的 $\overline{CE}$ 引脚输入高电平，则禁止对它们进行写入操作。

校验方式：每写入一个字节后都应校验所写内容是否有误。

读标识码方式：自 1982 年开始，Intel 所生产的 EPROM 芯片都内含关于厂家及产品型号的标识码。2732A 的两个标识字节为 8901H；2764、27128 和 27256 的标识分别为 8902H，8983H 和 8904H。读标识应在 25±5℃ 的环境下进行，地址线 A_9（脚 22）加 11.5 V~12.5 V 电压，其他地址线均为低电平 V_{1H} 时，从输出端读到的第一个字节应为 89H，代表 Intel 产品；当 A_0 为高电平 V_{1H} 而其他位不变时，得到第二个字节，对 2732A 来说，应为 01H。

EPROM 编程器可以通过读标识的方法来辨认 EPROM 芯片的型号，从而自动启动相应的编程算法。应当注意，对于不同容量的 EPROM 芯片来说，编程电压、编程脉冲不尽相同。2764 以上的芯片除具有标准编程法（即每字节用 50 ms 宽编程脉冲）外，尚有 Intel 编程法。例如，32 KB 的 27256，若用 Intel 编程法只要 5 min 即可写完。读者可以算出，用普通编程法需多长时间。

（4）E^2PROM。

E^2PROM 是近几年出现的新产品。它既可以在线电擦除，又可以加电写入，并能在断电的情况下保持修改的结果，即具备信息不挥发的特性。它比紫外线擦除的 EPROM 要方便，可直接在 2764 插座上在程序运行过程中用电（即+5 V 工作时）进行改写，并且一次操作可单独改写几位或几个字节。改写与调整其内部数据十分方便。

常见的 E²PROM 型号有 2816（2 KB×8），2817（2 KB×8），2864（8 KB×8），2864A 等。图 1-41 所示为 2817A 的引脚与结构图。

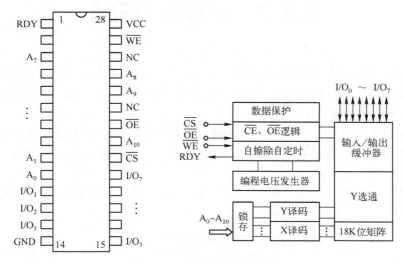

图 1-41　2817A 引脚与结构图

思考与练习

1-1　51 单片机内部有哪些主要的部件？各有什么主要功能？

1-2　简述 51 单片机的程序状态字寄存器。

1-3　简述 51 单片机的存储器结构。

1-4　内部 RAM 低 128 单元划分为哪三个主要部分？说明各部分的使用特点。

1-5　什么是堆栈？堆栈有什么作用？在程序设计时，要使用两组工作寄存器，堆栈指针 SP 应如何赋值？

1-6　分析 PC 和 DPTR 的异同。

1-7　简述 51 单片机的三总线结构。

1-8　复位的作用是什么？有哪几种复位方法？复位后，单片机的初始状态如何？

1-9　什么是时钟周期、机器周期、指令周期？它们之间有什么关系？

1-10　十进制数 112. 375 的二进制数是_____，十六进制数是_____。

1-11　有符号数 10000000 的原码、反码、补码的十进制数是何值？

1-12　假设两个无符号数 AL＝80H，BL＝D1H，AX＝AL＊BL；则 AX＝？（用十六进制数表示），如果两个数为有符号数时，结果又如何？

1-13　调整 BCD 码的两个条件是什么？

1-14　简述 P3 口各个位的功能。

1-15　画出单片机复位电路和时钟电路。

第2章　汇编语言简介

单片机所有指令的集合称为指令系统。指令系统与计算机硬件逻辑电路有密切关系。它是表征计算机性能的一个重要指标。不同类型的单片机指令系统不同，而同一系列不同型号的单片机指令系统基本相同。

51单片机指令系统具有功能强、指令短、执行快等特点，共有111条指令，从功能上可划分为数据传送类（28条）、算术运算类（24条）、逻辑运算类（25条）、控制转移类（17条）、位操作类（17条）五大类。

在汇编语言指令系统中，约定了一些指令格式描述中的常用符号。这些符号的标记和含义说明见表2-1。

表2-1　指令格式描述常用符号

符　号	含　义
$	当前指令起始地址
/	对该位内容取反
Rel	转移指令8位偏移量
Rn	当前R0~R7
Ri	R0 R1（i=0、1）
#data8/16	8位常数（立即数）、16位常数（立即数）
Addr11/16	11位目的地址、16位目的地址
direct	直接地址（00H-FFH）或指SFR
bit	位地址
@	间接寻址符号（前缀）
(x)	x中的内容/数据
((x))	由x作为地址存储单元中的内容
→	数据传送方向

计算机的指令系统是表征计算机性能的重要指标，每种计算机都有自己的指令系统。MCS-51单片机的指令系统是一个具有255种代码（00H~FFH）的集合，绝大多数指令包含两个基本部分：操作码和操作数。操作码表明指令要执行的操作的性质；操作数则表明参与操作的数据或数据所存放的地址。操作数可以是一个数（立即数），也可以是一个数据所在的空间地址，即在执行指令时从指定的地址空间取出操作数。

MCS-51指令系统中所有程序指令是以机器语言形式表示的，可分为单字节、双字节、三字节3种格式。

由于用二进制编码表示的机器语言阅读困难，且难以记忆，因此在微机控制系统中采用汇编语言指令来编写程序，见表2-2。本章介绍MCS-51指令系统就是以汇编语言来描述的。

表2-2　汇编指令与指令代码

代码字节	指令代码	汇编指令	指令周期
单字节	84	DIV　AB	四周期
单字节	A3	INC　DPTR	双周期
双字节	7410	MOV　A,#10H	单周期
三字节	B440　rel	CJNE　A,#40H,LOOP	双周期

MCS-51单片机指令格式采用了单地址指令格式。一条汇编语句是由标号、操作码、目的操作数、源操作数和注释5部分组成，其中方括号中的部分是可以选择的。指令的具体格式为：

[标号：]　操作码　目的操作数,源操作数　[;注释]

标号与操作码之间用"："隔开；

操作码与操作数之间用"空格"隔开；

目的操作数和源操作数之间用"，"分隔；

操作数与注释之间用"；"隔开。

标号由用户定义的符号组成，必须用英文大写字母开始。标号可有可无，若一条指令中有标号，标号代表该指令所存放的第一个字节存储单元的地址，故标号又称为符号地址，在汇编时，把该地址赋值给标号。

操作码是指令的功能部分，不能缺省。MCS-51指令系统中共有42种助记符，代表了33种不同的功能。例如MOV是数据传送的助记符。

操作数是指令要操作的数据信息。根据指令的不同功能，操作数的个数可以是3、2、1或没有操作数。例如MOV　A,#20H，包含了两个操作数A和#20H，它们之间用"，"隔开。注释可有可无，加入注释主要为了便于阅读，程序设计者对指令或程序段做简要的功能说明，在阅读程序或调试程序时将会带来很多方便。

2.1　寻址方式

所谓寻址方式，通常是指某一个CPU指令系统中规定的寻找操作数所在地址的方式，或者说通过什么方式找到操作数。寻址方式的方便与快捷是衡量CPU性能的一个重要方面，MCS-51单片机有七种寻找方式。

1. 立即数寻址

立即寻址方式是操作数包括在指令字节中，指令操作码后面字节的内容就是操作数本身，其数值由程序员在编制程序时指定，以指令字节的形式存放在程序存储器中。立即数只能作为源操作数，不能当作目的操作数。

例如：

MOV　A,#52H　　　　;A←52H
MOV　DPTR,#5678H　;DPTR←5678H

立即寻址示意图如图2-1所示。

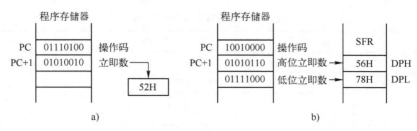

图2-1 立即寻址示意图

a) MOV A, #52H b) MOV DPTR, #5678H

2. 直接寻址

在指令中含有操作数的直接地址，该地址指出了参与操作的数据所在的字节地址或位地址。

例如：

MOV	A,52H	;把片内 RAM 字节地址 52H 单元的内容送到累加器 A 中
MOV	52H,A	;把 A 的内容传送到片内 RAM 的 52H 单元中
MOV	50H,60H	;把片内 RAM 字节地址 60H 单元的内容送到 50H 单元中
MOV	IE,#40H	;把立即数 40H 送到中断允许寄存器 IE。IE 为专用功能寄存器,其字节地址为 0A8H。该指令等价于 MOV 0A8H,#40H
INC	60H	;将地址 60H 单元中的内容自加 1

在 MCS-51 单片机指令系统中，直接寻址方式可以访问 2 种存储空间，如图 2-2 所示：

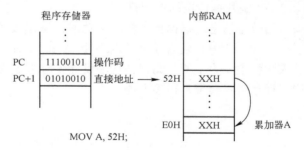

MOV A, 52H;

图2-2 直接寻址方式示意图

1）内部数据存储器的低 128 B 单元（00H~7FH）
2）80H~FFH 中的（SFR）特殊功能寄存器。

这里要注意，指令 MOV A,#52H 与 MOV A,52H 的区别，后者表示把片内 RAM 字节地址为 52H 单元的内容传送到累加器（A）中。

3. 寄存器寻址

由指令指出某一个寄存器中的内容作为操作数，这种寻址方式称为寄存器寻址。寄存器一般指累加器 A 和工作寄存器 R0~R7。例如：

MOV	A,Rn	;A←(Rn) 其中 n 为 0~7 之一,Rn 是工作寄存器
MOV	Rn,A	;Rn←(A)

```
MOV    B,A        ;B←(A)
```

寄存器寻址方式的寻址范围包括：

- 寄存器寻址的主要对象是通用寄存器，共有 4 组 32 个通用寄存器，但寄存器寻址只能使用当前寄存器组。因此指令中的寄存器名称只能是 R0~R7。在使用本指令前，需通过对 PSW 中 RS1、RS0 位的状态进行设置，来选择当前寄存器组。
- 部分专用寄存器。累加器 A、寄存器 B 以及数据指针 DPTR 等。

4. 寄存器间接寻址方式

由指令指出某一个寄存器的内容作为操作数，这种寻址方式称为寄存器间接寻址。这里要注意，在寄存器间接寻址方式中，存放在寄存器中的内容不是操作数，而是操作数所在的存储器单元地址。

寄存器间接寻址只能使用寄存器 R0 或 R1 作为地址指针，来寻址内部 RAM(00H~FFH) 中的数据。寄存器间接寻址也适用于访问外部 RAM，可使用 R0、R1 或 DPTR 作为地址指针。寄存器间接寻址用符号"@"表示。例如：

```
MOV    R0,#60H    ;R0←60H
MOV    A,@R0      ;A ← ((R0))
MOV    A,@R1      ;A ← ((R1))
```

指令功能是把 R0 或 R1 所指出的内部 RAM 地址 60H 单元中的内容送累加器 A。假定 (60H) = 3BH，则指令的功能是将 3BH 这个数送到累加器 A。

例如：

```
MOV    DPTR,#3456H    ;DPTR←3456H
MOVX   A,@DPTR        ;A ←((DPTR))
```

指令功能是把 DPTR 寄存器所指的那个外部数据存储器（RAM）的内容传送给 A，假设 (3456H) = 99H，指令运行后 (A) = 99H。

同样，指令 MOVX @DPTR,A; MOV @R1,A; 也都属于寄存器间接寻址方式。寄存器间接寻址方式的示意图如图 2-3 所示。

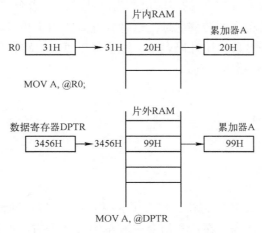

图 2-3 寄存器间接寻址方式示意图

5. 位寻址

MCS-51 单片机中设有独立的位处理器。位操作指令能对内部 RAM 中的位寻址区 （20H~2FH） 和某些有位地址的特殊功能寄存器进行位操作。也就是说可对位地址空间的每 个位进行位状态传送、状态控制和逻辑运算操作。例如：

```
SETB    TR0         ;TR0←1
CLR     00H         ;(00H)←0
MOV     C,57H       ;将 57H 位地址的内容传送到位累加器 C 中
ANL     C,5FH       ;将 5FH 位状态与进位位 C 相与,结果在 C 中
```

6. 基址寄存器加变址寄存器间接寻址

这种寻址方式用于访问程序存储器中的数据表格，它以基址寄存器（DPTR 或 PC）的 内容为基本地址，加上变址寄存器 A 的内容形成 16 位的地址，访问程序存储器中的数据表 格。例如：

```
MOVC    A,@ A + DPTR
MOVC    A,@ A + PC
JMP@ A+DPTR
MOVC    A,@ A+DPTR
```

这种寻址方式的示意图如图 2-4 所示。

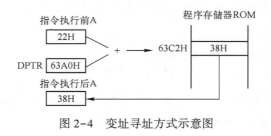

图 2-4　变址寻址方式示意图

7. 相对寻址

相对寻址以程序计数器（PC）的当前值作为基地址，与指令中给出的相对偏移量 rel 进 行相加，把所得之和作为程序的转移地址。这种寻址方式用于相对转移指令中，指令中的相 对偏移量是一个 8 位带符号数，用补码表示。该值可正可负，转移的范围为–128~+127。使 用中应注意 rel 的范围不要超出。例如：

```
JZ   LOOP
DJNE  R0,DISPLAY
```

2.2　指令系统

MCS-51 指令系统有 42 种助记符，代表了 33 种功能，指令助记符与各种可能的寻址方 式相结合，共构成 111 条指令。在这些指令中，单字节指令有 49 条，双字节指令有 45 条， 三字节指令有 17 条；从指令执行的时间来看，单周期指令有 64 条，双周期指令有 45 条，

只有乘法、除法两条指令的执行时间是 4 个机器周期。

按指令的功能，MCS-51 指令系统可分为下列 5 类：

1）数据传送类指令（29 条）；

2）算术运算类指令（24 条）；

3）逻辑运算及移位类指令（24 条）；

4）位操作类指令（17 条）；

5）控制转移类指令（17 条）。

在分类介绍指令前，先把描述指令的一些符号的意义做一简单介绍。

Rn——当前选定的寄存器区中的 8 个工作寄存器 R0~R7，n=0~7。

Ri——当前选定的寄存器区中的 2 个寄存器 R0、R1，i=0、1。

Direct——8 位内部 RAM 单元的地址，它可以是一个内部数据区 RAM 单元（00H~7FH）或特殊功能寄存器地址（I/O 端口、控制寄存器、状态寄存器，80H~0FFH）。

#data——指令中的 8 位常数。

#data16——指令中的 16 位常数。

addr16——16 位的目的地址，用于 LJMP、LCALL，可指向 64 KB 程序存储器的地址空间。

addr11——11 位的目的地址，用于 AJMP、ACALL 指令。目的地址必须与下一条指令的第一个字节在同一个 2 KB 程序存储器地址空间之内。

rel——8 位带符号的偏移量字节，用于 SJMP 和所有条件转移指令中。偏移量相对于下一条指令的第一个字节计算，在-128~+127 范围内取值。

bit——内部数据 RAM 或特殊功能寄存器中的可直接寻址位。

DPTR——数据指针，可用作 16 位的地址寄存器。

A——累加器。

B——寄存器，用于 MUL 和 DIV 指令中。

C——进位标志或进位的位。

@ ——间接寄存器或基址寄存器的前缀，如@ Ri,@ DPTRBFQ。

/——位操作的前缀,表示对该位取反。

(X)——X 中的内容。

((X))——由 X 寻址的单元中的内容。

←——箭头左边的内容被箭头右边的内容所替代。

2.2.1 数据传送类指令

数据传送类指令一般的操作是把源操作数传送到指令所指定的目标地址。指令执行后，源操作数保持不变，目的操作数被源操作数所替代。

数据传送类指令用到的助记符有：MOV，MOVX，MOVC，XCH，XCHD，PUSH，POP，SWAP。

一般数据传送指令的助记符用"MOV"表示。

格式：MOV　[目的操作数],[源操作数]

功能：目的操作数←（源操作数中的数据）。

源操作数可以是：A、Rn、direct、@ Ri、#data；目的操作数可以是：A、Rn、direct、@ Ri。

数据传送指令一般不影响标志位，只有一种堆栈操作可以直接修改程序状态字 PSW，这样，可能使某些标志位发生变化。

1. 以累加器为目的操作数的内部数据传送指令

MOV	A,Rn	;A←(Rn)
MOV	A,direct	;A←(direct)
MOV	A,@ Ri	;A←((Ri))
MOV	A,#data	;A←data

这组指令的功能是：把源操作数的内容送入累加器 A。例如：MOV A,#10H，该指令执行时，将立即数 10H（在 ROM 中紧跟在操作码后）送入累加器 A 中。

2. 数据传送到工作寄存器 Rn 的指令

MOV	Rn,A	;Rn←(A)
MOV	Rn,direct	;Rn←(direct)
MOV	Rn,#data	;Rn←data

这组指令的功能是：把源操作数的内容送入当前工作寄存器区的 R0~R7 中的某一个寄存器。指令中 Rn 在内部数据存储器中的地址由当前的工作寄存器区选择位 RS1、RS0 确定，可以是 00H~07H、08H~0FH、10H~17H、18H~1FH。例如：MOV R0,A，若当前 RS1、RS0 设置为 00（即工作寄存器 0 区），执行该指令时，将累加器 A 中的数据传送至工作寄存器 R0（内部 RAM 00H）单元中。

3. 数据传送到内部 RAM 单元或特殊功能寄存器 SFR 的指令

MOV	direct,A	;direct←(A)
MOV	direct,Rn	;direct←(Rn)
MOV	direct1,direct2	;direct1←(direct2)
MOV	direct,@ Ri	;direct←((Ri))
MOV	direct,#data	;direct←#data
MOV	@ Ri,A	;(Ri)←(A)
MOV	@ Ri,direct	;(Ri)←(direct)
MOV	@ Ri,#data	;(Ri)←data
MOV	DPTR,#data16	;DPTR←data16

这组指令的功能是：把源操作数的内容送入内部 RAM 单元或特殊功能寄存器。其中第三条指令和最后一条指令都是三字节指令。第三条指令的功能很强，能实现内部 RAM 之间、特殊功能寄存器之间或特殊功能寄存器与内部 RAM 之间的直接数据传送。最后一条指令是将 16 位的立即数送入数据指针寄存器 DPTR 中。

片内 RAM 及寄存器的数据传送指令 MOV、PUSH 和 POP 共 18 条，如图 2-5 所示。

4. 累加器 A 与外部数据存储器之间的传送指令

MOVX	A,@ DPTR	;A←(DPTR)
MOVX	A,@ Ri	;A←((Ri))

```
MOVX        @DPTR,A            ;(DPTR)←A
MOVX        @Ri,A              ;(Ri)← A
```

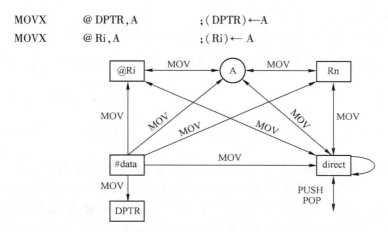

图 2-5   片内 RAM 及寄存器的数据传送指令

这组指令的功能是：在累加器 A 与外部数据存储器 RAM 单元或 I/O 口之间进行数据传送前两条指令执行时，P3.7 引脚上 $\overline{RD}$ 输出有效信号，用作外部数据存储器的读选通信号；后两条指令执行时，P3.6 引脚上输出 WR 有效信号，用作外部数据存储器的写选通信号。DPTR 所包含的 16 位地址信息由 P0（低 8 位）和 P2（高 8 位）输出，而数据信息由 P0 口传送，P0 口作分时复用的总线。由 Ri 作为间接寻址寄存器时，P0 口上分时 Ri 指定的 8 位地址信息及传送 8 位数据，指令的寻址范围只限于外部 RAM 的低 256 个单元。

片外数据存储器数据传送指令 MOVX 共 4 条，如图 2-6 所示。

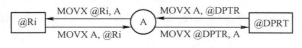

图 2-6   片外数据存储器数据传送指令

5. 程序存储器内容送累加器的指令

```
MOVC A,@A+PC
MOVC A,@A+DPTR
```

这是两条很有用的查表指令，可用来查找存放在外部程序存储器中的常数表格。第一条指令是以 PC 作为基址寄存器，A 的内容作为无符号数和 PC 的内容（下一条指令的起始地址）相加后得到一个 16 位的地址，并将该地址指出的程序存储器单元的内容送到累加器 A。这条指令的优点是不改变特殊功能寄存器 PC 的状态，只要根据 A 的内容就可以取出表格中的常数。缺点是表格只能放在该条指令后面的 256 个单元之中，表格的大小受到了限制，而且表格只能被一段程序所使用。

第二条指令是以 DPTR 作为基址寄存器，累加器 A 的内容作为无符号数与 DPTR 内容相加，得到一个 16 位的地址，并把该地址指出的程序存储器单元的内容送到累加器 A。这条指令的执行结果只与指针 DPTR 及累加器 A 的内容有关，与该指令存放的地址无关，因此，表格的大小和位置可以在 64 KB 程序存储器中任意安排，并且一个表格可以为各个程序块所共用。

程序存储器查表指令 MOVC 共 2 条，如图 2-7 所示。

图 2-7 程序存储器查表指令

6. 堆栈操作指令

  PUSH direct

  POP   direct

  在 MCS-51 单片机的内部 RAM 中，可以设定一个先进后出、后进先出的区域，称其为堆栈。在特殊功能寄存器中有一个堆栈指针 SP，它指出栈顶的位置。进栈指令的功能是：首先将堆栈指针 SP 的内容加 1，然后将直接地址所指出的内容送入 SP 所指出的内部 RAM 单元；出栈指令的功能是：将 SP 所指出的内部 RAM 单元的内容送入由直接地址所指出的字节单元，接着将 SP 的内容减 1。

  例如：进入中断服务程序时，把程序状态寄存器 PSW、累加器 A、数据指针 DPTR 进栈保护。设当前 SP 为 60H，则程序段为

  PUSH PSW

  PUSH ACC

  PUSH DPL

  PUSH DPH

  执行后，SP 内容修改为 64H，而 61H、62H、63H、64H 单元中依次栈入 PSW、A、DPL、DPH 的内容，当中断服务程序结束之前，有如下程序段（SP 保持 64H 不变）：

  POP   DPH

  POP   DPL

  POP   ACC

  POP   PSW

  指令执行之后，SP 内容修改为 60H，而 64H、63H、62H、61H 单元的内容依次弹出到 DPH、DPL、A、PSW 中。

  MCS-51 提供一个向上的堆栈，因此 SP 设置初值时，要充分考虑堆栈的深度，要留出适当的单元空间，以满足堆栈的使用。

7. 字节交换指令

  字节交换主要是在内部 RAM 单元与累加器 A 之间进行，有整字节和半字节两种交换方式。

  （1）整字节交换指令

  XCH   A, Rn   ;(A)$\leftrightarrows$(Rn)

  XCH   A, direct   ;(A)$\leftrightarrows$(direct)

  XCH   A, @Ri   ;(A)$\leftrightarrows$((Ri))

  （2）半字节交换指令

  该指令指的是字节单元与累加器 A 进行低 4 位的半字节数据交换，只有一条指令：

XCHD　A,@Ri

（3）累加器高低半字节交换指令

只有一条指令：

SWAP　A

【例2-1】 分别用上述3种字节交换指令实现：（R0）= 30H,（A）= 65H，（30H）= 8FH。
执行指令：

```
XCH    A,@R0       ;(R0)= 30H,(A)= 8FH,(30H)= 65H
XCHD   A,@R0       ;(R0)= 30H,(A)= 6FH,(30H)= 85H
SWAP   A           ;(A)= 56H
```

字节交换指令 XCH、XCHD 和 SWAP 共5条，如图2-8所示。

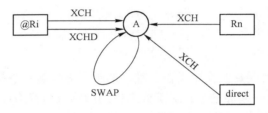

图2-8　数据交换指令

2.2.2　算术操作类指令

算术运算类指令共有24条，包括加、减、乘、除4种基本算术运算指令，这4种指令能对8位的无符号数进行直接运算，借助溢出标志，可对带符号数进行补码运算；借助进位标志，可实现多精度的加、减运算，同时还可对压缩的BCD码进行运算，其运算功能较强。算术指令用到的助记符共有8种：ADD、ADDC、INC、SUBB、DEC、DA 、MUL、DIV。

1. 加法指令

加法指令分为普通加法指令、带进位加法指令和加1指令。

（1）普通加法指令

```
ADD    A,Rn        ;A←(A)+(Rn)
ADD    A,direct    ;A←(A)+(direct)
ADD    A,@Ri       ;A←(A)+((Ri))
ADD    A,#data     ;A←(A)+ data
```

这组指令的功能是将累加器A的内容与第二操作数相加，其结果放在累加器A中。相加过程中如果位7（D7）有进位，则进位标志Cy置"1"，否则清"0"；如果位3（D3）有进位，则辅助进位标志Ac置"1"，否则清"0"。

对于无符号数相加，若Cy置"1"，说明和数溢出（大于255）。带符号数相加时，和数是否溢出（大于+127或小于−128），可通过溢出标志OV来判断，若OV置为"1"，说明和数溢出。

【例2-2】（A）＝85H，R0＝20H，（20H）＝0AFH，执行指令：

    ADD   A,@R0

$$
\begin{array}{r}
10000101 \\
+\ 10101111 \\
\hline
100110100
\end{array}
$$

结果：（A）＝34H；Cy＝1；AC＝1；OV＝1。

对于加法，溢出只能发生在两个加数符号相同的情况下。在进行带符号数的加法运算时，溢出标志 OV 是一个重要的编程标志，利用它可以判断两个带符号数相加时和数是否溢出。

（2）带进位加法指令

    ADDC   A,Rn   ;A←(A)+(Rn)+(Cy)
    ADDC   A,direct   ;A←(A)+(direct)+(Cy)
    ADDC   A,@Ri   ;A←(A)+((Ri))+(Cy)
    ADDC   A,#data   ;A←(A)+data+(Cy)

这组指令的功能与普通加法指令类似，唯一的不同之处是，在执行加法时，还要将上一次进位标志 Cy 的内容也一起加进去，对于标志位的影响也与普通加法指令相同。

【例2-3】（A）＝85H，（20H）＝0FFH，Cy＝1，执行指令：

    ADDC   A,20H

$$
\begin{array}{r}
10000101 \\
11111111 \\
+\ \qquad\quad 1 \\
\hline
1\ 10000101
\end{array}
$$

结果：（A）＝85H；Cy＝1；AC＝1；OV＝0。

（3）增量指令

    INC   A   ;A←(A)+1
    INC   Rn   ;Rn←(Rn)+1
    INC   direct   ;direct←(direct)+1
    INC   @Ri   ;(Ri)←((Ri))+1
    INC   DPTR   ;DPTR←(DPTR)+1

这组指令的功能是：将指令中指出的操作数的内容加 1。若原来的内容为 0FFH，则加 1 后将产生溢出，使操作数的内容变成 00H，但不影响任何标志位。最后一条指令是对 16 位的数据指针寄存器 DPTR 执行加 1 操作，指令执行时，先对低 8 位指针 DPL 的内容加 1，当产生溢出时就对高 8 位指针 DPH 加 1，但不影响任何标志位。

【例2-4】（A）＝12H，（R3）＝0FH，（35H）＝4AH，（R0）＝56H，（56H）＝00H，执行如下指令：

    INC   A   ;执行后(A)=13H
    INC   R3   ;执行后(R3)=10H

```
INC      35H      ;执行后(35H)=4BH
INC      @R0      ;执行后(56H)=01H
```

（4）十进制调整指令

```
DA   A
```

这条指令对累加器 A 参与的 BCD 码加法运算所获得的 8 位结果进行十进制调整，使累加器 A 中的内容调整为 2 位压缩型 BCD 码的数。使用时必须注意，它只能跟在加法指令之后，不能对减法指令的结果进行调整，且其结果不影响溢出标志位。

执行该指令时，判断 A 中的低 4 位是否大于 9，若满足大于则低 4 位进行加 6 操作；同样，A 中的高 4 位大于 9 则高 4 位进行加 6 操作。

例如，有两个 BCD 数 36 与 45 相加，结果应为 BCD 码 81，程序如下：

```
MOV   A,#36H
ADD   A,#45H
DA    A
```

这段程序中，第一条指令将立即数 36H（BCD 码 36H）送入累加器 A；第二条指令进行加法，得结果 7BH；第三条指令对累加器 A 进行十进制调整，低 4 位（为 0BH）大于 9，因此要加 6，最后得到调整的 BCD 码为 81。过程如下：

$$
\begin{array}{rr}
0011\ 0110 & 36 \\
+\quad 0100\ 0101 & 45 \\
\hline
0111\ 1011 & 7B \\
+\quad 0000\ 0110 & 06 \\
\hline
1000\ 0001 & 81 \\
\end{array}
$$

2. 减法指令

（1）带进位减法指令

```
SUBB      A,Rn        ;A←(A)-(Rn)-(Cy)
SUBB      A,direct    ;A←(A)-(direct)-(Cy)
SUBB      A,@Ri       ;A←(A)-(Ri)-(Cy)
SUBB      A,#data     ;A←(A)-data-(Cy)
```

这组指令的功能是：将累加器 A 的内容与第二操作数及进位标志相减，结果送回到累加器 A 中。在执行减法过程中，如果位 7（D7）有借位，则进位标志 Cy 置"1"，否则清"0"；如果位 3（D3）有借位，则辅助进位标志 AC 置"1"，否则清"0"。若要进行不带借位的减法操作，则必须先将 Cy 清"0"。

（2）减 1 指令

```
DEC      A           ;A←(A)-1
DEC      Rn          ;Rn←(Rn)-1
DEC      direct      ;direct←(direct)-1
DEC      @Ri         ;(Ri)←((Ri))-1
```

这组指令的功能是：将指出的操作数内容减 1。如果原来的操作数为 00H，则减 1 后将产生溢出，使操作数变成 0FFH，但不影响任何标志位。

3. 乘法指令

乘法指令完成单字节的乘法，只有一条指令：

    MUL AB

这条指令的功能是：将累加器 A 的内容与寄存器 B 的内容相乘，乘积的低 8 位存放在累加器 A 中，高 8 位存放于寄存器 B 中，如果乘积超过 0FFH，则溢出标志 OV 置 "1"，否则清 "0"，进位标志 Cy 总是被清 "0"。

【例 2-5】（A）= 50H，（B）= 0A0H，执行指令：

    MUL AB

结果：（B）= 32H，（A）= 00H（即乘积为 3200H），Cy = 0，OV = 1。

4. 除法指令

除法指令完成单字节的除法，只有一条指令：

    DIV AB

这条指令的功能是：将累加器 A 中的内容除以寄存器 B 中的 8 位无符号整数，所得商的整数部分放在累加器 A 中，余数部分放在寄存器 B 中，清进位标志 Cy 和溢出标志 OV 为 "0"。若原来 B 中的内容为 0，则执行该指令后 A 与 B 中的内容不定，并将溢出标志置 "1"，在任何情况下，进位标志 Cy 总是被清 "0"。

算术运算类指令包括：ADD、ADDC、SUBB、MUL、DIV、INC、DEC 和 DA，如图 2-9 所示。

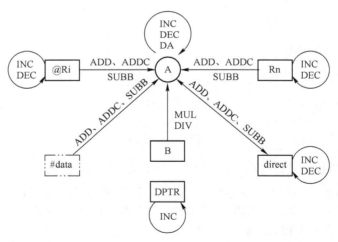

图 2-9　算术运算类指令

2.2.3　逻辑运算指令

逻辑运算指令共有 24 条，分为简单逻辑操作指令、逻辑与指令、逻辑或指令和逻辑异或指令。逻辑运算指令用到的助记符有 CLR、CPL、ANL、ORL、XRL、RL、RLC、RR、RRC，如图 2-10 所示。

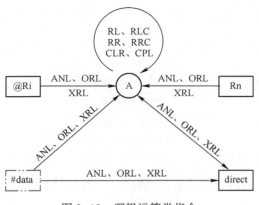

图 2-10　逻辑运算类指令

1. 简单逻辑操作指令

CLR	A	;对累加器 A 清"0"
CPL	A	;对累加器 A 按位取反
RL	A	;累加器 A 的内容向左循环移 1 位
RLC	A	;累加器 A 的内容带进位标志向左循环移 1 位
RR	A	;累加器 A 的内容向右循环移 1 位
RRC	A	;累加器 A 的内容带进位标志向右循环移 1 位

这组指令的功能是：对累加器 A 的内容进行简单的逻辑操作，除了带进位的移位指令外，其他都不影响 Cy、AC、OV 等标志位。下面的示意图可以帮助我们进一步理解循环移位指令。

循环左移指令 RL　A 示意图：

A7←A6←A5←A4←A3←A2←A1←A0←

循环右移指令 RR　A 示意图：

A7→A6→A5→A4→A3→A2→A1→A0

带进位的循环左移指令 RLC　A 示意图：

CY　A7←A6←A5←A4←A3←A2←A1←A0

带进位的循环右移指令 RRC　A 示意图：

2. 逻辑与指令

ANL	A,Rn	;A←(A)∧(Rn)
ANL	A,direct	;A←(A)∧(direct)
ANL	A,@Ri	;A←(A)∧((Ri))
ANL	A,#data	;A←(A)∧data
ANL	direct,A	;direct←(direct)∧(A)
ANL	direct,#data	;direct←(direct)∧data

这组指令的功能是：将两个操作数的内容按位进行逻辑与操作，并将结果送回目的操作数的单元中。

【例2-6】(A)=37H，(R0)=0A9H 执行指令：

    ANL A,R0

结果：(A)=21H。

3. 逻辑或指令

ORL	A,Rn	;A←(A)∨(Rn)
ORL	A,direct	;A←(A)∨(direct)
ORL	A,@Ri	;A←(A)∨((Ri))
ORL	A,#data	;A←(A)∨data
ORL	direct,A	;direct ←(direct)∨(A)
ORL	direct,#data	;direct ←(direct)∨data

这组指令的功能是：将两个操作数的内容按位进行逻辑或操作，并将结果送回目的操作数的单元中。

【例2-7】(A)=37H，(P1)=09H 执行指令：

    ORL P1,A

结果：(P1)=3FH。

4. 逻辑异或指令

XRL	A,Rn	;A←(A)⊕(Rn)
XRL	A,direct	;A←(A)⊕(direct)
XRL	A,@Ri	;A←(A)⊕((Ri))
XRL	A,#data	;A←(A)⊕data
XRL	direct,A	;direct ←(direct)⊕(A)
XRL	direct,#data	;direct ←(direct)⊕data

这组指令的功能是：将两个操作数的内容按位进行逻辑异或操作，并将结果送回目的操作数的单元中。

2.2.4 控制转移类指令

控制转移指令共有 17 条，不包括按布尔变量控制程序转移指令。其中有 64 KB 范围的长调用、长转移指令，2 KB 范围的绝对调用和绝对转移指令，有全空间的长相对转移和一页范围内的短相对转移指令，还有多种条件转移指令。由于 MCS−51 提供了较丰富的控制转移指令，因此在编程上相当灵活方便。这类指令用到的助记符共有 10 种：AJMP、SJMP、LJMP、JMP、ACALL、LCALL、JZ、JNZ、CJNE、DJNZ。

1. 无条件转移指令

（1）绝对转移指令

  AJMP addr11

这是 2 KB 范围内的无条件跳转指令，执行该指令时，先将 PC+2，然后将 addr11 送入 $PC_{10} \sim PC_0$，而 $PC_{15} \sim PC_{11}$ 保持不变，这样得到跳转的目的地址。需要注意的是，目标地址与 AJMP 后一条指令的第一个字节必须在同一个 2KB 区域的存储器区域内。这是一条 2 字节指令，其指令格式为：

A_{10} A_9 A_8	0 0 0 0 1
A_7 A_6 A_5	A_4 A_3 A_2 A_1 A_0

操作过程可表示为：PC←(PC)+2

$$PC_{10 \sim 0} \leftarrow addr11$$

例如程序存储器的 2070H 地址单元有绝对转移指令：

  2070H AJMP 16AH（00101101010B）

因此指令的机器代码为：

0 0 1	0 0 0 0 1
0 1 1 0 1 0 1 0	

程序计数器 $PC_{当前}$ ＝PC+2＝2070H+02H＝2072H，取其高 5 位 00100 和指令机器代码给出的 11 位地址 00101101010，最后形成的目的地址为：0010 0001 0110 1010B＝216AH。

（2）相对转移指令

  SJMP rel

执行指令时，先将 PC+2，再把指令中带符号的偏移量加到 PC 上，得到跳转的目的地址送入 PC。

$$目标地址＝源地址+2+rel$$

源地址是 SJMP 指令操作码所在的地址。相对偏移量 rel 是一个用补码表示的 8 位带符号数，转移范围为当前 PC 值的−128～+127 共 256 个单元。

若偏移量 rel 取值为 FEH（−2 的补码），则目标地址等于源地址，相当于动态停机，程序终止在这条指令上，停机指令在调试程序时很有用。MCS-51 没有专用的停机指令，若要求动态停机可用 SJMP 指令来实现：

  HERE:SJMP HERE；动态停机(80H,FEH)

或写成：

  HERE SJMP $;"$"表示本指令首字节所在单元的地址,使用它可省略标号

（3）长跳转指令

  LJMP   addr16   ;PC ←addr16

执行该指令时，将 16 位目标地址 addr16 装入 PC，程序无条件转向指定的目标地址。转移指令的目标地址可在 64 KB 程序存储器地址空间的任何地方，且不影响任何标志位。

（4）间接转移指令（散转指令）

  JMP @ A+DPTR   ;PC ←(A)+(DPTR)

这条指令的功能是把累加器 A 中的 8 位无符号数与数据指针 DPTR 的 16 位数相加（模 2^{16}），相加之和作为下一条指令的地址送入 PC 中，不改变 A 和 DPTR 的内容，也不影响标志位。间接转移指令采用变址方式实现无条件转移，其特点是转移地址可以在程序运行中加以改变。例如，当把 DPTR 作为基地址且确定时，根据 A 的不同值就可以实现多分支转移，故一条指令可完成多条条件判断转移指令功能。这种功能称为散转功能，所以间接指令又称为散转指令。

2. 条件转移指令

  JZ   rel   ;(A)= 0 转移
  JNZ rel   ;(A)≠0 转移

这类指令是依据累加器 A 的内容是否为 0 的条件转移指令，如图 2-11 所示条件满足时转移（相当于一条相对转移指令），条件不满足时则顺序执行下面一条指令。转移的目标地址在以下一条指令的起始地址为中心的 256 个字节范围之内（-128 ~ +127）。当条件满足时：

PC←(PC)+2+ rel

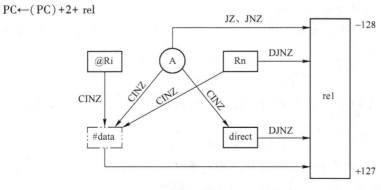

图 2-11 条件转移类指令

其中（PC）为该条件转移指令的第一个字节的地址。

3. 比较转移指令

在 MCS-51 中没有专门的比较指令，但提供了下面 4 条比较不相等转移指令：

CJNE	A,direct,rel	;(A)≠(direct)转移
CJNE	A,#data,rel	;(A)≠ data 转移
CJNE	Rn,#data,rel	;(Rn)≠ data 转移
CJNE	@Ri,#data,rel	;((Ri))≠ data 转移

这组指令的功能是：比较前面两个操作数的大小，如果它们的值不相等则转移。转移地址的计算方法与上述两条指令相同。如果第一个操作数（无符号整数）小于第二个操作数，则进位标志 Cy 置"1"，否则清"0"，但不影响任何操作数的内容。

4. 减 1 不为 0 转移指令

DJNZ	Rn,rel	;Rn←(Rn)−1≠0 转移
DJNZ	direct,rel	;direct ←(direct)−1≠0 转移

这两条指令把源操作数减 1，结果送回到源操作数中去，如果结果不为 0 则转移。

5. 调用及返回指令

在程序设计中，通常把具有一定功能的公用程序段编成子程序，当需要使用子程序时用调用指令，而在子程序的最后安排一条子程序返回指令，以便执行完子程序后能返回主程序继续执行。

（1）绝对调用指令

ACALL   addr11

这是一条 2 KB 范围内的子程序调用指令，其指令格式为：

A_{10} A_9 A_8	**1 0 0 0 1**
A_7 A_6 A_5	A_4 A_3 A_2 A_1 A_0

执行该指令时，PC ←PC+2。

$SP←(SP)+1,(SP)←(PC)_{7\sim0}$

$SP←(SP)+1,(SP)←(PC)_{15\sim8}$

$PC_{10\sim0}←addr11$

（2）长调用指令

LCALL   addr16

这条指令无条件调用位于 16 位地址 addr16 的子程序。执行该指令时，先将 PC+3 以获得下条指令的首地址，并把它压入堆栈（先入低字节后入高字节），SP 内容加 2，然后将 16 位地址放入 PC 中，转去执行以该地址为入口的程序。LCALL 指令可以调用 64KB 范围内任何地方的子程序。指令执行后不影响任何标志位。其操作过程如下：

PC ←PC+3

$$SP \leftarrow (SP) + 1, (SP) \leftarrow (PC)_{7 \sim 0}$$
$$SP \leftarrow (SP) + 1, (SP) \leftarrow (PC)_{15 \sim 8}$$
$$PC_{10 \sim 0} \leftarrow addr16$$

（3）子程序返回指令

RET

子程序返回指令是把栈顶相邻两个单元的内容弹出送到 PC，SP 的内容减 2，程序返回 PC 值所指的指令处执行。RET 指令通常安排在子程序的末尾，使程序能从子程序返回到主程序。

（4）中断返回指令

RETI

该指令的功能与 RET 指令类似，通常安排在中断服务程序的最后。

（5）空操作指令

NOP   ;PC ←PC+1

空操作也是 CPU 控制指令，它没有使程序转移的功能，只消耗一个机器周期的时间。常用于程序的等待或时间的延迟。

2.2.5 位操作指令

MCS-51 单片机内部有一个性能优异的位处理器，实际上是一个一位的位处理器，它有自己的位变量操作运算器、位累加器（借用进位标志 Cy）和存储器（位寻址区中的各位）等。MCS-51 指令系统加强了对位变量的处理能力，具有丰富的位操作指令。位操作指令的操作对象是内部 RAM 的位寻址区，即字节地址为 20H~2FH 单元中连续的 128 位（位地址为 00H~7FH），以及特殊功能寄存器中可以对各个位进行位寻址。位操作指令包括布尔变量的传送、逻辑运算、控制转移等指令，它共有 17 条指令，所用到的助记符有 MOV、CLR、CPL、SETB、ANL、ORL、JC、JNC、JB、JNB、JBC 共 11 种，如图 2-12 所示。

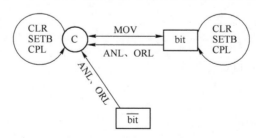

图 2-12 位操作类指令

在布尔处理机中，进位标志 Cy 的作用相当于 CPU 中的累加器 A，通过 Cy 完成位的传送和逻辑运算。指令中位地址的表达方式有以下几种：

1）直接地址方式，如 0A8H；

2）点操作符方式，如 IE.0；

3）位名称方式，如 EX_0；

4）用户定义名方式，如用伪指令 BIT 定义

    WBZD0   BIT EX_0

经定义后，允许指令中使用 WBZD0 代替 EX_0。

以上 4 种方式都是指允许中断控制寄存器 IE 中的位 0（外部中断 0 允许位 EX_0），它的位地址是 0A8H，名称为 EX_0，用户定义名为 WBDZ0。

1. 位数据传送指令

    MOV   C,bit   ;Cy←(bit)

    MOV   bit,C   ;bit←(Cy)

这组指令的功能是：把源操作数指出的布尔变量送到目的操作数指定的位地址单元，其中一个操作数必须为进位标志 Cy，另一个操作数可以是任何可直接寻址位。

2. 位变量修改指令

    CLR   C   ;Cy ←0

    CLR   bit   ;bit ←0

    CPL   C   ;Cy ←(Cy)

    CPL   bit   ;bit ←(bit)

    SETB C   ;Cy ←1

    SETB bit   ;bit ←1

这组指令对操作数所指出的位进行清"0"、取反、置"1"的操作，不影响其他标志位。

3. 位变量逻辑与指令

    ANL   C,bit   ;Cy ←(Cy)∧(bit)

    ANL   C,/bit   ;Cy ←(Cy)∧(/bit)

4. 位变量逻辑或指令

    ORL   C,bit   ;Cy ←(Cy)∨(bit)

    ORL   C,/bit   ;Cy ←(Cy)∨(/bit)

5. 位变量条件转移指令

    JC   rel   ;若(Cy)= 1,则转PC←(PC)+2+rel

    JNC   rel   ;若(Cy)= 0,则转PC←(PC)+2+rel

    JB   bit,rel   ;若(bit)= 1,则转PC←(PC)+3+rel

    JNB   bit,rel   ;若(bit)= 0,则转PC←(PC)+3+rel

    JBC   bit,rel   ;若(bit)= 1,则转PC←(PC)+3+rel,并 bit←0

这组指令的功能是：当某一特定条件满足时，执行转移操作指令（相当于一条相对转移指令）；条件不满足时，顺序执行下面的一条指令。前面 4 条指令在执行中不改变条件位的布尔值，最后一条指令，在转移时将 bit 清"0"，如图 2-13 所示。

以上介绍了 MCS-51 指令系统，理解和掌握本节内容，是用好 MCS-51 单片机的一个重

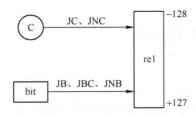

图 2-13 位变量条件转移指令

要前提。

【例 2-8】指出下列程序段的每条指令的源操作数是什么寻址方式，并写出每步运算的结果（相关单元的内容）。设程序存储器（1050H）= 5AH：

```
MOV    A,#0FH              ;A=0FH,立即寻址
MOV    30H,#0F0H           ;(30H)=F0H,立即寻址
MOV    R2,A                ;R2=0FH,寄存器寻址
MOV    R1,#30H             ;R1=30H,立即寻址
MOV    A,@R1               ;A=F0H,寄存器间接寻址
MOV    DPTR,#1000H         ;DPTR=1000H,立即寻址
MOV    A,#50H              ;A=50H,立即寻址
MOVC   A,@A+DPTR           ;A=5AH,基址变址寻址
JMP    @A+DPTR             ;PC目标=105AH,基址变址寻址
CLR    C                   ;C=0,寄存器寻址
MOV    20H,C               ;(20H)=0,寄存器寻址
```

【例 2-9】用数据传送指令实现下列要求的数据传送。

1）R0 的内容输出到 R1。

2）内部 RAM 20H 单元的内容传送到 A 中。

3）外部 RAM 30H 单元的内容送到 R0。

4）外部 RAM 30H 单元的内容送内部 RAM20H 单元。

5）外部 RAM 1000H 单元的内容送内部 RAM 20H 单元。

6）程序存储器 ROM 2000H 单元的内容送 R1。

7）ROM 2000H 单元的内容送内部 RAM 20H 单元。

8）ROM 2000H 单元的内容送外部 RAM 30H 单元。

9）ROM 2000H 单元的内容送外部 RAM 1000H 单元。

解：

```
1) MOV      WBA, R0
   MOV      R1, A
2) MOV      A, 20H
3) MOV      R0, #30H        或 MOV R1, #30H
   MOVX     A, @R0             MOVX A, @R1
   MOV      R0, A              MOV R0, A
4) MOV      R0, #30H        或 MOV R1, #30H
```

	MOVA	A, @R0	MOVX A, @R1
	MOV	20H, A	MOV 20H, A
5）	MOV	DPTR, #1000H	
	MOVX	A, @1000H	
	MOV	20H, A	
6）	MOV	DPTR, #2000H	
	CLR	A	
	MOVC	A, @A+DPTR	
	MOV	R1, A	
	MOV	A, #00H	
7）	MOV	DPTR, #2000H	
	MOVC	A, @A+DPTR	
	MOV	20H, A	
8）	MOV	DPTR, #2000H	
	CLR	A	
	MOVC	A, @A+DPTR	
	MOV	R0, #30H	
	MOVX	@R0, A	
9）	MOV	DPTR, #2000H	
	CLR	A	
	MOVC	A, @A+DPTR	
	MOV	DPTR, #1000H	
	MOVX	@DPTR, A	

2.3 简单汇编语言程序设计

2.3.1 程序设计语言

程序设计首先遇到的问题，就是用何种语言与机器对话，如何把人的思想和安排告诉机器，并且能使机器接受、听懂。一般有两种办法：一种是直接用机器接受的语言对话，另一种是通过翻译间接地与机器对话。因此，在计算机中有三种基本语言：机器语言、汇编语言和高级语言。

1. 机器语言

机器语言是以二进制数"0"和"1"表示的指令的集合。每台机器都有自己的指令系统。每条指令的编码送入处理机后，CPU 的指令译码器就可以译出它的含义，并告诉机器应该执行什么操作。

用机器语言编写的程序见表 2-3。

表 2-3 机器语言编写的程序格式

表 2-3 机器语言编写的程序格式

地　址	机　器　码	地　址	机　器　码
0400	B0	0406	D4
0401	04	0407	0A
0402	B3	0408	8B
0403	09	0409	C8
0404	F6	040A	F4
0405	E3		

程序中每个字节占一个单元地址。指令虽然用十六进制编写，但送入存储器时均已转换成二进制数。

机器语言可以省去翻译过程，也可以使程序编写得比较简练。但这样编写的程序容易出错、难读、难于书写。例如在表 2-3 中所列的程序若不熟悉指令的机器码，就很难弄清它是哪条指令构成的，是完成什么任务的程序，甚至连操作码和操作数也难以区分。因此在实际应用中很不方便。如果程序很大，困难就更大。因此对于新型计算机和新的调试软件，机器语言基本不被用户使用。

2. 汇编语言

为了克服机器语言的缺点，人们创造了一种比较直观的容易记忆的助记符，来代替指令的机器码，这就形成了符号语言。按一定的特约规则书写符号程序，就形成了汇编语言，这是一种面向机器的程序设计语言。用汇编语言编写的源程序和机器指令几乎是一一对应的，见表 2-4。因此可以说汇编语言仅仅是机器语言的某种改进，它属于面向机器的低级编程语言，不同计算机的汇编语言是不同的，本章探讨的是 MCS-51 单片机的汇编语言。

表 2-4 两数求和程序

地　址	机　器　码	助　记　符
2000H	7840H	MOV R0,#40H
2001H	E530H	MOV A,30H
2003H	0026H	ADD A,@ R0

3. 高级语言

高级语言是面向过程的、独立于计算机的通用语言，利用高级语言编程，人们可以不必去了解计算机的内部结构，编程人员把主要精力集中在解题、算法和过程的研究上。目前单片机的 C 语言程序设计也被广泛使用，它的程序结构、算法、变量、表达式、函数和其他 C 语言编写要求一样，而用 C51 编写的单片机应用程序则不用具体组织分配存储器资源和处理端口数据，但对数据类型与变量的定义必须要与单片机的存储结构相关联，否则编译器不能正确地映射定位。

本章将简单介绍汇编语言的程序设计方法。

2.3.2 伪指令

所谓伪指令就是汇编控制指令，仅提供汇编信息，没有指令代码。

本小节介绍常用伪指令及功能。

1. ORG——起始地址指令

格式：ORG　N

N 为十进制或十六进制常数，代表地址，指明程序和数据块起始地址，即指出该指令下一条指令的地址。

例如：

```
ORG    2000H
MOV    R0,#30H
MOV    A,@ R0
……
ORG    3000H
DB     32H,43H,‘A’
……
```

上述程序中指出了指令 MOV　R0,#30H 所在的地址为 2000H;而 DB 32H,43H,‘A’这条伪指令所在的地址为 3000H。

2. DB——定义字节型常数的指令

格式：DB　X1,X2,…Xn

其中 Xi 为 8 位数据或 ASCII 码

例如：

```
ORG    1000H
DB 01H,02H
```

则(1000H)＝01H
　(1001H)＝02H

又如：

```
ORG    1100H
DB‘01’
```

则(1100H)＝30H;0 的 ASCII 码
　(1101H)＝31H;1 的 ASCII 码

3. DW——定义双字节伪指令

格式：DW　X1,X2,…Xn

其中 Xi 为双字节数据

例如：

```
ORG    2000H
DW 2546H,0178H
```

则　(2000H)＝25H
　(2001H)＝46H
　(2002H)＝01H
　(2003H)＝78H

4. EQU——数据赋值伪指令

格式：X　EQU　n

X 为用户定义的标号，n 为常数、工作寄存器或特殊功能寄存器，该伪指令是将 n 的值赋值给标号 X，且只能赋值一次。

例如：

```
        X1    EQU    2000H
        X2    EQU    0FH
        …
MAIN:MOV DPTR,#X1
        ADD    A,#X2
```

则DPTR = 2000H

　A = 0FH

5. BIT——位赋值伪指令

格式：X　BIT　位地址

例如：CLK　BIT　P1.0

6. DATA——数据赋值伪指令

格式：字符名　DATA　表达式

功能：将右边表达式的值赋给左边的字符名。

此伪指令的功能与 EQU 类似，它们的区别在于：

1）DATA 可以先使用再定义，它可以放在程序的开头和结尾，也可以放在程序的其他位置，比 EQU 指令灵活。

2）EQU 指令可以把一个汇编符号（如 R1）赋给一个字符名称，而 DATA 伪指令则不能。DATA 伪指令在程序中用来定义数据或地址。

7. END ——汇编结束伪指令

格式：END

当汇编程序遇到该命令后，结束汇编过程，其后的指令将不再处理。

2.3.3　基本程序设计方法

程序是指令的集合。一个好的程序不仅应完成规定的功能，而且还应该占据内存最少、执行时间最短。一般程序设计过程可分为以下几步：

（1）分析课题，确定解题思路

实际问题是多种多样的，不可能有统一的模式，必须具体问题具体分析。对于同一个问题，也存在多种多样的解题方案，应通过比较从中挑选最佳方案。这是程序设计的第一步。

（2）建立系统的数学模型，确定控制算法和操作步骤

建立好系统的数学模型，明确算法对于程序设计非常重要，不同的算法程序执行的效率不同，例如乘法运算可以左移，也可以加法，还可以用乘法指令，也可以用查表完成。不同的方法程序的复杂度和执行时间差别很大。

（3）流程图可以直观地表示程序的执行过程或解题步骤和方法。同时它给出程序的结构，体现整体与部分的关系，将复杂的程序分成若干简单的部分，将给编写程序带来方便。

（4）编写程序

根据流程图的指示，编写出每一模块的具体程序，再按流程图的走向加上特定的语句连接成全部程序。

1. 顺序程序

顺序程序是最简单的一种程序结构，又叫直线程序，它是按指令的顺序依次执行的程序，也是所有程序设计中最重要、最基本的程序设计方法。分支和循环程序设计都是在顺序程序设计的基础上实现的。

【例2-10】将0~15共16个立即数送到内部RAM30H开始的单元。

编程思路：本题题意非常清楚，也就是将0送到内部RAM的30H单元，将1送到内部RAM中的31H单元，以此类推，我们可以用顺序语句实现。

```
Start: MOV   30H, #0      ;(30H) ←#0
       MOV   31H, #1      ;(31H) ← #1
       MOV   32H, #2      ;(32H) ← #2
       ……
       MOV   3FH, #15H    ;(3FH) ← #15
       RET                ;返回
```

【例2-11】将内部RAM30H单元的压缩BCD码拆成两个非压缩的BCD码存储到内部31H、32H中。

编程思路：本题是一个拆字程序，比如30H中存的数据为#3FH，将它拆分为#03H和#0FH，分别存入31H和32H单元。首先确定算法，先把原数保存，然后再和#0FH进行与操作，取出低位数据，再用原数和#F0H进行与操作，取出高位，再将低位和高4位互换，分别保存。子程序如下：

```
Start: MOV   A,30H
       ANL   A,#0FH
       MOV   31H,A
       MOV   A,30H
       ANL   A,#0F0H
       MOV   32H,A
       RET
```

【例2-12】单字节压缩BCD码转换成二进制码子程序。

编程思路：本题设两个BCD码d0、d1，表示的两位十进制数压缩于R2中，其中R2高4位存十位，低4位存个位，转换成二进制的算法为：(d1d0)BCD=d1*10+d0，流程图如图2-14所示，具体程序如下：

```
Start: ORG   2000H
       MOV   A,R2
       ANL   A,#0F0H
       SWAP  A
       MOV   B,#0H
```

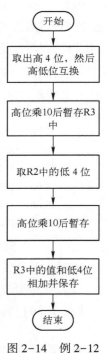

图2-14 例2-12
流程图

```
MUL     AB
MOV     R3,A
MOV     A,R2
ANL     A,#0FH
ADD     A,R3
MOV     R2,A
RET
```

2. 分支程序

在一个实际应用中，程序不可能是顺序执行的，通常需根据实际问题设定条件，通过对条件是否满足的判断，产生一个或多个分支，以决定程序的流向，这种程序称为分支程序。分支程序的特点就是程序中含有条件转移指令。MCS-51 中直接用来判断分支条件的指令有 JZ、JNZ、JC、JNC、CJNE、DJNZ、JB、JNB、JBC 等。正确合理地运用条件转移指令是编写分支程序的关键。

（1）单分支程序

【例 2-13】设内部 RAM20H、21H 两个单元中存有两个无符号数，试比较它们的大小，并将较大者存入 20H 单元中，较小者存入 21H 单元中。

编程思路：可以两个数相减，判断差的正负性即判断 Cy 的值是 0 还是 1；或者用 CJNE 指令比较两个数，判断 Cy 的值。程序流程图如图 2-15 所示。具体程序如下：

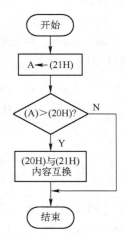

图 2-15　例 2-13 流程图

```
ORG     0000H
CLR     C
MOV     A,21H
SUBB    A,20H    ;(A)←(A)-(20H)
JC      MIN
MOV     A,20H;
MOV     20H,21H;  }两数互换
MOV     21H,A;
MIN：SJMP    $
        END
```

说明：也可以用 JNC 指令或 CJNE 指令，请读者自行完成。

（2）多重分支

【例 2-14】设变量 x 存放于 R2 中，函数 Y 存放于 R3 中。试按

下式要求给 Y 赋值：$Y = \begin{cases} 1 & (x>0) \\ 0 & (x=0) \\ -1 & (x<0) \end{cases}$

编程思路：可以先判断 x 是否为 0，不为 0 判断最高位是 1 还是 0，最高位是 1 则为负，最高位是 0 则为正。程序流程图如图 2-16 所

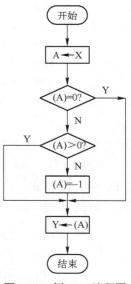

图 2-16　例 2-14 流程图

82

示，子程序如下：

```
ORG    0100H
MOV    A,R2
CJNE   A,#00H,L1
MOV    R3,#00H
SJMP   L3
L1:    JB     ACC.7,L2
       MOV    R3,#01H
       SJMP   L3
L2:    MOV    R3,#0FFH
L3:    SJMP   $
END
```

（3）散转程序设计

散转程序是一种并行多分支程序。它根据系统的输入或运算结果，分别转向各个处理程序。与分支程序不同的是散转程序多采用指令 JMP @A+DPTR 实现，根据输入或运算结果，确定 A 或 DPTR 的内容，直接跳转到相应的分支程序中。而分支程序一般采用条件转移指令或比较转移指令实现程序的跳转。下面给出两个散转程序的例子。

【例 2-15】编程实现双字节乘法，乘法示意图如图 2-17 所示，用分支转移指令 JMP @A+DPTR 实现程序。程序流程图如图 2-18 所示。参考程序如下：

```
JMPN： MOV   DPTR,#TAB
       MOV   A,R3
       MOV   B,#3
       MUL   AB
       ADD   A,DPH
       MOV   DPH,A
       MOV   A,R2
       MOV   B,#3
       MUL   AB
       XCH   A,B
       ADD   A,DPH
       XCH   A,B
       JMP   @A+DPTR
TAB：  LJMP  PRG0
       LJMP  PRG1
       ……
       LJMP  PRGN
```

说明：根据 R3R2 中的值程序跳转到指定子程序处执行。例如 R3R2＝0003，先取 R3＝00H，因为 LJMP   PROGN 指令占 3 个字节，所以 R3 * 3 后的值送到累加器 A 中，再与表的首地址高 8 位相加得到新的 DPH；然后取低 8 位 R2＝03H 的值乘以 3 后高 8 位再与 DPTR 的高 8 位相加，A 中为偏移量，再执行 JMP   @A+DPTR 语句后直接跳转到相应地址。

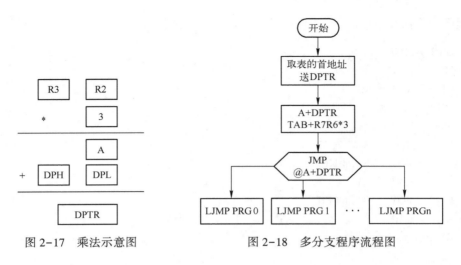

图 2-17　乘法示意图　　　　　　　　　图 2-18　多分支程序流程图

【例 2-16】设计可多达 128 路分支的出口程序。

```
Rukou:  MOV     DPTR,#TABL
        MOV     A,R2
        RL      A
        JMP     @A+DPTR
TABL:   AJMP    PROG00
        AJMP    PROG01
        … …
        AJMP    PROG7F
PROG00: …
        …
PROG7F:…
```

由于 AJMP 指令是双字节指令，因此采用 RL A 左移指令，是把入口 R2 的值乘以 2，保证找到 TABL 表中的第 n 条 AJMP 指令，利用 JMP　@A+DPTR 语句使程序直接跳转到对应子程序执行，散转指令和后面讲到的查表指令有本质的区别。

3. 循环程序

循环程序设计就是把一段程序多次反复执行。比如把 30H ~ 50H 的内容传送到 70H ~ 90H，如果用顺序结构就要用 32 条传送语句，每次传送过程中只是操作数不同，这时就可以采用循环结构设计，既可以缩短程序，又减少了程序所占用的空间，一般情况下循环程序包括 3 部分。

1）循环初值：相当于循环体的初始化，如设置循环次数、间接寻址的首地址等。

2）循环体：需要多次重复执行的语句体。

3）循环控制：修改指针和循环控制变量，或判断循环结束调件。

循环结构有 2 种，一种是单重循环，另一种就是双重或多重循环。

单重循环：简单的循环，循环体中不嵌套循环。

多重循环：循环体中又套用循环结构，常用的是双重循环，一般对于初学者不建议使用层层嵌套的循环结构。

【**例2-17**】将例2-10的程序用循环结构编写。

流程图如图2-19所示，程序如下：

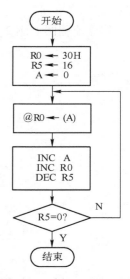

图2-19 例2-16流程图

```
        ORG   0100H
        MOV   R0,#30H;    ⎫
        MOV   R5,#16;     ⎬ 循环初值
        MOV   A,#00H;     ⎭
LOOP:   MOV   @R0,A;      ⎫
        INC   A;          ⎬ 循环体
        INC   R0;         ⎭
        DJNZ  R5,LOOP1              ;循环控制
        RET
```

从例2-17可以看出循环结构程序由循环初值、循环体、循环控制3部分组成，循环变量通常采用能间接寻址的寄存器R0、R1，循环次数可以采用工作寄存器或直接地址。语句明显比顺序结构少很多，该结构减少了很多重复的语句，程序简短、占用存储空间少。

【**例2-18**】求n个单字节数相加的和，设数据在40H开始单元，数据长度在30H单元，结果存放在31H、32H中。设累加和不超过两个字节。

编程思路：本题循环次数在30H单元，间接寻址单元从40H开始，可以采用DJNZ direct，rel语句。程序流程图如图2-20所示，程序如下：

```
        ORG   0100H
        MOV   R0,#40H
        CLR   A
        INC   R2          ;存放结果的高位
ADDR:   ADD   A,@R0
        JNC   NEXT
        INC   R0
        INC   R2
NEXT:   DJNZ  30H,ADDR
        MOV   31H,A       ;保存结果
        MOV   32H,R2
        END
```

【**例2-19**】试编写程序，将内部数据存储器中连续存放的若干数据由小到大排列起来。

编程思路：将两个相邻的数据相比较，如果前数大于后数，两个数的位置互换，否则位置不变，所有数据比较完后找到最大的数，并存在最后一个单元中。第二次比较在剩余的数据中进行，找到剩余数据中最大的数，以此类推即可完成数据的排序。设数据的个数为n，第一次比较n-1次，第二次比较需n-2次等。在理论上需要进行n-1次循环比较才能完成。事实上有可能提前完成排序过程。如果在某次循环比较过程中，位置没有发生互换，说明数据排序已经完成。为此在程序中设置数据表示位F0，当R3为0时其F0没变成1则程序

结束。

程序流程图如图 2-21 所示，程序如下：

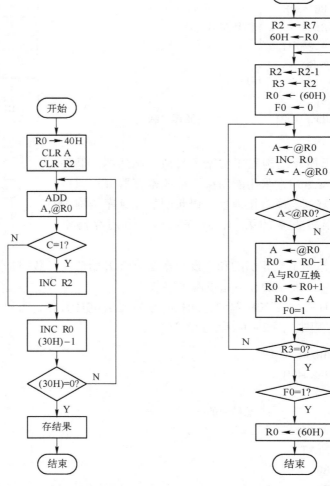

图 2-20　例 2-18 流程图　　　　图 2-21　例 2-19 流程图

Start:	MOV	A, R7	
	MOV	R2, A	;保存数据个数
	MOV	60H, R0	;保存地址指针
NN:	DEC	R2	
	MOV	A, R2	
	MOV	R3, A	;初始化循环次数
	MOV	R0, 60H	;恢复地址指针
L1:	CLR	F0	
	MOV	A, @ R0	;取前数
	INC	R0	
	CLR	C	

86

	SUBB	A. @ R0	;减后数
	JC	MM	
MOV	A,@ R0		;位置互换
	DEC	R0	
	XCH	A,@ R0	
	INC	R0	
	MOV	@ R0,A	
	SETB	F0	;置标志位
MM:	DJNZ	R3,L1	
	JB	F0,NN	
	MOV	R0,60H	
	RET		

本排序算作起泡法排序，是相邻两数进行比较，然后交换。由双层循环完成的，内层循环的循环次数是变化的，外层循环没有采用循环指令，是一个循环次数不定的循环。

【例 2-20】 设计 100 ms 延时程序。

编程思路：延时程序是计算每条指令执行的次数和每条指令执行所需时间的乘积之和。当系统晶振使用 12 MHz 时，一个机器周期为 1 μs，执行 1 条 DJNZ 指令需要 2 μs，因此执行该指令 50000 次，就可以达到延时 100 ms 的目的，因 51 系列单片机是 8 位机，每个寄存器最大数是 256，单层循环最多延时 256×2 μs，达不到 100 ms 的延时时间，因此需要双层循环。具体程序如下：

	源程序		指令周期(μs)	指令执行次数
Delay:	MOV	R6,#200	1	1
Delay1:	MOV	R7,#248	1	200
	NOP		1	200
Delay2:	DJNZ	R7,$	2	200×248
	DJNZ	R6,Delay1	2	200
	RET		2	1

延时时间计算：$(1×1+1×200+1×200+2×200×248+2×200+2×1) = 100.003$ ms。

以上例题基本上属于循环次数固定的情况，一般采用 DJNZ 指令来控制循环，当循环次数不固定的时候，通常通过给定的条件标志来判断循环是否结束，一般采用条件比较指令 CJNE 来实现。

【例 2-21】 把内部 RAM 中起始地址在 BLK1 的数据块传送到外部 RAM 中，起始地址在 BLK2 的区域中，遇到空格字符的 ASCII 则传送结束。

编程思路：由已知条件可知，数据传送过程中是不断地重复执行的操作，但这个程序只能通过一个条件控制循环结束，属于循环次数未知的循环程序，空格字符的 ASCII 是 20H，利用 CJNE 指令将每个要传送的数据与 20H 比较，如果相同则不再传送，不同则继续传送。部分程序如下：

Srart:	MOV	R0,#BLK1	;数据块首地址送 R0
	MOV	DPTR,#BLK2	;让 DPTR 指针指向外部存储区的首地址

XH：	MOV	A,@ R0	;取数据
	CJNE	A,#20H,CS	;判断数据块是否结束
	SJMP	JS	
CS：	MOVX	@ DPTR,A	;数据存到外部存储区
	INC	R0	;修改指针
	INC	DPTR	
	SJMP	XH	
JS：	SJMP	$	
	RET		

4. 查表程序

在单片机应用系统中，查表程序使用频繁，由于利用它能避免进行复杂的运算或转换过程，故它广泛应用于显示、打印字符的转换以及数据补偿、计算、转换程序中。

查表就是根据自变量 x 的值，在表中查找 y，使 $y = f(x)$。 x 和 y 可以是各种类型的数据。表的结构也是多种多样的。表格既可以放在程序存储器中，也可以放在数据存储器中，一般情况下，自变量 x 是有规律变化的数据，可以根据这一规律形成地址，对应的 y 则存放于该地址单元中；对于 x 是没有变化规律的数据，则在表中存放 x 及其对应的 y 值。前者形成的表格是有序的，后者形成的表格是无序的。

【例2-22】已知一位十进制数存放在 R0 中，编写程序求它的平方，并将结果放在 R1 中。

Start：	MOV	DPTR,#TAB	;定义表的首地址
	MOV	A,R0	;取十进制数
	MOVC	A,@ A+DPTR	;查表
	MOV	R1,A	;存储查得的数据到 R1 中
	RET		
	TAB：DB 0,1,4,9,16,25,36,49,64,81		

说明：使用 MOVC A,@ A+DPTR 查表指令时必须先把表的首地址送给 DPTR，然后把要查找数据在表格中的相对地址送给 A，再把 A+DPTR 代表的 ROM 地址中的内容取出送到累加器 A 中，完成查表。下面使用 MOVC A,@ A+PC 指令完成上面的程序。

Start：	MOV	A,R0	;取十进制数
	ADD	A,#2	;MOVR1,A 指令和 RET 指令共占 2B
	MOVC A,@ A+PC		;查表,PC 值为下一条指令的地址
	MOV	R1,A	
	RET		
	TAB：DB 0,1,4,9,16,25,36,49,64,81		

A+PC 的值不仅随 A 的值变化，也与查表指令在程序中的位置有关。本程序中 MOVC A,@ A+PC 的指令距 TAB 表的首地址相差 2B，因此给初值加 2 处理，这里 '2' 称作偏移量。

两条查表指令设计的查表程序不同在于：用 MOVC A,@ A+PC 指令，其表格位置与查表指令间的间隔数应小于 256；而用 MOVC A,@ A+DPTR 指令，表格可在 64 KB 范围内任意位置。一般情况下都使用 MOVCA,@ A+DPTR 指令。

【例 2-23】 设有一巡检报警装置，需要对 16 路值进行比较，当每一路输入值超过该路的报警值时，实现报警。要求编制一个查表子程序，依据路数 xi，查表得 yi 的报警值。

编程思路：xi 为路数，查表时按照 0，1，2，…，15 取值，故为单字节规划量。表格构造见表 2-5。

表 2-5　表格构造

表地址	#TAB	#TAB+1	#TAB+2	#TAB+3	…	#TAB+30	#TAB+31
存储内容	y0 高字节	y0 低字节	y1 高字节	y0 低字节		y15 高字节	y15 低字节
相应 x	00H		01H			0FH	

程序入口：（R2）= 路数 xi。

程序出口：（R4R3）= 对应 xi 的报警值 yi。

查表子程序如下：

```
Start:    MOV     A,R2            ;路数 xi 送 A
          RL      A               ;A = xi * 2
          MOV     R4,A            ;暂存 R4
          ADD     DPTR,#TAB
          MOVC    A,@ A+DPTR      ;查 yi 高字节
          MOV     R5,A            ;R5 中保存 yi 高字节
          INC     R4              ;找到 yi 低字节的偏移量
          MOV     A,R4
          MOVC    A,@ A+DPTR      ;查 yi 低字节送入 A
          MOV     R3,A
          RET
TAB:      DW 050FH,0E89H,A695H,1EAAH,0D9BH,7F93H,0373H,26D7H
          DW 2710H,9E3FH,1A66H,22E3H,1174H,16EFH,33E4H,6CA0H
```

本例题采用查表指令，而且表格中的数据是双字节的数据，因此需要找到待查数据首地址应使路数乘 2，本程序中，使 A 左移一位，先查出报警值的高字节送 R5 中，再查低字节送入 R3 中。

5. 子程序

在一个单片机系统的程序中，往往有许多地方需要执行同样的运算或操作。例如，各种函数的加减乘除运算、代码转换以及延时程序等。通常将这些经常重复使用的、能完成某种基本功能的程序段单独编制子程序，以供不同程序或同一程序反复调用。在程序中需要执行这种操作的地方先执行一条调用指令，转到子程序中完成规定操作后再返回原来程序中继续执行下去，这就是所谓的子程序结构。采用子程序结构，可使程序简化，便于调试、交流和共享资源。

（1）子程序的调用与返回

子程序第一条指令所在地址称为入口地址，该指令前必须有标号，最好以子程序能完成的功能名为标号。例如延时子程序名一般设为 DELAY，查表子程序设为 TABLE。

子程序调用指令为：LCALL 或 ACALL，该指令应放在主程序中，这两条指令后跟的语句标号就是子程序名，具有寻找子程序入口地址的功能，而且在转入子程序前能自动使主程序断点地址入栈，具有保护主程序断点地址的功能。返回指令 RET 放在子程序的末尾，它使程序指针返回到调用子程序指令的下一条指令位置，起到恢复断点功能。子程序调用和返回关系如图 2-22 所示。

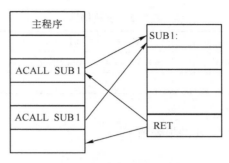

图 2-22　子程序的调用和返回

（2）参数的现场保护

在转入子程序时，特别是进入中断服务程序时，要特别注意现场保护问题。即主程序使用的内部 RAM 的内容、各工作寄存器的内容、累加器 A 的内容、DPTR 以及 PSW 等特殊功能寄存器内容都不应该因转向子程序运行而改变。如果子程序使用的寄存器与主程序使用的寄存器有冲突，则应在转入子程序后首先采取措施保护现场。方法是将要保护的单元的内容压入堆栈保存起来，在执行返回指令时将压入的数据再弹出到原工作单元，恢复主程序原来的状态，即恢复现场。

（3）主程序和子程序的参数传递

子程序调用时，要特别注意主程序与子程序之间的信息交换。在调用一个子程序时，主程序应先把与调用相关的参数（入口地址）放到某些特定的位置，子程序在运行时可以从约定的位置得到相关的参数。同样在子程序结束前，也应把子程序运行后的处理结果（出口参数）送到约定的位置。当子程序返回后，主程序可从这些位置得到需要的结果。参数传递的方法大致以下有 3 种。

1）利用工作寄存器 R0~R7 或者累加器 A 传递参数

在调用子程序前应先把数据存入工作寄存器或累加器中。调用子程序后就使用这些寄存器或累加器中的值进行各种操作和运算，子程序执行完返回后，这些寄存器和累加器中的值仍可被主程序使用。这种参数传递在汇编语言中比较常用。其优点是方法简单、速度快，缺点是传递的参数不能太多。

【例 2-24】设计一单字节有符号数的加法程序。

编程思路：该程序的功能为（R2）+（R3）→（R7）。R2 和 R3 中为有符号数的原码，R7 中存放计算结果的原码。程序如下：

```
ADD0: MOV      A,R3
      CPL      ACC.7
MOV   R3,A
```

ADD1：MOV	A,R3		
ACALL	CMPT	;调用求补码程序	
MOV	R3,A		
MOV	A,R2		
ACALL	CMPT		
ADD	A,R3		
JB	OV,OVER	;溢出跳转	

求补码子程序如下：

CMPT：JNB	ACC.7,NCH	
MOV	C,ACC.7	
MOV	00H,C	
CPL	A	
ADD	A,#1	
MOV	C,00H	
NCH：RET		
ACALL	CMPT	
MOV	R7,A	
OVER：RET		

说明：本程序是加法程序，参数传递时通过累加器 A 完成的，主程序是将被转换的数据存放到 A 中，子程序是将被转换的有符号数据求补码后重新存放在 A 中。主程序从 A 中得到运算结果。

2）存储器传递参数

数据一般在存储器中，可以用指针来指示数据的位置，这样可以大大节省传送数据的工作量，在内部 RAM 中，可以使用 R0 和 R1 作为存储器的指针，外部存储器可以使用 DPTR0 或 DPTR1 作为指针，进行数据传递。

【例 2-25】比较两个数据串是否完全相等，若完全相等，A＝0，否则 A＝FFH

编程思路：设两个数据串分别存放在内部 RAM 的两个存储区（BLOCK1 和 BLOCK2），数据串的长度在 R2 中存放. 编程时可以使 R0 指向第一数据块的首地址，R1 指向第二数据块的首地址，子程序调用时，只用 MOV　R0,#BLOCK0 和 MOV　R1,#BLOCK1 就可以实现，具体程序如下：

COMP：MOV	R2,#LONG	;将数据块的长度送入 R2
MOV	R0,#BLOCK0	;取第一个数据块的首地址
MOV	R1,#BLOCK1	;取第二个数据块的首地址
CHC：MOV	A,@R0	;用@R0 取第一个数据块的第一个数据送入 A
MOV	70H,@R1	;用@R1 取第二个数据块的第一个数据送入 70H
CJNE	A,70H,NO	;将两个数据进行比较，不等则转向 NO
INC	R0	;指针向下移动
INC	R1	
DJNZ	R2,CHC	;数据是否比较完，如数据未完则转向 CHC 继续比较
MOV	A,#00H	;两数据相等则给 A 赋值为 0

```
              SJMP        JS
NO：   MOV         A,#0FFH
JS：    RET
```

3）利用堆栈传送

在主程序调用子程序前，可将子程序所需要的参数通过 PUSH 指令压入堆栈。在执行子程序时可用寄存器间接寻址访问堆栈，从中取出所需要的参数并在返回主程序之前将其结果送到堆栈中。当返回主程序后，可用 POP 指令从堆栈中取出子程序提供的处理结果。由于使用了堆栈区，应特别注意 SP 所指示的单元。在调用子程序时，注意断点处的地址也要压入堆栈，占用两个单元。在返回主程序时，要把堆栈指针指向断点地址，以便能正确返回。在通常情况下，PUSH 指令和 POP 指令总是成对使用，否则会影响子程序的返回。

【例 2-26】在 20H 单元存放两位十六进制数，编程将它们分别转换成 ASCII 码并存入21H、22H 单元。

```
              ORG         0000H
              MOV         SP,#50H              ;设堆栈指针
              MOV         DPTR,#TAB
              PUSH        20H                  ;(51H)←（20H）
              ACALL       HASC                 ;PC 为子程序首地址，SP+2，使 SP=53H
              POP         21H                  ;将子程序中压栈的转换后的 ASCII 弹出到 21H
              MOV         A，20H               ;重新取数
              SWAP        A                    ;高低 4 位互换
              PUSH        ACC                  ;第二次把 20H 内容压栈
              ACALL       HASC
              POP         22H
              SJMP        $
              ORG         0030H
HASC：  DEC         SP                   ;将两位数的个位转换成 ASCII 码子程序
              DEC         SP                   ;修改 SP 到参数位置
              POP         ACC                  ;把待处理数送到 A
              ANL         A，#0FH              ;取低 4 位
              MOVC        A，@A+DPTR           ;查表转换成 ASCII
              PUSH        ACC                  ;将转换后的结果压栈
              INC         SP
              INC         SP                   ;修改堆栈指针
              RET
TAB：    DB30H，31H，32H，33H，34H，35H，36H，37H，38H，39H
              DB41H，42H，43H，44H，45H，46H
```

说明：主程序通过堆栈将要转换的十六进制数送入子程序，子程序的转换结果再通过堆栈送到主程序。只要在调入前将入口参数压栈，在调用后把要返回的参数弹出。注意的是 ACALL 指令不仅能转向子程序，同时也调整了 SP 的值，因此在子程序中要注意调整 SP 的值。

思考与练习

2-1 Rn 和 Ri 有什么区别？n 和 i 值的范围是多少？@ Ri 表示什么含义？

2-2 30H 与#30H 有什么区别？

2-3 请按下列要求传送数据：

1）将 R2 中的数据传送到 R2；

2）将立即数 30H 传送到 40H；

3）将立即数 30H 传送到以 R0 中内容为地址的存储单元中；

4）将 30H 中的数据传送到以 R0 中内容为地址的存储单元中；

5）将 R1 中的数据传送到以 R0 中内容为地址的存储单元中。

2-4 已知 RAM（20H）= 60H，（30H）= 10H，（40H）= 20H，（50H）= 40H，试写出执行以下程序段后有关单元的内容。

```
MOV   R0,  #30H
MOV   @ R0, 40H
MOV   A,  50H
MOV   R1,  30H
MOV   B,  @ R0
MOV   PSW, @ R1
```

2-5 请按下列要求传送数据，并写出每一条指令执行后的结果，设片内 RAM（20H）= ABH，片外 RAM（4000H）= CDH，ROM（4000H）= EFH。

1）将片内 RAM 20H 单元数据送入片外 RAM 20H 单元；

2）将片内 RAM 20H 单元数据送入片外 RAM 2020H 单元；

3）将片外 RAM 4000H 单元数据送入片内 RAM 20H 单元；

4）将片外 RAM 4000H 单元数据送入片外 RAM 1000H 单元；

5）将 ROM4000H 单元数据送入片外 RAM20H 单元；

6）将 ROM4000H 单元数据送入片内 RAM20H 单元。

2-6 试求下列程序连续运行一次后有关单元中的内容。已知片内 RAM（20H）= 24H，（24H）= BCH，（SP）= 1FH，（1FH）= 39H，（39H）= 67H，片外 RAM（1000H）= 10H，ROM（1010H）= FFH。

```
MOV   A,  1FH
MOV R0,  20H
XCH   A,  39H
PUSH  ACC
MOV   DPTR,  #1000H
MOVX  A,  @ DPTR
MOVC  A,  @ A+DPTR
XCHD  A,  @ R0
POP   1FH
```

2-7 若(R0)＝40H，(40H)＝79H，(41H)＝1FH，(DPTR)＝1FDFH，ROM(2000H)＝ABH，(CY)＝1，将一次执行下列指令后的结果写在注释区。

```
MOV   A，41H
ADDC  A，#00H
INC   DPTR
MOVC  A，@A+DPTR
DEC   40H
ADD   A，@R0
INC   R0
SUBB  A，@R0
```

2-8 试求下列程序运行一次后有关单元的内容。已知(R1)＝73H，(CY)＝0，(59H)＝73H，(73H)＝6BH。

```
CLR   R
SUBB  A，#59H
CPL   A
ORL   A，R1
RLC   A
ANL   A，@R1
RR    A
XRL   A，59H
```

2-9 分别用一条指令实现下列功能。

1）若 CY＝0，则转 PROM1 程序段执行；

2）若位寻址(30H)≠0，则将 30H 清零，并使程序转至 PROM2；

3）若 A 中数据不等于 200，则程序转至 PROM3；

4）若 A 中数据不等于 0，则程序转至 PROM4；

5）将 40H 中数据减 1，若差值不等于 0，则程序转至 PROM5；

6）若以 R0 中内容为地址的存储单元中的数据不等于 10，则程序转至 PROM6；

7）调用首地址为 1000H 的子程序；

8）使 PC＝3000H。

2-10 编程完成下述操作：

1）将片外 2004H 单元中的数据传送到 B；

2）将片外 30H 单元中的数据传送到片外 1010H 单元中；

3）将外部 RAM 2000H 单元中的高 2 位取反，低 4 位清零，其余位保持不变；

4）将外部 RAM 60H 单元中的中间 4 位取反；

5）编程实现将外部 RAM 60H 单元的高 2 位清零，最低 2 位取反，其余保持不变；

6）编程实现将外部 RAM 0200H 单元的高 2 位清零，最低 2 位取反，其余保持不变；

7）编程实现将外部 RAM 80H 单元的高 2 位置位，最低 2 位清零，其余位取反；

8）编程实现，从片外 RAM 300H 单元中读取数据，存放到片外 RAM 80H 单元中。

2-11 被减数存在 31H30H 中（高位在前），减数存在 33H32H 中，试编写其减法程序，差值存入 31H30H 单元，借位存入 32H 单元。

2-12 汇编语言程序设计分为哪几个步骤？

2-13 什么叫伪指令？伪指令与指令有什么区别？它们的用途是什么？

2-14 基本程序结构有哪几种？各有什么特点？

2-15 子程序调用时，参数的传递方法有哪几种？

2-16 设内部 RAM50H 和 51H 单元中存放有两个 8 位有符号数，试编程找出其中的最大数，将其存入 60H 单元。

2-17 编程将外部 RAM2000H～202FH 单元中的内容，移入内部 RAM20H～4FH 中，并将原数据块区域清 0。

第 3 章　基于 Keil 软件的设计入门

3.1　Keil 软件的使用

随着单片机技术的不断发展，以单片机 C 语言为主流的高级语言不断被更多的单片机爱好者和工程师所喜爱。使用 C51 单片机时肯定要使用到编译器，以便把写好的 C 程序编译为机器代码，这样单片机才能执行编写好的程序。Keil μVision 4 由德国 Keil Software 公司推出，是众多单片机应用开发软件中优秀的软件之一，它支持众多不同公司的 MCS51 架构的芯片，支持 PLM、汇编和 C 语言的程序设计，它提供了包括编辑、编译器、宏汇编、连接器、库管理和一个功能强大的仿真调试器，其内置的仿真器可模拟目标 MCU，包括指令集、片上外围设备及外部信号等。同时它又有逻辑分析器，可监控基于 MCU I/O 引脚和外设状况变化下的程序变量。它界面友好，易学易用，在调试程序、软件仿真方面也有很强大的功能。本书是基于 Keil C51 而编写的。

在这一章首先将以一流水灯的设计为例，了解如何输入源程序，建立工程、对工程进行详细的设置，以及如何将源程序变为目标代码。

【例 3-1】 流水灯设计，如图 3-1 所示。

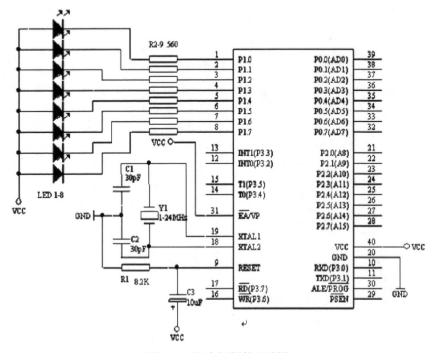

图 3-1　流水灯硬件电路图

3.1.1 Keil μVision4 工程文件的建立

首先打开 Keil μVision4 软件，双击 Keil μVision4 图标。

Keil μVision4 启动后，程序窗口的左边有一个工程管理窗口，该窗口有 3 个标签，分别是 Files、Regs、Books，如果是第一次启动 Keil，那么这 3 个标签全是空的，这 3 个标签的含义如下。

Files：显示当前项目的文件结构；

Regs：显示 CPU 的寄存器及部分特功能寄存器的值（调试时才出现）；

Books：显示 CPU 的附加说明文件。

1. 源文件的建立

使用菜单命令 File→New 或者单击工具箱的新建文件按钮，即可在项目窗的右侧打开一个新的文本编辑窗口，在该窗口中输入以下源程序：

```
#include<reg52.h>          // 52 系列单片机的定义文件
#define uchar unsigned char // 定义无符号字符
#define uint unsigned int   // 定义无符号整数
void delay(uint);           // 声明延时函数
void main(void)             // 主函数
{
uint i;                     // 定义一个无符号整型变量
uchar temp;                 // 定义无符号字符型变量
while(1)
{
temp=0x01;
for(i=0;i<8;i++)
{
P1=~temp;                   // P1.0=0,点亮第一个发光二极管
delay(100);                 // 调用延时函数
temp<<=1;                   // 左移,点亮下一个发光二极管
}                           // 8 个流水灯逐个闪动
}
}
void delay(uint t)          // 定义延时函数
{
register uint bt;
for(;t;t--)
for(bt=0;bt<255;bt++);
}
```

保存该文件，注意必须加上扩展名（汇编语言源程序一般用 .ASM 或 .A51 为扩展名，如果是 C 语言用 .c），这里假定将文件保存为流水灯 .c。需要说明的是，源文件就是一般的文本文件，可以使用任意文本编辑。

2. 建立工程文件

在项目开发中，并不是仅有一个源程序就行了，为了管理和使用方法，引入了 Keil 使

用工程（Project）这一概念，下面介绍如何新建工程。

1）选择 Project 下的 New μVision4 Project 菜单，如图 3-2 所示，出现 "Save As" 对话框。选择放置工程的路径，然后给工程取名为例 1，不需要扩展名，单击 "保存" 按钮，如图 3-3 所示。

图 3-2 给文件起名和选择保存路径

图 3-3 新建工程

2）选择正在使用的芯片，先选择厂家，然后是型号使用 AT89S52 时选择 Atmel→AT89S52，选好芯片后单击确定按钮，如图 3-4 所示。

3）窗口左测出现如图 3-5 所示工程目录。新建工程至此完成。此时的工程是一个空的工程，里面什么文件也没有，需要手动把刚才编写好的源程序导入，单击 Source Group1 选项后单击鼠标右键，出现一个下拉菜单，如图 3-5 所示，选中 Add Files to Group 'Source Group1' 选项，出现一个对话框，要求寻找源文件。找到刚才保存的 "流水灯 .c" 双击鼠标将文件导入项目。

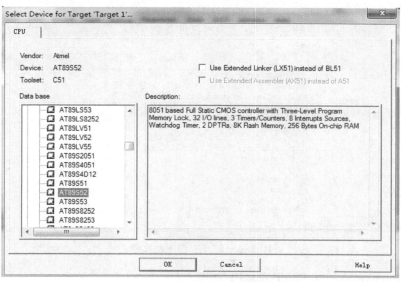

图 3-4　选择所使用的目标芯片

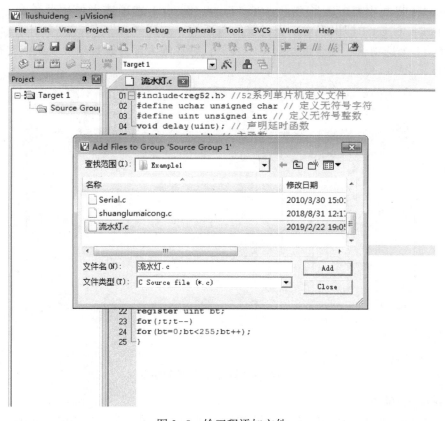

图 3-5　给工程添加文件

单击 Source Group1 选项前的加号，会发现"流水灯.c"文件已在其中。双击文件名，即可打开该源程序，如图 3-6 所示。

图 3-6 打开工程下的文件

3.1.2 Keil μVision4 工程的详细设置

在 Target 1 界面中右击选择 Options for Target 'target 1'选项或者使用菜单命令 Project→Option for target 'target 1'即出现对工程设置的对话框，如图 3-7 所示。这个对话框可谓非常复杂，共有 11 个选项卡，要全部学会可不容易，好在绝大部分设置项取默认值就行了。

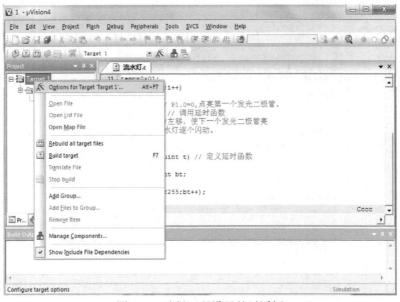

图 3-7 选择工程设置的对话框

1. Target 选项卡

Xtal 文本框用于设置晶振频率，默认值是所选目标 CPU 的最高可用频率值，对于所选的 AT89S52 一般而言是 33M，该值与最终产生的目标代码无关，仅用于软件模拟调试时显示程序执行时间。正确设置该数值可使显示时间与实际所用时间一致，一般将其设置成与用户硬件所用晶振频率相同，如果没必要了解程序执行的时间，也可以不设，这里设置为 12，如图 3-8 所示。

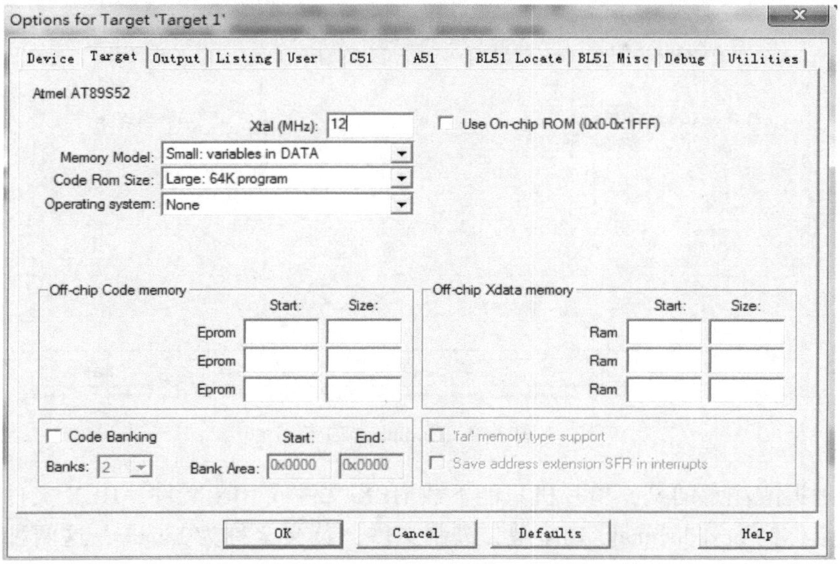

图 3-8　Target 选项卡

Memory Model 下拉列表框用于设置 RAM 使用情况，Small 是所有变量都在单片机的内部 RAM 中；Compact 是可以使用一页外部扩展 RAM；Larget 则是可以使用全部外部的扩展 RAM。Code Rom Size 用于设置 ROM 空间的使用，Small 模式，只用低于 2 KB 的程序空间；Compact 模式，单个函数的代码量不能超过 2 KB，整个程序可以使用 64 KB 程序空间；Larget 模式，可用全部 64 KB 空间。

Use on-chip ROM 复选项用于确认是否仅使用片内 ROM。（注意：选中该项并不会影响最终生成的目标代码量。）

Operating System 下拉列表框用于操作系统选择，Keil 提供了两种操作系统：Rtx tiny 和 Rtx full，关于操作系统是另外一个很大的话题了，通常选用该项的默认值：None（不使用任何操作系统）；

Off Chip Codememory 选项组用以确定系统扩展 ROM 的地址范围，Off Chip XData memory 选项组用于确定系统扩展 RAM 的地址范围，这些选择项必须根据所用硬件来决定，由于该例是单片应用，未进行任何扩展，所以均不重新选择，按默认值设置。

2. Output 选项卡

Creat HEX file 复选项用于生成可执行代码文件（可以用编程器写入单片机芯片的 HEX 格式文件，文件的扩展名为 .HEX），默认情况下该项未被选中，如果要写片做硬件实验，就必须选中该项，这一点是初学者易疏忽的。

HEX 文件格式是 Intel 公司提出的用来保存单片机或其他处理器的目标程序代码的文件格式。一般的编程器都支持这种格式。选中 Creat HEX file 复选项，使程序编译后产生 HEX 代码，如图 3-9 所示，供下载器软件下载到单片机中。

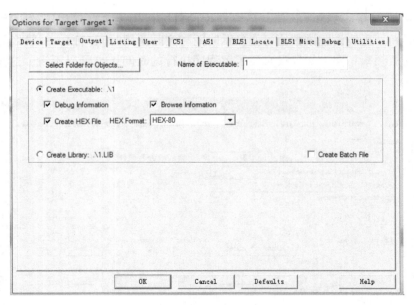

图 3-9　Output 选项卡

需要特别提醒注意的是，单片机只能下载 HEX 文件或 BIN 文件，HEX 文件是十六进制文件，英文全称为 hexadecimal，BIN 是二进制文件，英文全称为 binary，这两种文件可以通过软件相互转换，其实际内容都是一样的。

选中 Debug information 复选项将会产生调试信息，这些信息用于调试，如果需要对程序进行调试，应当选中该项。

Browse information 复选项可以产生浏览信息，该信息可以用菜单命令 View→Browse 来查看，这里取默认值。

Select Folder for objects 按钮是用来选择最终的目标文件所在的文件夹，默认与工程文件在同一个文件夹中。

Name of Executable 文本框用于指定最终生成的目标文件的名字，默认与工程的名字相同，这两项一般不需要更改。

工程设置对话框中的其他各页面与 C51 编译选项、A51 的汇编选项、BL51 连接器的连接选项等用法有关，这里均取默认值，不作任何更改。

3. Listing 选项卡

Listing 选项卡用于调整生成的列表文件选项。在汇编或编译完成后将产生（ * . lst）的列表文件，在连接完成后也将产生（ * . m51）的列表文件，该页用于对列表文件的内容和形式进行细致的调节，其中比较常用的选项是 C Compile Listing 选项组中的 Assemble Code 项，选中该项可以在列表文件中生成 C 语言源程序所对应的汇编代码，如图 3-10 所示。

4. C51 选项卡

C51 选项卡用于对 Keil 的 C51 编译器的编译过程进行控制。Code Optimization 选项组中 Level 是优化等级，C51 在对源程序进行编译时，可以对代码优化至 9 级，默认使用第 8 级，如图 3-11 所示。一般不必修改，如果在编译中出现一些问题，可以尝试降低优化级别。

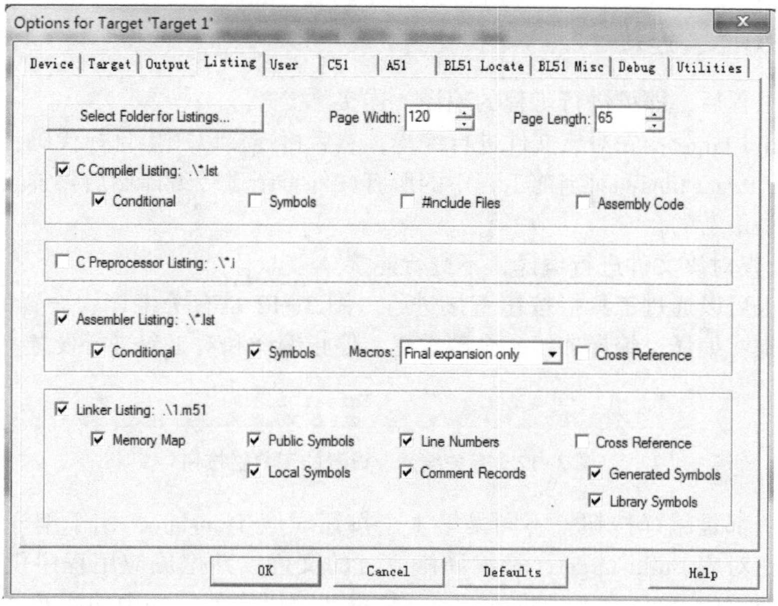

图 3-10　Listing 选项卡

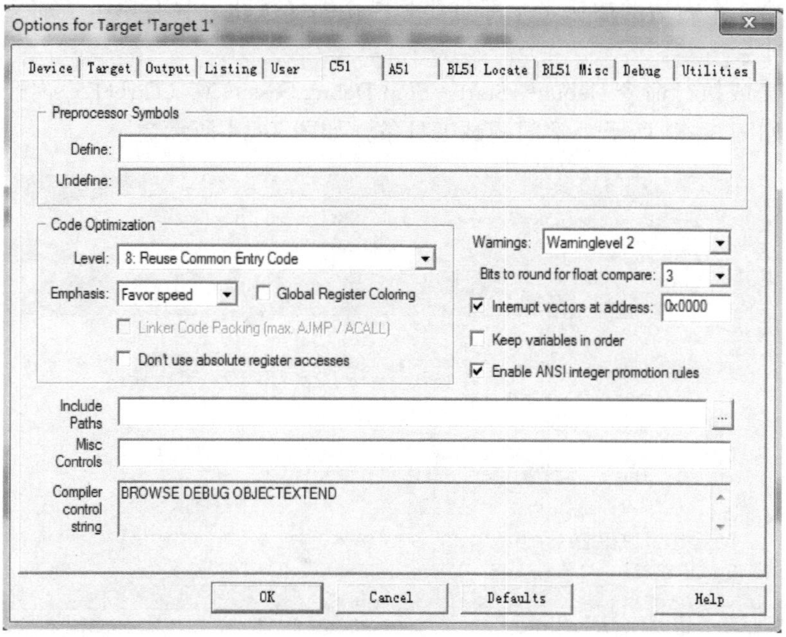

图 3-11　C51 选项卡

Emphasis 下拉列表框可以选择编译优先方式，其中有三个选项，第一项，代码量优化（最终生成的代码量小）；第二项，速度优先（最终生成的代码速度快）；第三项，默认值。默认的是速度优先，可根据需要更改。

设置完成后按确认按钮返回主界面，则工程文件建立、设置完毕。

3.1.3 工程编译、连接

在设置好工程后，即可进行工程的编译、连接。

Project/Build target：先对该文件进行编译，然后再连接以产生目标代码；

Rebuild All target files：对当前工程中的所有文件重新进行编译然后再连接，确保最终生成的目标代码是最新的。

Translate：仅对该文件进行编译，不进行连接。

以上操作也可以通过工具栏按钮直接进行。图 3-12 是有关编译、设置的工具栏按钮，从左到右分别是：编译、编译连接、全部重建、停止编译和对工程进行设置。

图 3-12　有关编译、设置的工具栏按钮

图中前三个都是编译按钮，不同是第 1 个按钮对应 Translate，用于编译正在操作的文件。第 2 个按钮对应 Build target，是编译修改过的文件，并生成应用程序供单片机直接下载。第 3 个按钮对应 Rebuild All target files，是重新编译当前工程中的所有文件，并生成应用程序，供单片机直接下载。因为很多工程不止一个文件，当有多个文件时，可使用此按钮进行编译。在第 3 个右边的按钮是全部重建和停止编译按钮，只有单击了前三个中的任意一个，停止按钮才会生效。

选择图标 ◎ 或执行命令 Debug→Start→Stop Debug Sessio 或〈Ctrl+F5〉，开始进行软件调试。调试窗口如图 3-13 所示。常用调试工具条，如图 3-14 所示。

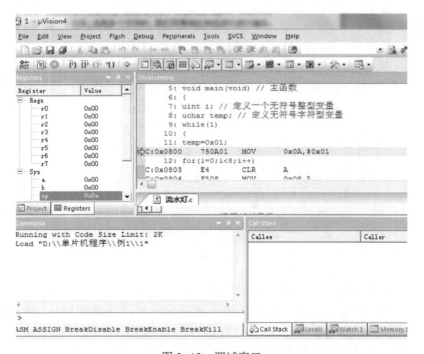

图 3-13　调试窗口

复位 全速运行 停止 单步 跳过 跳出 执行到光标处 汇编语言 变量观察 存储器 示波器

图 3-14　调试工具条

编译过程中的信息将出现在输出窗口中的 Build Output 窗口中，如果源程序中有语法错误，会有错误报告出现，双击该行，可以定位到出错的位置，对源程序反复修改之后，最终会提示获得了名为 Text1.hex 的文件，该文件即可被编程器读入并写到芯片中，同时还产生了一些其他相关的文件，可被用于 Keil 的仿真与调试，这时可以进入下一步调试的工作。

在图 3-15 中可以看到编译的错误信息和使用的系统资源情况等，以后要查错就靠它了。

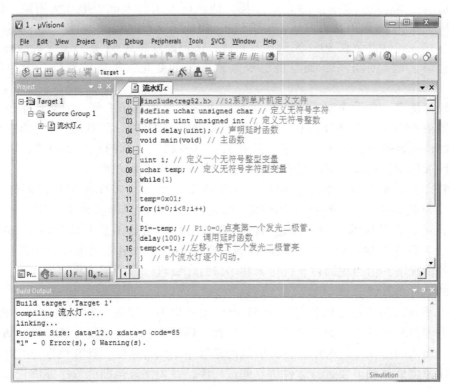

图 3-15　编译后的界面

其中 Build Output 中内容的含义是：

创建目标 "Target 1"

编译文件流水灯 .c...

链接...

程序大小：内部数据段 = 12.0　外部数据段 = 0　代码段 = 85

创建工程 1 的 HEX 文件...

工程 1 编译结果-0 个错误，0 个警告。

以上过程表示此工程成功通过编译。

注意在执行编译之前，要先保存文件，因为进行编译时，有时会导致计算机死机，使用户不得不重启计算机，若用户在编写一个很大的工程文件时，如没有及时保存，那么重启后，用户将找不到它的任何踪影，只得重写。虽然这种情况极少发生，但出于安全考虑，建议及时保存。

3.1.4　调试方法

一般来说，除了极少数简单的程序以外，绝大部分的程序都需要反复进行调试，几乎没有一次就能够编译正确的代码，使程序正确地执行的。真正可实现的代码都需要通过编译、烧写、调试的环节的，因此调试是单片机开发的重要环节，直接影响到产品的稳定性和开发周期。调试包括软件仿真、在线硬件仿真、串口打印三大手段。

软件仿真：很多编译器都包含调试环境，而调试环境都集成了单片机内核，像 Keil 开发环境集成了 8051 系列单片机内核、AVRStudio 集成了 AVR 单片机内核。就以 Keil 软件仿真为例，当其在线软件仿真 8051 系列单片机时，不但能够将 8051 系列单片机的所有寄存器的信息都能够实时显示出来，而且能够观察到变量的变化、程序的跳转、内存信息甚至更多。

在线硬件仿真：在国内 51 硬件仿真器比较著名的是伟福仿真器，但是价格昂贵。其他很多仿真器很难做到完全硬件仿真，往往会造成仿真时正常，而实际运行时出现错误的情况，更坏的情况就是仿真也不能通过，还有的仿真器属于简单的在线仿真型，例如速度不高、实时性或稳定性不好、对断点有限制等造成仿真起来不太方便。

串口打印：在单片机编程中，串口占了很重要的地位，传统的单片机调试都是通过串口打印信息的，连 Linux 的内核调试都是通过串口打印信息来实现的。串口打印是最基本的调试技巧，在软件编程中，在适当的位置调用打印信息函数 UARTPrintfString 来显示监视信息，当程序被执行时，用户就可以通过串口辅助软件来监视串口打印信息了。

一般的情况下，恰当地通过软件仿真和串口打印就可以得到正确稳定的代码，没有必要购买昂贵的硬件仿真器。

在 Keil 调试环境中已经内置了一个 51 内核用来模拟程序的执行，该仿真功能很强大，可以在没有硬件和硬件仿真器的情况下可以进行代码调试。有一点要注意，软件仿真和真实的硬件有所出入的是执行的时序，具体表现的是程序的执行速度，计算机性能越好，软件仿真运行程序速度就越快。要进行软件仿真调试程序，首先保证当前的程序能够正确地编译通过。当被正确地编译通过以后，选择菜单 Debug→Start→StopDebugSession 命令进入软件调试环境，显示界面会有明显的变化，并且多出寄存器监视窗口、内存监视窗口、变量监视窗口等，并弹出调试工具条，再次将它列出来，如图 3-16 所示。

图 3-16　调试工具条

各主要快捷按钮的功能见表 3-1。

表 3-1 快捷按钮的功能

快 捷 按 钮	说　明
	复位
	运行
	暂停
	单步
	过程单步
	运行的当前行
	下一状态
	打开跟踪
	观察跟踪
	反汇编窗口
	观察窗口
	代码作用范围分析
	串行口观察窗口
	内存监视窗口
	性能分析窗口
	工具按钮

　　学会程序调试，必须要理清单步执行和全速执行的概念。单步执行顾名思义就是程序执行一步后，等待用户操作执行下一步。全速执行就是程序执行一步后不需要用户操作继续执行下一步，直到检测到断点为止。一般来说，单步执行易于观察变量值的变化、寄存器值的变化和内存的变化等，而全速执行就可以知道程序是否正确，并且很快知道程序错在哪一个位置。

　　下面介绍程序调试的具体操作步骤。

1. 寄存器窗口

　　单击 View 菜单，打开寄存器监视窗口 Registers window，用于监视寄存器 R0 ~ R7 的变化，并提供监视 SP 堆栈指针、PC 程序计数器指针、PSW 程序状态字的变化。从之前介绍软件延时的章节可以通过监视 "sec" 来获得精准的定时，如图 3-17 所示。

2. 观察窗口

　　单击 快捷按钮，弹出观察窗口，它主要用于监视变量值的变化，如图 3-18 所示。

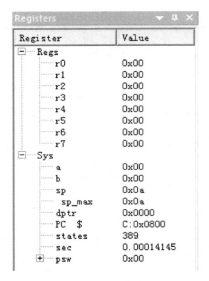

Registers
Register
Value
Regs
r0 0x00
r1 0x00
r2 0x00
r3 0x00
r4 0x00
r5 0x00
r6 0x00
r7 0x00
Sys
a 0x00
b 0x00
sp 0x0a
sp_max 0x0a
dptr 0x0000
PC $ C:0x0800
states 389
sec 0.00014145
psw 0x00

图 3-17　寄存器监视窗口

Locals
Name
Value
i 0x0000
temp 0x00

图 3-18　观察窗口

3. 反汇编窗口

单击快捷按钮，弹出反汇编窗口，它主要显示的是 C 语言代码被编译过后的汇编代码，如图 3-19 所示。

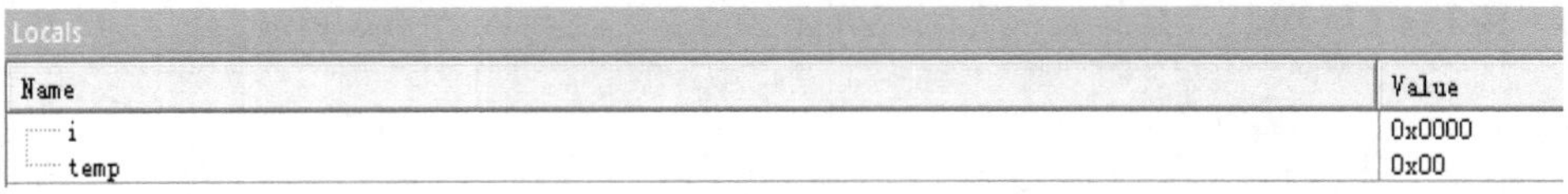

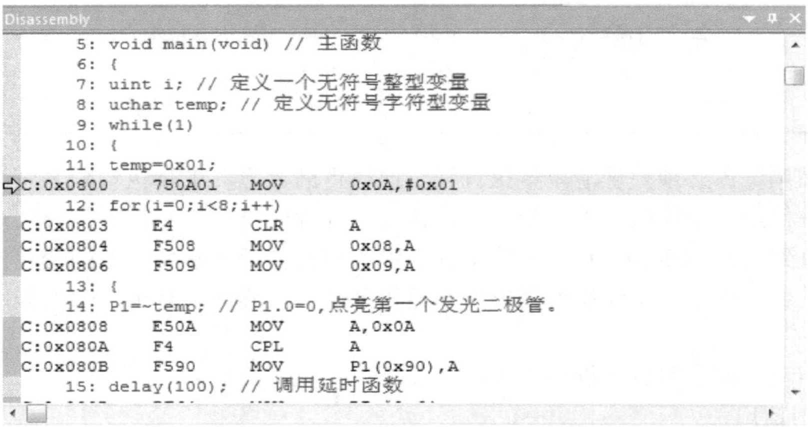

Disassembly
5: void main(void) // 主函数
6: {
7: uint i; // 定义一个无符号整型变量
8: uchar temp; // 定义无符号字符型变量
9: while(1)
10: {
11: temp=0x01;
C:0x0800 750A01 MOV 0x0A,#0x01
12: for(i=0;i<8;i++)
C:0x0803 E4 CLR A
C:0x0804 F508 MOV 0x08,A
C:0x0806 F509 MOV 0x09,A
13: {
14: P1=~temp; // P1.0=0,点亮第一个发光二极管。
C:0x0808 E50A MOV A,0x0A
C:0x080A F4 CPL A
C:0x080B F590 MOV P1(0x90),A
15: delay(100); // 调用延时函数

图 3-19　反汇编窗口

4. 外围设备窗口

单击 Periherals 菜单，选择相应的选项将会弹出以下的窗口，如图 3-20 ~ 图 3-23 所示。

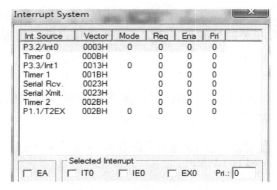

图 3-20　中断系统状态窗口

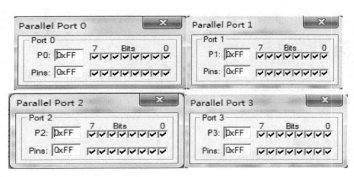

图 3-21　I/O 口状态窗口

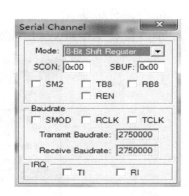

图 3-22　串行口状态窗口

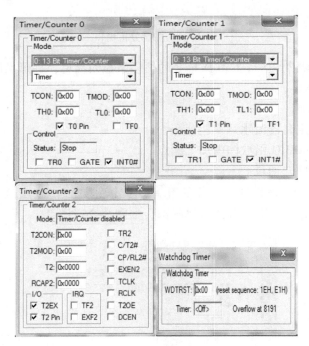

图 3-23　定时器状态窗口

由于 Keil 的软件仿真环境内建了 51 内核，能够显示单片机所有资源的状态，所以用户软件仿真时，一定要打开相关的外围设备窗口，这样就可以完全模拟真实的单片机各个周边设备是如何变化的。

5. 串行口打印窗口

单击 快捷按钮，弹出串行口打印窗口，这里只要串口函数能正常执行，打印信息时就可以通过该串行口打印窗口来显示，如图 3-24 所示。

图 3-24　串行口打印窗口

6. 性能分析器

单击 快捷按钮，弹出性能分析窗口，如图 3-25 所示。

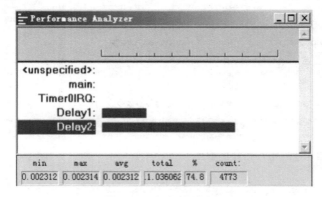

图 3-25　性能分析窗口

从图 3-25 可以看出，Delay1 和 Delay2 的柱形条显而易见，柱形条越长就表示该函数占用 CPU 的时间越长。

7. 中断有效性检测

示例检测代码为定时器流水灯实验代码。

第一步：在 Timer0IRQ 函数体内加上断点。

第二步：编译程序并通过。

单击 快捷按钮进入调试模式，并单击 快捷按钮让程序全速执行，若中断有效，则程序会执行到 Timer0IRQ 中断服务函数体内部，如图 3-26 所示。

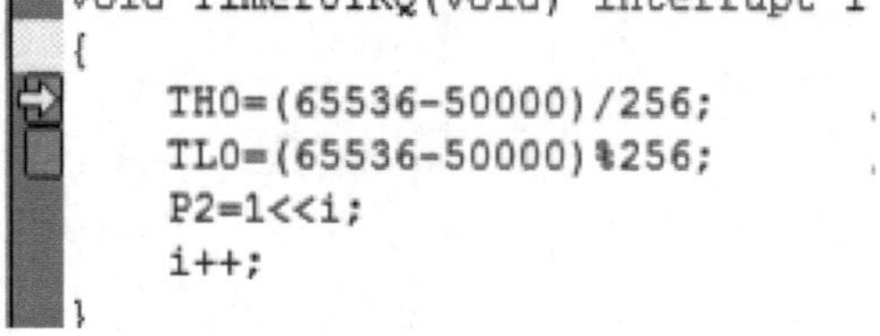

```
void Timer0IRQ(void) interrupt 1
{
    TH0=(65536-50000)/256;
    TL0=(65536-50000)%256;
    P2=1<<i;
    i++;
}
```

图 3-26　程序执行到中断服务函数体内部

8. 硬件调试方法

1）硬件电路如果有发光二极管的话，可以在代码中加入内容以点亮发光二极管，用于验证代码是否执行到此处。比如，调用某个函数时，是否调用成功，可以在进入函数的开头，加入内容以点亮发光二极管。

2）电路如果有数码管的话，可以在代码中加入内容使数码管显示0~9，用于验证某一变量的输出值是否和预期的一样。

3）添加断点：如果用汇编语言的话，可以在程序中加入SJMP $，程序运行至此处就停止了，用于验证某一段代码是否和预期的一样。

3.2 ISP 在线烧录

3.2.1 ISP 下载线接口

AVR 和 ATMEL 的 AT89S 系列单片机可以使用 ISP 下载线在线编程擦写，不需要将 IC 芯片拆下，直接在电路板上进行程序修改、下载等操作，如图 3-27 所示为 DC3-10P 插座与单片机的连接方法。

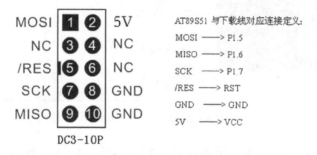

图 3-27　DC3-10P 插座与单片机的连接方法

USB 接口的下载线如图 3-28 所示。具体使用时，ISP 下载线一端通过 USB 口连接计算机，另一端通过 DC3-10P 插座连接单片机板，即可实现程序的在线下载。

图 3-28　USB 接口的 ISP 下载线

3.2.2 驱动程序安装

把下载器插上 USB 接口，计算机就会发现新硬件，如图 3-29 所示。

图 3-29　发现 USBasp

出现安装新硬件向导的时候选择"否，暂时不"，因为要手动安装驱动，如图 3-30 所示。

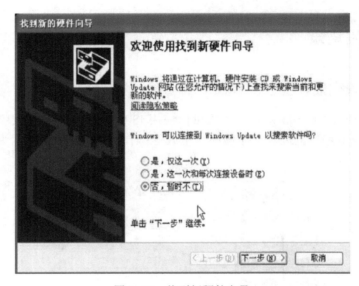

图 3-30　找到新硬件向导

然后单击下一步，在下个窗口中选择"从列表或指定位置安装"，自己手动寻找驱动，如图 3-31 所示。

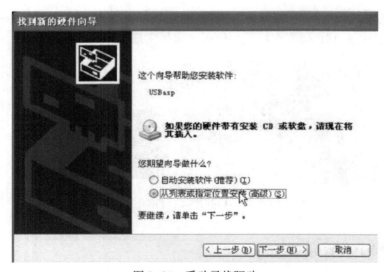

图 3-31　手动寻找驱动

再单击下一步，单击浏览按钮，如图 3-32 所示。

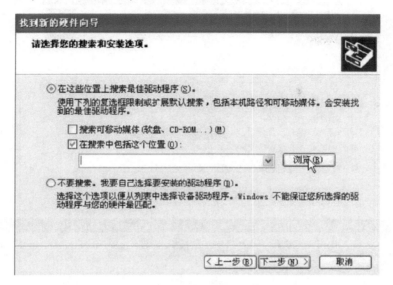

图 3-32　选择您的搜索和安装选项

找到压缩包解压出来的文件地址，如图 3-33 所示。

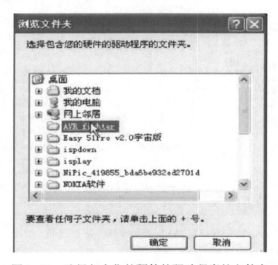

图 3-33　选择包含您的硬件的驱动程序的文件夹

　　然后单击确定按钮，再单击下一步，可看到文件复制进度，如图 3-34 所示，就完成了驱动的安装了，在设备管理器上应该能看到 USBASP 设备。

　　ISP 下载软件一般和下载线配套，按照图 3-28 所示的下载线接口，可使用 AVR_fighter 软件下载程序，该软件无须安装。双击 AVR_fighter. exe AVR_fighter.exe应用程序即可进入该软件。

　　AVR_fighter 软件运行界面如图 3-35 所示。

图 3-34 安装驱动程序

图 3-35 AVR_fighter 软件运行界面

程序烧写步骤如下所示:

1) 首先进行"芯片选择",选择需要烧写程序的芯片类型,如 AT89S52 等。

2) 单击"擦除"按钮,擦除芯片原有程序。

3) 单击"FLASH"按钮,选择需要烧写的 Text.hex 文件。如图 3-36 所示。

4) 单击"编程"按钮,烧写程序。若芯片未插入,或连接线不可靠,会弹出进入编程模式失败对话框,如图 3-37 所示,此时应检查 ISP 下载线及单片机芯片型号是否正确。

若烧写成功,在运行窗口中会提示编程结束的信息,如图 3-38 所示。

图 3-36 选择需要烧写的 Text. hex 文件

图 3-37 进入编程模式失败对话框

图 3-38 烧写程序成功提示信息

3.3　实例程序解析

下面我们将对实例 3-1 的程序进行详细说明。

3.3.1　reg52.h 及其他头文件

在代码中引用头文件，其实际意义就是将头文件中的全部内容放到引用头文件的位置处，免去每次编写同类程序都要将头文件的语句重复填写。将鼠标移到 reg52.h 上，单击右键，选择 Open document <reg52.h>选项，即可打开该头文件，如图 3-39 和 3-40 所示。以后要打开工程中的其他头文件，也可采用这种方式。

图 3-39　打开头文件的方法

图 3-40　头文件的内容

其全部内容如下：

```
/ * --------------------------------------------------------------------
REG52. H
Header file for generic 80C52 and 80C32 microcontroller.
Copyright ( c ) 1988 -2002 Keil Elektronik GmbH and Keil Software, Inc.
All rights reserved. ----------------------------------------- * /
#ifndef __REG52_H__
#define __REG52_H__
/ *    BYTE Registers    * /
sfr P0        = 0x80;
sfr P1        = 0x90;
sfr P2        = 0xA0;
sfr P3        = 0xB0;
sfr PSW       = 0xD0;
sfr ACC       = 0xE0;
sfr B         = 0xF0;
sfr SP        = 0x81;
sfr DPL       = 0x82;
sfr DPH       = 0x83;
sfr PCON      = 0x87;
sfr TCON      = 0x88;
sfr TMOD      = 0x89;
sfr TL0       = 0x8A;
sfr TL1       = 0x8B;
sfr TH0       = 0x8C;
sfr TH1       = 0x8D;
sfr IE        = 0xA8;
sfr IP        = 0xB8;
sfr SCON      = 0x98;
sfr SBUF      = 0x99;
/ *    8052 Extensions    * /
sfr T2CON     = 0xC8;
sfr RCAP2L    = 0xCA;
sfr RCAP2H    = 0xCB;
sfr TL2       = 0xCC;
sfr TH2       = 0xCD;
/ *    BIT Registers    * /
/ *    PSW    * /
sbit CY       = PSW^7;
sbit AC       = PSW^6;
sbit F0       = PSW^5;
sbit RS1      = PSW^4;
```

```
sbit RS0        = PSW^3;
sbit OV         = PSW^2;
sbit P          = PSW^0;  //8052 only
/ *   TCON   * /
sbit TF1        = TCON^7;
sbit TR1        = TCON^6;
sbit TF0        = TCON^5;
sbit TR0        = TCON^4;
sbit IE1        = TCON^3;
sbit IT1        = TCON^2;
sbit IE0        = TCON^1;
sbit IT0        = TCON^0;
/ *   IE   * /
sbit EA         = IE^7;
sbit ET2        = IE^5;  //8052 only
sbit ES         = IE^4;
sbit ET1        = IE^3;
sbit EX1        = IE^2;
sbit ET0        = IE^1;
sbit EX0        = IE^0;
/ *   IP   * /
sbit PT2        = IP^5;
sbit PS         = IP^4;
sbit PT1        = IP^3;
sbit PX1        = IP^2;
sbit PT0        = IP^1;
sbit PX0        = IP^0;
/ *   P3   * /
sbit RD         = P3^7;
sbit WR         = P3^6;
sbit T1         = P3^5;
sbit T0         = P3^4;
sbit INT1       = P3^3;
sbit INT0       = P3^2;
sbit TXD        = P3^1;
sbit RXD        = P3^0;
/ *   SCON   * /
sbit SM0        = SCON^7;
sbit SM1        = SCON^6;
sbit SM2        = SCON^5;
sbit REN        = SCON^4;
sbit TB8        = SCON^3;
sbit RB8        = SCON^2;
```

```
sbit TI          = SCON^1；
sbit RI          = SCON^0；
/*   P1   */
sbit T2EX        = P1^1；// 8052 only
sbit T2          = P1^0；// 8052 only
 *   T2CON   */
sbit TF2         = T2CON^7；
sbit EXF2        = T2CON^6；
sbit RCLK        = T2CON^5；
sbit TCLK        = T2CON^4；
sbit EXEN2       = T2CON^3；
sbit TR2         = T2CON^2；
sbit C_T2        = T2CON^1；
sbit CP_RL2      = T2CON^0；
#endif
```

从上面代码可以看出，该头文件定义了 52 单片机内部所有的功能寄存器，用到了 sfr 和 sbit 两个关键字，如"sfr P0 = 0x80；"语句的意义是，把单片机内部地址 0x80 处的寄存器重新起名叫 P0，就相当于对单片机内部的 0x80 地址处的寄存器进行操作。也就是通过 sfr 这个关键字，让 Keil 编译器在单片机与人之间搭建一条可以进行沟通的桥梁。用户操作的是 P0 口，而单片机不知道什么是 P0 口，但它知道 P0 口的内部地址 0x80。以后凡是编写 51 内核单片机程序时，在源代码的第一行就可直接包含该头文件。

在程序中还可以看到，"sbit CY = PSW^7；"语句的意思是，将 PSW 这个寄存器的最高位，重新命名为 CY，以后要单独操作 PSW 寄存器的最高位时，便可直接操作 CY，其他类同。

C51 通常还有 reg51. h、math. h、intrins. h、absacc. h、stdio. h、stdlib. h、ctype. h 等头文件。其中 reg51. h 和 reg52. h 头文件一样，都是定义特殊功能寄存器和位寄存器的，它们中大部分内容是一样的，52 单片机比 51 单片机多一个定时器 T2，因此，reg52. h 中就比 reg51. h 中多了几行定义 T2 寄存器的内容。math. h 是定义数学运算的，求方根、正余弦、绝对值等，该头文件中包含各种数学运算函数，当需要使用时可以直接调用它的内部函数。intrins. h 是固有函数头文件。absacc. h 可以访问特殊功能寄存器。stdio. h 是动态内存分配函数头文件。stdlib. h 是标准库文件函数头文件。

3.3.2　C 语言中注释的写法

下面再回到编辑界面，能看到紧接着头文件后面有注释"//……"。

在 C 语言中，注释有两种写法：

1）//……，两个斜杠后面跟着的为注释语句。这种写法只能注释一行，当换行时，又必须在新行上重新写两个斜扛。

2）/*...*/，斜扛与星号结合使用，这种写法可以注释任意行，即斜扛星号与星号斜扛之间的所有文字都作为注释。

所有注释都不参与程序编译，编译器在编译过程会自动删去注释，注释的目的是为了读程序方便，一般在编写较大的程序时，分段加入注释，这样回过头来再次读程序时，因为有了注释，其代码的意义便一目了然了。若无注释，我们将会特别费力地将程序重新阅读一遍方可知道代码含义。养成良好的书写代码格式的习惯，经常为自己编写的代码加入注释，以后定能方便许多。

如：

```
#define uchar unsigned char        // 定义无符号字符
#define uint unsigned int          // 定义无符号整数
uint i;                            // 定义一个无符号整型变量
uchar temp;                        // 定义无符号字符型变量
void delay(uint);                  // 声明延时函数
void delay(uint t);                // 定义延时函数
delay(100);                        // 调用延时函数
```

3.3.3 main( )主函数的写法

程序中的核心内容主函数 main( )，无论一个单片机程序有多大或多小，所有的单片机在运行程序时，总是从主函数开始运行，关于主函数的写法，下面简要介绍。

格式：void main( )

注意：后面没有分号。

特点：无返回值，无参数。

无返回值表示该函数执行完后不返回任何值，上面 main 前面的 void 表示"空"，即不返回值的意思，后面会讲到有返回值的函数，到时大家一对比便会更加明白。

无参数表示该函数不带任何参数，即 main 后面的括号中没有任何参数，只写"( )"就可以了，也可以在括号里写上 void，表示"空"的意思，如 void main(void)。

任何一个单片机 C 程序有且仅有一个 main 函数，它是整个程序开始执行的入口。大家注意看，在写完 main( ) 之后，在下面有两个花括号，这是 C 语言中函数写法的基本要求之一，即在一个函数中，所有的代码都写在这个函数的两个大括号内，每条语句结束后都要加上分号，语句与语言之间可以用空格或〈Enter〉键隔开。

例如：

```
void main( )
{
总程序从这里开始执行；
其他语句；
……
}
```

接下来看到以下语句：

```
while(1)
{
temp = 0x01;                  //将 temp 赋值为 0000 0001
```

```
for(i=0;i<8;i++)
{
P2 = ~ temp;              // P2.0 = 0,点亮第一个发光二极管
delay(100);              // 调用延时函数
temp<<=1;                // 左移,点亮下一个发光二极管
}                        // 8 个流水灯逐个闪动
}
```

以上语句是该程序中最核心的部分,其中:

```
while(1)
{
……
}
```

表示循环执行大括号里边的语句。

下面看下两句:

```
temp = 0x01;
P2 = ~ temp;
```

temp = 0x01 的含义是将 temp 赋值为 0000 0001,P2 = ~ temp 的含义是将 temp 逐位取反后把值赋 P2 口。在数字电路中,电平只有两种状态:高电平:1;低电平:0。显然,当执行 for(i = 0;i<8;i++)语句的第一轮 i 第一次赋值 i = 0 时,该语句的意思是,P2 = 11111110,即让 P2 口的最低位清 0。由于没有操作其他口,所以其余口均保持原来状态不变。假设 P2 口对应的八个引脚均连接发光二极管,那么当 P2 口的最低位清 0 时,板上的第一个发光二极管就会亮。

temp<<=1 的含义是将 temp 左移 1 位,当执行 for(i = 0;i<8;i++)语句的第一轮 i 第二次赋值 i = 1 时,temp = 00000010,P2 = 11111101,板上的第二个发光二极管被点亮。当执行 for(i = 0;i<8;i++)语句的第一轮 i 第三次赋值 i = 2 时,temp = 00000100,P2 = 11111011,板上的第三个发光二极管被点亮。当执行 for(i = 0;i<8;i++)语句的第一轮 i 第三次赋值 i = 3 时,temp = 00001000,P2 = 11110111,板上的第四个发光二极管亮。……当执行 for(i = 0;i<8;i++)语句的第一轮 i 第七次赋值 i = 7 时,temp = 10000000,P2 = 01111111,板上的第八个发光二极管被点亮。此时 i<8,for(i = 0;i<8;i++)语句的第一轮循环结束,完成了一次八个发光二极管的循环点亮。

图 3-1 电路中,除单片机外,还有电阻和发光二极管。发光二极管具有单向导电性,通过 5mA 左右电流即可发光,电流越大,其亮度越强,但若电流过大,会烧毁二极管,一般控制在 3~20 mA 之间。在这里,给发光二极管串联一个电阻的目的就是为了限制通过发光二极管的电流不要太大,因此这个电阻又称为"限流电阻"。当发光二极管发光时,测量它两端电压约为 1.7 V,这个电压又称为发光二极管的"导通压降"。发光二极管正极又称阳极,负极又称阴极,电流只能从阳极流向阴极。关于电阻大小的选择:根据欧姆定律,当发光二极管正常导通时,其两端电压约为 1.7 V。发光二极管的阳极为 VCC,阴极串接一电阻,电阻的另一端为低电平,即 0 V。本例中,电阻选择 1 kΩ,其电流为(5-1.7)V/1 kΩ =

3.3 mA。

【例3-2】编写一个完整的使点亮第8个发光二极管的程序。

```
#include<reg52. h>
Void main( )
{
P1 = 0X7F;
While( 1) ;
}
```

思考与练习

1-1　怎样新建一个完整的项目？

1-2　怎样查看程序中变量的值？

1-3　在 Keil 软件中，怎样查看程序存储器、内部数据存储器和外部数据存储器的值？

1-4　怎样在程序中设置断点？

第 4 章　Proteus 软件入门

Proteus 软件功能强大，构建单片机硬件系统时，通过该软件能够选择正确的仿真测试仪器进行观察，并且在程序加载到单片机 CPU 后台时，还能选择正确的方式进行仿真调试。它可以直接在原理图上仿真，不用生成 PCB，不怕反复使用导致实验面板报废。下面就来了解一下 Proteus 软件。

4.1　Proteus 软件介绍

Proteus 软件是由英国 Lab Center Electronics 公司开发的 EDA 工具软件，已有 20 余年的历史。它是目前世界上先进、完整的多种型号微处理器系统的设计与仿真平台，真正实现了在计算机中完成电路原理图设计、电路分析与仿真、微处理器程序设计与仿真、系统测试与功能验证到形成印制电路板的完整电子设计、研发过程。它可以从原理图布图、代码调试到单片机与外围电路进行协同仿真，一键切换到 PCB 设计，实现了从概念到产品的完整设计。目前该软件已受到单片机爱好者、从事单片机教学的教师和致力于单片机开发应用的科技工作者的青睐。

1. Proteus 软件的组成

Proteus 软件由 6 部分组成，如图 4-1 所示。其中原理图系统 ISIS 主要完成电路原理图设计和交互仿真，布线编辑 ARES 主要用于 PCB（印制电路板）设计，生成 PCB 文件。Proteus 组合了高级原理图布线、混合模式 SPICE 仿真，PCB 设计以及自动布线功能，从而实现了一个完整的电子设计系统。

图 4-1　Proteus 的组成

2. Proteus 软件的特点

1）实时电路仿真。用户可以实时仿真诸如 RAM、ROM、键盘、电机、LED、LCD、A-D、D-A、部分 SPI 器件、部分 IIC 器件等。

2）仿真处理器及其外围电路。Proteus 软件可以仿真 51 系列、AVR、PIC、ARM 等常用主流单片机，还可以直接在基于原理图的虚拟原型上编程，再配合显示及输出，能看到运行后输入输出的效果。配合系统配置的虚拟逻辑分析仪、示波器等，Proteus 建立了完备的电子设计开发环境。

3. 基于 Proteus 软件产品开发流程

开发流程如图 4-2 所示：

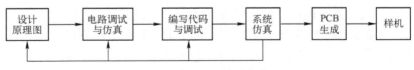

图 4-2　Proteus 的开发流程

基于 Proteus 产品设计具有如下优点：

1）完成原理图设计之后就可以进行电路调试与仿真；

2）交互式仿真特性使得软件的调试与测试能在设计电路板之前完成；硬件设计的改动如同软件设计改动一样简单。

3）设计者可以从 Proteus 原理图库中调用所需库元件，然后通过适当连线即可初步完成设计。单片机内可通过单击单片机芯片加入已编译好的十六进制程序文件，然后运行仿真即可。

4. 仿真方式与虚拟仪器

Proteus 软件的 ISIS 原理图设计界面同时还支持电路仿真模式 VSM（虚拟仿真模式）。当电路元件在调用时，选用具有动画演示功能的器件或具有仿真模型的器件，当电路连接完成无误后，直接运行仿真，即可实现声、光、动画等逼真的效果，以检验电路硬件及软件设计的对错，非常直观。Proteus VSM 有两种不同的仿真方式：交互式仿真和基于图表的仿真。

交互式仿真（IPS）可以实时直观地反映电路设计的仿真结果。

基于图表的仿真（ASF）用来精确分析电路的各种性能，如频率特性、噪声特性等。这依赖于 Proteus 提供的各种功能强大的虚拟仪器。图 4-3 是 "基于 DAC0832 的锯齿波发生器" 的设计，用虚拟示波器 oscilloscope 观察输出锯齿波波形。

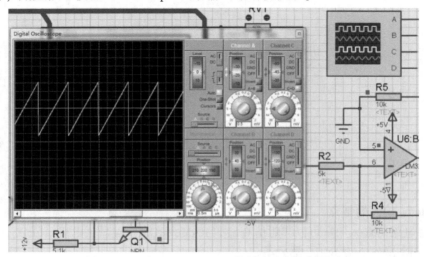

图 4-3　一个基于 DAC0832 的锯齿波发生器设计

Proteus VSM 中的整个电路分析是在 ISIS 原理图设计模块下延续下来的，原理图中可以包含以下仿真工具：

探针——直接布置在线路上，用于采集和测量电压/电流信号；

电路激励——系统的多种激励信号源，如图 4-4 所示；

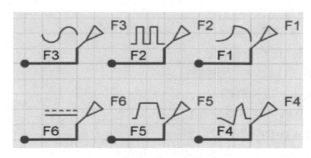

图 4-4　各种激励源

虚拟仪器——用于观测电路的运行状况，其中四通道数字示波器界面如图 4-5 所示；

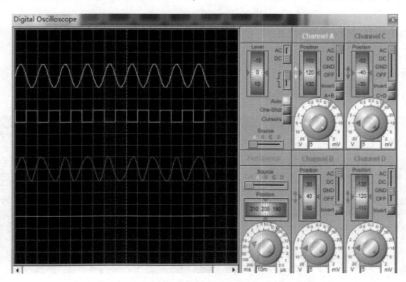

图 4-5　四通道数字示波器

曲线图表——用于分析电路的参数指标。

其仿真工具具体功能介绍如下：

（1）仿真工具——激励源

DC：直流电压源；

Sine：正弦波发生器；

Pulse：脉冲发生器；

Exp：指数脉冲发生器；

SFFM：单频率调频波信号发生器；

Pwlin：任意分段线性脉冲信号发生器；

File：文件信号发生器，数据来源于 ASCII 文件；

Audio：音频信号发生器，数据来源于 wav 文件；

DState：单稳态逻辑电平发生器；

DEdge：单边沿信号发生器；

DPulse：单周期数字脉冲发生器。

（2）仿真工具——虚拟仪器

OSCILLOSCOPE：虚拟示波器；

LOGIC ANALYSER：逻辑分析仪；

COUNTER TIMER：计数器、定时器；

VIRUAL TERMINAL：虚拟终端；

SIGNAL GENERATOR：信号发生器；

PATTERN GENERATOR：模式发生器；

AC/DC voltmeters/ammeters：交直流电压表和电流表；

SPI DEBUGGER：SPI 调试器；

I2C DEBUGGER：I2C 调试器。

4.2　Proteus 7 Professional 界面简介

单击桌面图标，或者单击计算机的"开始"，双击程序目录 Proteus 7 Professional/ISIS 7 Professional 的图标，出现如图 4-6 所示的启动界面。

图 4-6　Proteus 7 启动页面

Proteus ISIS 的工作界面是一种标准的 Windows 界面，如图 4-7 所示。

为了方便介绍，分别对窗口内各部分进行中文说明（如图 4-7 所示）。下面简单介绍各部分的功能：

1）原理图编辑窗口（The Editing Window）：用来绘制原理图，蓝色方框内为可编辑区，元件要放到里面。这个窗口没有滚动条，可用预览窗口来改变原理图的可视范围。

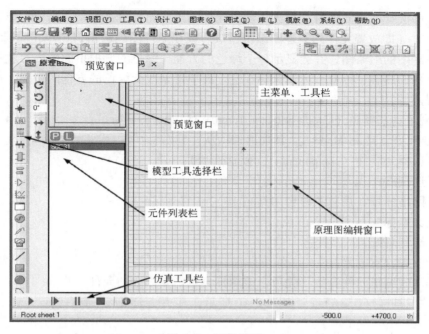

图 4-7　工作界面

2) 预览窗口（The Overview Window）：如图 4-8 所示，它可显示两个内容，一个是：当

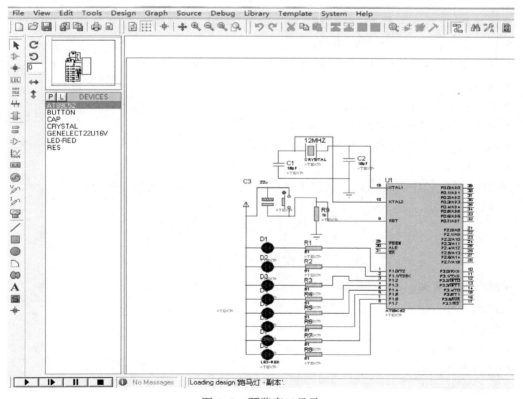

图 4-8　预览窗口显示

在元件列表中选择一个元件时，它会显示该元件的预览图；另一个是，当鼠标焦点落在原理图编辑窗口时（即放置元件到原理图编辑窗口后或在原理图编辑窗口中单击鼠标后），它会显示整张原理图的缩略图，并会显示一个绿色的方框，绿色的方框里面的内容就是当前原理图窗口中显示的内容，因此，可用鼠标在它上面单击来改变绿色的方框的位置，从而改变原理图的可视范围。

3）模型工具选择栏（Mode Selector Toolbar），如图 4-9 所示：

① 主要模型（Main Modes），其功能选项从左到右为：

- 查找选择元器件（components）（默认选项）；
- 放置连接点；
- 放置网络标号（用总线时会用到）；
- 放置文本标注；
- 用于绘制总线；
- 用于放置分支电路；
- 用于即时编辑元件参数（先单击该图标再单击要修改的元件）。

② 配件工具栏（Gadgets），如图 4-10 所示，其功能选项从左到右为：

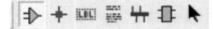

图 4-9　模型选择工具栏 　　　　　　　图 4-10　配件工具栏

- 终端接口（terminals）：有电源、地、输出、输入等接口；
- 器件引脚：用于绘制各种引脚；
- 仿真图表（graph）：用于各种分析，如 Noise Analysis；
- 录音机；
- 信号发生器（generators）；
- 电压探针：使用仿真图表测量电压时要用到；
- 电流探针：使用仿真图表测量电流时要用到；
- 虚拟仪表：包括示波器等。

③ 2D 图形（2D Graphics），如图 4-11 所示，其功能选项从左到右为：

图 4-11　2D 图形

- 绘制各种直线；
- 绘制各种方框；
- 绘制各种圆；
- 绘制各种圆弧；
- 绘制各种多边形；
- 绘制各种文本；
- 绘制符号；

●绘制原点等。

4）元件列表栏（The Object Selector）：用于挑选元件（components）、终端接口（terminals）、信号发生器（generators）、仿真图表（graph）等。如选择"元件（components）"，单击"P"按钮会打开挑选元件对话框，选择了一个元件后（单击"OK"按钮后），该元件会在元件列表中显示，以后要用到该元件时，只需在元件列表中选择即可。

5）方向工具栏（Orientation Toolbar）：

旋转： C Ɔ 0 旋转角度只能是 90 的整数倍。

翻转： ↔ ↕ 完成水平翻转和垂直翻转。使用方法：先右键单击元件，再单击（左击）相应的旋转图标

6）仿真工具栏，如图 4-12 所示：

图 4-12 仿真工具栏

仿真工具栏功能从左至右分别为：运行、单步运行、暂停和停止。

7）主菜单名称和下一级菜单内容，见表 4-1。

表 4-1 主菜单名称和下一级菜单内容

菜单图标	菜单名称	下一级菜单内容
File	文件菜单	新建、加载、保存、打印等文件操作
View	浏览菜单	图纸网络设置、快捷工具选项、图纸的放置缩小等操作
Edit	编辑菜单	编辑取消、剪切、复制、粘贴、器件清理等操作
Library	库操作菜单	器件封装、库编辑、库管理等操作
Tools	工具菜单	实时标注、自动布线、网络表生成，电器规则检查、材料清单生成等
Design	设计菜单	设置属性编辑、添加和删除图纸、电源配置等
Graph	图形菜单	传输特性、频率特性分析菜单，编辑图形，添加曲线，分析运行等
Source	源文件菜单	选择可编程器件的源文件、编译工具、外部编辑器、建立目标文件等
Debug	调试菜单	启动调试、复位显示窗口等
Template	模板菜单	设置模板格式、加载模板等
System	系统菜单	设置运行环境、系统信息、文件路径等
Help	帮助菜单	打开帮助文件、设计实例、版本信息等

4.3 操作简介

4.3.1 绘制原理图

绘制原理图要在原理图编辑窗口中的蓝色方框内完成。原理图编辑窗口的操作是不同于常用的 Windows 应用程序的，正确的操作是：单击鼠标左键放置元件；右键选择元件；双击右键删除元件；右键拖选多个元件；先单击右键后单击鼠标左键编辑元件属

性；按住左键拖动元件；连线用左键，删除用右键；改连接线时：先右击连线，再左键拖动；中键缩放原理图。

1. 绘制导线

Proteus 的智能化可以在用户想要绘制线的时候进行自动检测。当鼠标的指针靠近一个对象的连接点时，鼠标的指针就会出现一个红色小方框，鼠标左键单击元器件的连接点，移动鼠标时粉红色的连接线变成了深绿色，如图 4-13 所示。如果想让软件自动设计出线路径，只需左击另一个连接点即可。这就是 Proteus 的线路自动路径功能（简称 WAR），如果只是在两个连接点用鼠标左击，WAR 将选择一个合适的线径，图 4-14 给出的跑马灯原理图即使用了此功能。

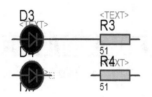

图 4-13　绘制导线图

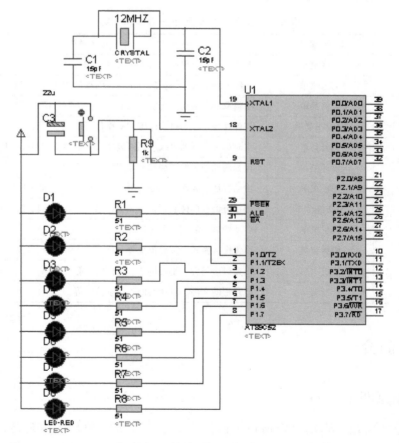

图 4-14　跑马灯原理图

2. 绘制总线

为了简化原理图，可以用一条导线代表数条并行的导线，这就是所谓的总线单击工具箱的总线按钮，使之处于选中状态，即可在编辑窗口绘制总线。

将鼠标置于图形编辑窗口，单击鼠标左键，确定总线的起始位置；移动鼠标，找到总线的终了位置，单击鼠标左键，再单击鼠标右键，以表示确认并结束绘制总线操作。如图 4-15 为绘制总线。

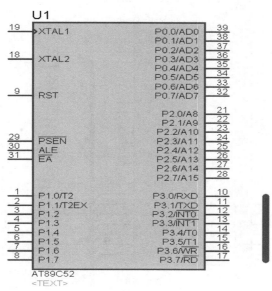

图 4-15　绘制总线

3. 绘制总线分支线

单击工具的按钮，绘制总线分支线，它是用来连接总线和元器件引脚的。绘制总线的时候为了和一般的导线区分，一般采用绘制斜线来表示分支线，但是这时如果 WAR 功能不能处于自动连线模式，需要把 WAR 功能关闭，在主菜单 Tools 下鼠标左键单击 WAR，绘制线恢复自由模式。绘制好分支线还需要给分支线起个名字。右键单击分支线选中它，接着左键单击选中的分支线就会出现分支线编辑对话框，如图 4-16 左图放置线标所示，选中 Place Wire Lable 或者选中图 4-16 工具栏按钮，出现 Edit Wire Lable 对话框，如图 4-17 编辑线标所示。

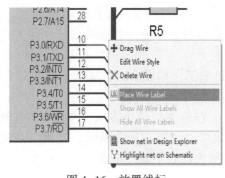

图 4-16　放置线标

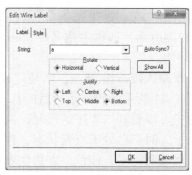

图 4-17　编辑线标

在总线与支线的绘图中，连接在一起的同端 Wire Label 是一样的，在图总线支线画法中，成对出现的 Wire Label 都是同端，如图 4-18 所示。放置元件时要注意所放置的元件应放到蓝色方框内，如果不小心放到外面，由于在外面鼠标无法使用，要用到菜单"Edit"→"Tidy"清除命令，方法很简单只需单击"Tidy"按钮即可。

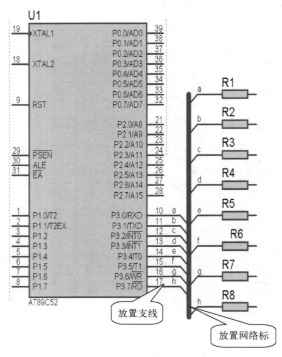

图 4-18　总线支线画法

定制自己的元件：有三个实现途径，一是用 Proteus VSM SDK 开发仿真模型，并制作元件；另一个是在已有的元件基础上进行改造，比如把元件改为 bus 接口的；还有一个是利用已制作好的元件，可以到网上下载一些新元件并把它们添加到自己的元件库里面。由于PROTEUS VSM SDK 的方法比较复杂，对于初学者后两种途径比较容易实施。

4.3.2　注入和调试程序

右键单击 CPU，程序注入如图 4-19 左侧所示，单击 Progam File 的文件夹，出现如图 4-19 右侧所示，选择"跑马灯.hex"文件，单击打开，此时将跑马灯程序注入到了单片机的 CPU 中。

单击程序执行按钮 ▶ ，跑马灯程序运转起来了，如图 4-20 所示为程序运行前的状态，如图 4-21 所示为程序运行后的状态。

在图中可以看到当程序运行时，发光二极管的左侧为红色小方块，电阻 R1 右侧为蓝色的小方块，此时灯已处于点亮状态，调整 R1 的值可以调整发光二极管的亮度。在运行中红色小方块代表高电平，蓝色小方块代表低电平，灰色代表不确定电平（floating）。

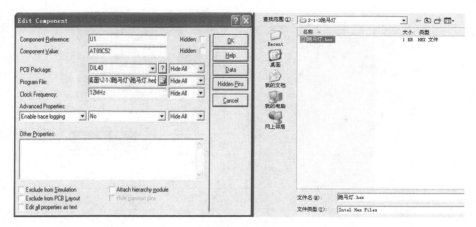

图 4-19　程序注入

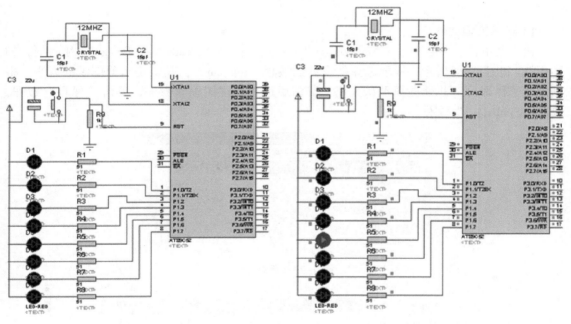

图 4-20　程序运行前　　　　　　　　图 4-21　程序运行后

4.4　51 单片机的仿真实例

现在搭建一个单片机系统，其功能是：用 51 单片机的计数器测量外部频率源的频率，并把频率值显示在 LCD1602 液晶屏上。借例此来说明构建原理图、基本虚拟仪表的使用以及 Proteus 与 Keil4 进行软件联调。仿真文件、程序等文档在资料包"实例"的"MCS-51单片机的仿真实例"文件夹中。运行效果图如图 4-22 所示。

由于一个仿真工程包含数个不同格式的文件，一般把一个工程放在单独的文件夹中以便工程的管理，此处新建文件夹"SimProj"。

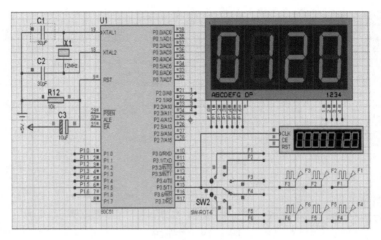

图 4-22　运行效果图

1．新建工程文件

执行菜单栏"File"→"New Design"命令，弹出"Create New Design"对话框，如图 4-23 和图 4-24 所示，提示选择新设计的模板"template"，其实是选择图纸的大小，根据需要选择即可，此处选择默认大小。确认后进入原理图编辑界面，单击"保存"按钮，放在"SimProj_1"文件中。

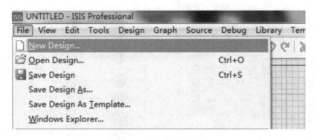

图 4-23　新建设计

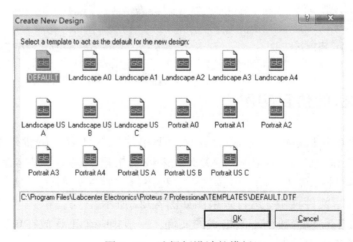

图 4-24　选择新设计的模板

2. 拾取元器件

需要首先说明的是 Proteus 的元器件管理和使用方式。和 Protel 一样，Proteus 也是采用了"元器件库"的概念来组织所有的元器件。只要打开相应的元件库（Proteus 中称"类"即 Category）和子库（Proteus 中称"子类"即 Sub-Category），在元件列表中选择符合自己要求的元器件即可。与 Protel 不同的是，Proteus 会在"原理图编辑窗口"左侧提供一个"元件列表"栏，只要用户使用过的元器件都会在此列表中显示，方便用户再次选用。

例子会用到的元器件列表见表 4-2：

表 4-2　本例用到的元器件列表

设　备	类　型	子类型	说　明	参　数	数　量
80C51	Microproces sor ICs	8051 Family	通用 51 内核单片机		1
7SEG-MPX4-CA	Optoelectron ics	7-Segment Displays	共阳型 4 位 7 段数码管		1
BUTTON	Switches & Relays	Switches	通用按键		1
CAP	Capacitors	Generic	通用电容	33 pF	2
CAP-ELEC	Capacitors	Generic	电解电容	10 μF	1
CRYSTAL	Miscellaneo us		晶振	12 MHz	1
RES	Resistors	Generic	电阻	10 kΩ	1
SW-ROT-6	Switches & Relays	Switches	单刀多掷开关		1

ISIS 7 Professional 的元件拾取就是把元件从元件拾取对话框中拾取到图形编辑界面的对象选择器中。元件拾取共有两种办法。

1）按类别查找和拾取元件时，元件通常以其英文名称或器件代号在库中存放。在取一个元件时，首先要清楚它属于哪一大类，然后还要知道它归属哪一子类，这样就缩小了查找范围，然后在子类所列出的元件中逐个查找，根据显示的元件符号、参数来判断是否找到了所需要的元件。双击找到的元件名，该元件便拾取到编辑界面中了。

拾取元件对话框共分四部分，左侧从上到下分别为直接查找时的名称输入、分类查找时的大类列表、子类列表和生产厂家列表。中间为查到的元件。

例如，需要一个与非门 74HC00，如图 4-25 所示，查找类"TTL 74HC series"→子类"Gates & Inverters"，在列表中可以看到所有 74HC 系列元件，选择 74HC00，单击"OK"按钮即可将 74HC00 添加到列表中。

2）按类别查找和拾取元件这种方法主要用于对元件名熟悉之后，为节约时间而直接查找。对于初学者来说，还是分类查找比较好，一是不用记太多的元件名，二是对元件的分类有一个清楚的概念，利于以后对大量元件的拾取。

用鼠标左键单击界面左侧预览窗口下面的"P"按钮，弹出"Pick Devices"（元件拾取）对话框。在 Keywords 栏中输入元器件名如"80C51"，Proteus 会自动列出符合搜索条件的所有元器件，选择相应的类与子类即可看到元器件列表，如图 4-26 所示：

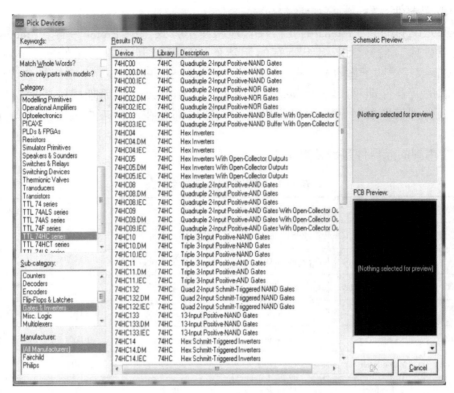

图 4-25　拾取元件对话框

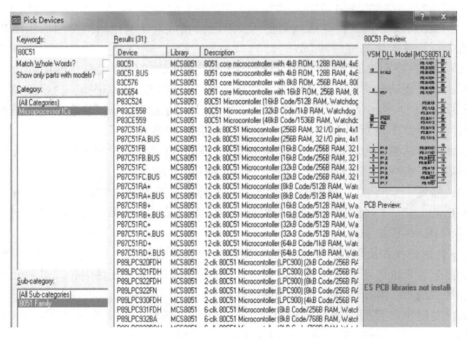

图 4-26　元器件列表

按照上述拾取方法，依次把其他元件拾取到编辑界面的对象选择器中，然后关闭元件拾取对话框。元件拾取后的界面如图 4-27 所示：

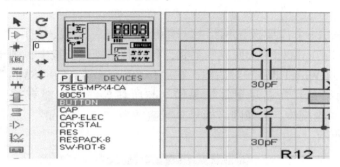

图 4-27　元件拾取后的界面

3. 放置元器件及连线

放置元器件：下面把元件从对象选择器中放置到图形编辑区中，用鼠标单击对象选择区中的某一元件名，把鼠标指针移动到图形编辑区，双击鼠标左键，元件即被放置到编辑区中。

修改元器件属性：双击电容，弹出"Edit Component"（编辑元件）对话框，如图 4-28 所示。在"Component Reference"栏填入元件编号。比如电阻填"R1"，电容填"C1"，Proteus 会记住设置，在用户下次选择该元件时将元件编号自动 +1。"Capacitance"为容值，C1 作为晶振的滤波电容，此处选择 33 pF。其他参数取默认值。

图 4-28　编辑元件

按照前述的表 4-2 中的设置，修改这个元件参数。

放置电源、地：在"模型选择工具栏"→"Terminals Mode"，对象选择器中列出了一些电路元件，如图 4-29 所示，单击选电源"POWER"和地"GROUND"选项即可。

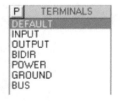

图 4-29　对象选择器

连线：将鼠标移到元件引脚上，鼠标箭头变成画笔状，单击鼠标出现导线，移动鼠标到另一个引脚上，再次单击鼠标完成一次连线。

放置网络标号：两个相同的网络标号就表示这两处在电气上是相连的，即标有相同网络标号的两点，相当于是用一根导线连起来的。网络标号一般用在较复杂的电路图中，连线较多，或两个需要相连的元件距离较远时，用导线相连会感觉很乱，就常用相同的网络标号来标注两个连接点，使电路图显得简洁。在本例中数码管与单片机间的连接即采用此方式。

首先用导线将每一个需要放置网络标号的引脚延长一小段，使用"模型选择工具栏"→"Wire Label Mode"，鼠标箭头变成画笔状，移动到引脚延长线上，画笔尖出现叉状符号，单击鼠标出现"Edit Wire Label"对话框，在"Label"选项卡的"String"一栏填写这个网络标号的名称。网络标号命名尽量简洁易懂、与所在导线的功能有关，比如 P1.0、Chip1等。在"Rotate"单选框中，选择网络标号是垂直放置"Horizontal"，还是水平放置"Vertical"，如图 4-30 所示。

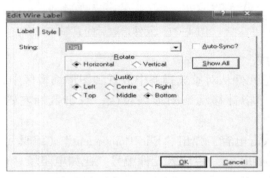

图 4-30　编辑导线

放置频率源：执行"模型选择工具栏"→"Generator Mode"命令，对象选择器中会列出一些信号源，这里选择"DCLOCK"。修改信号源参数，双击信号源，弹出"Digital Clock Generator Properties"对话框。在"Generator Name"文本框中填信号源名称，此处命名"F3"。如果希望输出模拟信号，在"Analogue Types"选项组中单选一种即可。本例只要求简单的频率输出，所以选择"Digital Types"中的"Clock"。选择信号类型后在"Frequency"栏中填入频率值，如图 4-31 所示。

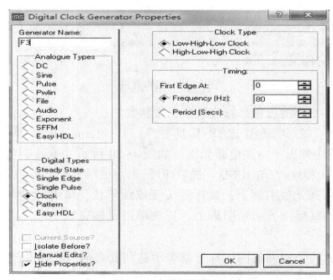

图 4-31　设置频率源

放置频率计：执行"模型选择工具栏"→"Virtual Instruments Mode"命令，对象选择器中列出一些虚拟仪器，选择"COUNTER TIMER"。操作模式"Operating Mode"下拉菜单中提供了定时器、频率计、计数器三种模式，此处选择"Frequency"。在"Count Enable Polarity"下拉菜单选择"High"，即高电平触发。"Reset Edge Polarity"下拉菜单选择"Low-High"，上升沿完成一次计数。其他选项选择默认值。最后的仿真原理图布局如前述的运行效果图一致。

4. 放置开关和虚拟仪表。

加载十六进制程序文件：双击单片机"Edit Component"对话框中"Program File"按钮可以添加.hex文件。本例用到的程序文件"Frequency.HEX"在"MCS-51单片机的仿真实例"文件夹中。"Clock Frequency"指单片机运行的时钟频率。需要说明的是，在仿真原理图中是可以不要外部晶振的，只要在此对话框中填写12 MHz，如图4-32所示，单片机就会以此为时钟频率运行。另外，仿真原理图中单片机也是可以不接电源和地的，这也是仿真与实物的一个小差别。

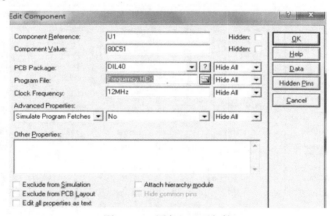

图4-32 添加.hex文件

运行：Proteus仿真操作十分简单，只有四个按钮，如图4-33所示，分别为运行、单步运行、暂停和停止。

仿真文件在运行状态时，可以手动调节原理图中可操作的元件，如图4-34所示，如可调电阻、按键、多路开关、某些数字传感器输出等。本例使用单刀多掷开关切换六个不同频率值的频率源。切换方法是单击单刀多掷开关上的箭头。连接不同的频率源，数码管显示不同的值。作为验证，频率计显示也与单片机控制的数码管显示一致。

图4-33 仿真控制按钮　　　　图4-34 手动调节原理图中可操作的元件

使用虚拟仪表：实际上，频率计就是一种虚拟仪表，使用起来也很方便，只要像实际使用一样，用"导线"连接起来就行了。现在还介绍一种虚拟仪表——示波器（OSCILLO-

SCOPE）。前面讲到频率源是一种信号源，按下图修改其属性，使其能够输出不同的信号，然后用虚拟示波器观察，如图 4-35 和图 4-36 所示。

图 4-35　修改示波器属性

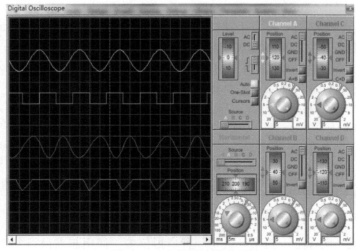

图 4-36　虚拟示波器界面

虚拟示波器和实际示波器用法是一样的，稍作观察就可以熟练地使用，这里不再赘述。

4.5 Proteus7.7 与 Keil μVision4 联调

Proteus 除了可以直接进行汇编语言源代码调试之外，还可以与 Keil 等第三方集成开发环境无缝连接，利用 Keil 环境进行 C 语言程序源代码跟踪调试。为此要在计算机上分别安装 Keil 和 Proteus 软件，另外还需要从 Labcenter 公司网站下载一个名为 vdmagdi. exe 的文件并安装，该文件安装后会在 Keil\C51\BIN 目录下生成一个 VDM51. DLL 文件，同时在 Keil 目录下的 Tools. ini 文件中增加一个目标驱动项：TDRV8 = BIN\VDM51. DLL（"Proteus VSM Simulator"），这样就可以将 Proteus 与 Keil 联合进行 C 语言程序源代码跟踪调试了。

下面介绍 Proteus7.7 sp2 和 Keil μVision4 的联合调试。

准备工作如下：

1）安装 Keil 和 Proteus 联调驱动程序 vdmagdi. exe（在资料包目录下"软件"文件夹中），当然，事先要安装好 Proteus7.7 sp2 和 Keil μVision4。注意：驱动程序安装在和 Keil 同一个文件夹下。

2）配置 Keil：在 Keil μVision4 界面中单击"Project"→"Options for Target 'Target'"，在对话框中单击 Debug 选项卡，然后如图 4-37 进行配置：

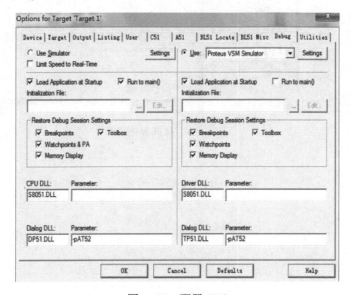

图 4-37　配置 Keil

然后进行通信配置：单击"Setting"按钮，若 Keil 和 Proteus 在同一台计算机上，Host 设置为 127. 0. 0. 1，若不在同一台计算机，则填另一台机子的 IP 地址。Port 为 8000，表示用网终端口连接另一台计算机。

配置 Proteus：在"Proteus"的"Debug"菜单中选中"Use Remote Debug Monitor"，如图 4-38 所示。

配置完成后两个软件使用同一个程序文件，在 Keil 中进入调试模式，Proteus 也会同时运行。Keil 上所有的调试操作都会反映到 Proteus 正在运行的系统中，就像一个带仿真器的开发板一样，很方便，如图 4-39 所示。

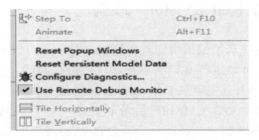

图 4-38　配置 Proteus Keil

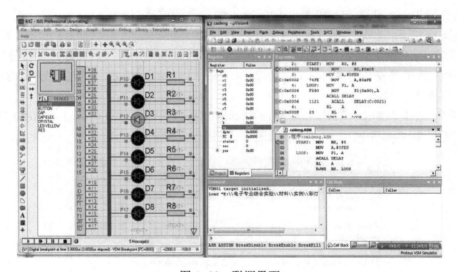

图 4-39　联调界面

第5章　Keil C51语言的知识要点

5.1　C语言简介

在 20 世纪 70 年代，美国贝尔实验室的 Ken Thompson，以 BCPL 语言为基础，设计出了接近硬件的 B 语言，并且通过 B 语言写出了第一个 UNIX 操作系统。在当时大部分计算机系统均为 UNIX。Dennis Ritchie 为了帮助设计 UNIX 操作系统，减少程序员繁重的工作量，于 1972 年开发出了 C 语言，C 语言是一种结构化语言，方便以模块化方式组织程序，它层次清晰，方便移植，缩短了开发周期。很快 C 语言便传播到世界各地，程序员们用 C 语言来编写各种程序。但是由于不同国家地区的差异，不同的组织开始使用自己的 C 语言版本。为了防止不同版本之间出错带来的麻烦，美国国家标准化组织 ANSI 于 1983 年成立了一个委员会，发布了 C 语言标准定义即 ANSI 标准 C 语言。大多数的编译器都遵循这个标准。1999 年，国际标准化组织 ISO 和国际电工委员会 IEC 发布了新的标准，简称 C99。2011 年，国际标准化组织 ISO 和国际电工委员会 IEC 再次发布新的标准，简称 C11。这是官方的第三个最新标准。因此在使用不同的编译器时需要注意 C 语言标准的选择。

5.1.1　C语言的数据类型

C 语言的数据类型包括：基本类型、构造类型、指针类型、空类型四大类结构。

1）基本类型：char, short, int, long, float, double 这六个关键字代表 C 语言里的六种基本数据类型。但是由于 CPU 位数或者系统位数的不同，数据类型可能占内存的大小不同，因此在使用前需要使用 sizeof( ) 对各个类型大小进行测试。

2）构造类型：包括结构体 struct、共用体 union、数组和枚举类型。

① 定义结构体的一般格式为：

```
struct 结构名
{
    类型　变量名；
    类型　变量名；

}结构变量；
```

② 定义共用体的一般格式为：

```
        union 共用体名
        {
            成员表列
}变量表列；
```

③ 数组：包括整形数组、浮点型、字符型。

④ 枚举类型：enum，其格式为：

```
        Enum WEEKDAY{
    Monday = 1,
    Tuseday,
    Wednesday,
        }
```

3）指针类型：在 C 语言中，允许用一个变量来存放指针，这种变量称为指针变量。指针变量的值就是某份数据的地址，这样的一份数据可以是数组、字符串、函数，也可以是另外的一个普通变量。现在假设有一个 char 类型的变量 c，它存储了字符'K'（ASCII 码为十进制数 75），并占用了地址为 0X11A 的内存（地址通常用十六进制表示）。另外有一个指针变量 p，它的值为 0X11A，正好等于变量 c 的地址，这种情况就称 p 指向了 c，或者说 p 是指向变量 c 的指针。

4）空类型：也称无值型，字节长度为 0，主要有两个用途：一是明确地表示一个函数不返回任何值；二是产生一个同一类型指针（可根据需要动态分配给其内存）。

例如：void ＊buffer；／＊buffer 被定义为无值型指针＊／

5.1.2　C 语言的分支结构与循环结构

（1）分支结构控制语句格式为：

1）双分支结构语句：

```
        if(表达式)
    {语句 1;}
        else
            {语句 2;}
```

2）多分支选择结构语句：

```
        if(表达式 1)
            {语句 1;}
        else if (表达式 2)
            {语句 2;}
        ……
        }
```

3）switch/case 语句：

```
        switch(表达式)
        {
                case 常量表达式 1:{语句 1;}break;
                case 常量表达式 2:{语句 2;}break;

                case 常量表达式 a :　{语句 a;} break;
```

```
                    default{语句 a+1;}
        }
```

（2）循环结构控制语句

1）while 语句构成的循环：

当 while 括号里的条件为真时就执行后面的语句

```
    while(条件表达式){
        语句;
    }
```

2）do-while 语句构成的循环：

它是 while 的一个补充，while 是先判断循环，而 do-while 是先执行括号里面的语句然后再进行判断。

```
        do{
            语句;
    }while(条件表达式);
```

3）for 语句构成的循环：

在明确循环的次数下 for 语句是使用最灵活的循环控制语句，完全可以代替 while 语句。

```
    for(表达式 1;表达式 2;表达式 3){
        语句;
    }
```

4）if 和 goto 语句构成的循环，有两种形式：

```
    loop: if（表达式）
    {
    语句;
    goto   loop;
    }
```

5.1.3   C 语言的数组

数组代表了一组数据的存储位置，数组中的数据存储位置被称为数组元素。在使用数组时需要为其分配内存空间，例如：定义一个数组 int a[num]；在 a 数组放入 num=5，程序存储内存就得分配 5 个 int 型大小的空间 int a[5]；在设计程序时要合理定义数组的大小以免造成浪费。数组一个非常常用的功能就是查表，比如记录每个月份营业的开支，字形码表和程序一起固化在存储器当中。多维数组有多个下标，即两个下标为二维数组，三个下标为三维数组，以此类推。

使用数组注意事项如下：

数组元素从 0 开始编号，而不是从 1 开始，例如声明一个数组 int a[5]；那么该数组的第一个元素为 a[0]。

数组与数组之间不能直接赋值。例如：错误写法 int a[5] = b[5]；如果数组之间要赋值，只能通过编程的方式进行赋值，正确写法如下：

```
for( i = 0; i<num;i++){
        b[i] = a[i];
}
```

求数组的大小，sizeof( )给出整个数组所占据的内容的大小单位字节，例如：sizeof(a)/sizeof(a[0])就可得到数组的元素的多少。

数组作为参数时，往往必须用另一个参数来表示出数组的长度，不能在[ ]中给出数组的大小；例如 int abc(int a [ ], int length);length 为数组的长度。但是不能用 sizeof(a)/sizeof(a[0])作为 length。

5.1.4　C 语言的指针和运算符

C 语言指针是一个存储计算机内存地址的变量。运算符 & 可以获取变量的地址，它的操作数必须为变量，运算符 & 的右边必须是明确的变量。指针变量就是存放地址的变量普通变量的值是实际的值而指针变量的值是具有实际值的变量的地址。指针的声明格式例如：anytype ＊name；其中 anytype 为任何数据类型。它指定了指针指向的变量的类型。星号"＊"是一个间接运算符，它表明 name 是一个指向 anytype 类型变量的指针。星号"＊"可以作间接运算符和乘法运算符。指针应用的场景例如：

将两个变量的值进行交换，代码如下：

```
void swap( int ＊a,int ＊b)
{
int t = ＊a;
＊a = ＊b;
＊b = t;
}
```

函数需要返回多个值时，某些值就只能通过指针来返回。下面程序为在数组中找出最小值和最大值，通过指针返回。

```
#include<stdio. h>
void minmax( int a[ ],int len,int ＊min, int ＊max);
int main( )
{
int a[ ] = {1,2,3,4,5,6,88,140,255,423};
int min,max;
minmax(a,sizeof(a)/sizeof(a[0]),&min,&max);
printf("%d %d",min,max);
return 0;
}
void minmax( int a[ ],int len,int ＊min,int ＊max)
{
    int i;
    ＊min = ＊max=a[0];
    for(i=1;i<len;i++)
```

```
            }
            if( a[i] < * min)
        {
        * min = a[i];
        }
        if( a[i] > * max)
        {
            * max = a[i];
        }
            }
        }
```

函数返回运算的状态，结果通过指针返回。一般常用的方法是通过返回不属于有效范围内的值如−1 或 0 等几个特殊值来表示出错，但是当任何值都代表有效的时候，就要分开返回。以下程序为进行 a/b 运算，如果分母为零表示无效。

```
#include<stdio. h>
int divide( int a,int b, int * result);
int main( )
{
int a,b,result;
scanf("%d %d",&a,&b);
if( divide( a,b,&result))
printf("a/b = %d",result);
else
printf("输入有误");
}
int divide( int a,int b,int * result)
{
int ret =1;//函数返回的状态
if( b = =0 ) ret = 0;
else
{
    * result = a/b;
}
return ret;
}
```

5.2 C51 的变量与常量

5.2.1 C51 的变量

1. 变量的存储种类

要在程序中使用变量必须先用标识符作为变量名，并指出所用的数据类型和存储模式，这样编译系统才能为变量分配相应的存储空间。定义一个变量的格式如：

[存储种类] 数据类型 [存储器类型] 变量名；

存储类型和存储器类型可以填写也可以不填写。C51 变量的存储种类一共有四种：自动 auto、静态 static、外部 extern 和寄存器 register。

2. 变量的存储器类型及空间分配

51 系列单片机的数据存储器和程序存储器的地址是相互独立的，单片机内部的存储区均可访问，51 单片机的存储空间可以分为，内部数据存储器、外部数据存储器和程序存储器，如图 5-1 所示。单片机除了可以访问片内的程序存储器 Flash，还可以访问 64 KB 外部程序存储器。51 系列单片机在物理和逻辑上都分为两个地址空间：内部 RAM 和内部扩展 RAM，而且 51 系列单片机还可以访问片外扩展的 64 KB 外部数据存储器。

内部数据存储器是可读可写的，最高可达高 256 B，以 52 子系列单片机为例，内部数据存储器共 256 B，可分为三个部分，低 128 B RAM，高 128 B RAM 和特殊功能寄存器区。低 128 B 内部数据存储器既可直接寻址又可间接寻址。高 128 B 内部数据存储器与特殊功能寄存器共用相同的地址范围，但是物理上是独立的没有相互重叠，高 128 B RAM 只能间接寻址，特殊功能寄存器区只可直接寻址。从 20H~2FH 可以进行位寻址，内部数据存储器又可分成 3 个不同的存储类型：data、idata 和 bdata。如图 5-1 所示。

低 128 B RAM 也称通用 RAM 区。通用 RAM 区又可分为工作寄存器区、可位寻址区、用户 RAM 区和堆栈区。00H~1FH 共 32 B，分为四组，每组包含 8 个 8 位的工作寄存器。通过使用寄存器组可以提高运算速度。20H~2FH 为可位寻址区，共 16 B 单元，这 16 B 单元既可以按字节存取，也可以对单元中的任何一位单独存取，可位寻址区的地址范围为 00H~7FH。其中 30H~FFH 是用户 RAM 区和堆栈区，使用一个 8 位的堆栈指针 SP。

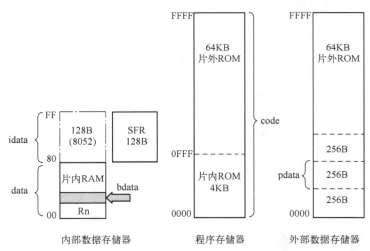

图 5-1 存储器空间分配

外部数据存储器是可读写的，C51 编译器提供了两种存储类型：xdata 和 pdata 来访问外部数据存储器。pdata 区只有 256 B 而 xdata 区可达到 65536 B，由于装入地址的位数不同，pdata 区要比 xdata 区寻址速度快。

51 系列单片机内部集成了 4 KB ~ 64 KB 的程序存储器 Flash，它只能读不能写。C51 编译器提供了 code 存储类型访问程序存储器。每个变量可以明确地分配到指定的存储空间。我们已经列举出了 6 种存储类型：data、bdata、idata、xdata、pdata 和 code。

3. 变量的存储模式

存储模式定义了没有明确指定存储类型的变量，函数参数等默认存储区域，共三种模式：

（1）Small 模式

所有默认变量参数均装入内部 RAM，其优点是访问速度快，缺点是空间有限，只适用于小程序。

（2）Compact 模式

所有默认变量均位于外部 RAM 区的一页（256 B），具体哪一页可由 P2 口指定，在 ST-ARTUP. A51 说明文件中，还可用 pdata 指定。其优点是空间较 Small 模式更为宽裕，速度较 Small 模式慢，较 large 模式要快，是一种中间状态。

（3）large 模式

所有默认变量可放在多达 64KB 的外部 RAM 区，其优点是空间大，可存变量多，缺点是速度较慢。

提示：存储模式可以在单片机 c 语言编译器选项中选择。

（4）使用 sfr，sfr16，sbit 定义变量

为了更加有效的使用 51 单片的内部硬件，C51 语言增加了以下特殊的数据类型，注意，这些不适用于 C 语言。

1）使用关键字 sfr 定义特殊功能寄存器。

定义模板：sfr 特殊功能寄存器名字 = 特殊功能寄存器地址。

地址必须为常数，不允许带有运算符。这个地址常数值必须在 80H ~ FFH 之间。例如：

```
sfr P0  = 0x80;
sfr ACC = 0xE0;
sfr B   = 0xF0;
```

2）使用关键字 sfr 定义 16 位特殊功能寄存器。

在 51 单片机中，有时会使用两个地址连续的特殊功能寄存器组合成 1 个 16 位的特殊功能寄存器，而且高字节地址直接位于低字节地址之后。例如：

```
sfr16 DPTR = 0x82;
sfr16 T2 = 0xCC;
```

在 51 单片机中，52 子系列会有三个定时器，其中 T2 就可以把两个 8 位计数器 TH2（高 8 位地址 0xCDH）和 TL2（低 8 位地址 0xCCH）合并成一个 16 位寄存器；DPTR 由 DPH（高 8 位地址 0x83H）和 DPL（低 8 位地址 0x82H）两个寄存器组成。

3）使用 sbit 进行特殊功能位的定义。

用以一个已经声明的特殊功能寄存器的地址作为 sbit 的基地址，"^" 后数字范围 0 ~ 7 定义了该寄存器的其中一位。

```
sbit 位名 = 特殊功能寄存器名^位置;
```

例如：

  sfr PSW = 0xD0；

  sbit CY = PSW^7；

  sbit AC = PSW^6；

  sbit F0 = PSW^5；

此办法为用一个常数作为基地址，范围为 80H～FFH，"^"后面数字范围还是 0～7，表示该寄存器的第几位。

  sbit 位名 = 字节地址^位置；

例如：

  sbit CY = 0xD0^7；

  sbit AC = 0xD0^6；

将特殊功能位的绝对地址赋给变量，位地址范围必须在 80H～FFH 之间。

  sbit 位名 = 位地址；

例如：

  sbit CY = 0xD7；

  sbit AC = 0xD6；

5.2.2　C51 的常量

常量和变量一样，也是程序使用的一个数据存储位置；但是不同的是常量在程序运行当中不可以被修改，是一个常数。常量的数据类型一般分成整型、浮点型、字符型、字符串型和地址常量。

（1）整型常量

整型常量可以是长整型、短整型、有符号型、无符号型等。每种数据类型和值域范围可如图 5-2 所示。

数据类型	长　度	值　域
unsigned char	单字节	0～255
signed char	单字节	−128～+127
unsigned int	双字节	0～65535
signed int	双字节	−32768～+32767
unsigned long	4 字节	0～4294967295
signed long	4 字节	−2147483648～+2147483647
float	4 字节	±1.175494E−38～±3.402823E+38
*	1～3 字节	对象的地址
bit	位	0 或 1
sfr	单字节	0～255
sfr16	双字节	0～65535
sbit	位	0 或 1

图 5-2　C51 的数据类型和值域

可以指定一个整型常量为二进制、八进制或十六进制。

十六进制的常量表示方法在常量前有符号"0x"。如果前面的符号只有一个数字0，那么表示该常量是八进制。有时在常量的后面加上符号L或者U，来表示该常量是长整型或者无符号整型：123456L、0xffffL、2000U，后缀可以是大写，也可以是小写。

（2）浮点型常量

一个浮点型常量由整数和小数两部分构成，中间用十进制的小数点隔开。当有些浮点数非常大或者非常小时，用普通方法不容易表示，可以用科学计数法或者指数方法表示。下面是一个实例：

3. 1416, 1. 234E-30, 2. 47E201

注意在C语言中，数的大小也有一定的限制。对于float型浮点数，数的表示范围为−3. 402823E38~3. 402823E38，其中−1. 401298E−45~1. 401298E−45不可见。double型浮点型常数的表示范围为−1. 79E308~1. 79E308，其中−4. 94E−324~4. 94E−324不可见。

在浮点型常量里也可以加上后缀：

FloatNumber=1. 6E10F；/＊有符号浮点型＊/
LongDoubleNumber=3. 45L；/＊长双精度型＊/

其后缀同样可大写也可小写。

说明：

1）浮点常数只有一种进制（如十进制）。

2）所有浮点常数都被默认为double。

3）绝对值小于1的浮点数，其小数点前面的零可以省略。如：0. 22可写为. 22，−0. 0015E−3可写为−. 0015E−3。

4）默认格式输出浮点数时，最多只保留小数点后六位。

（3）字符型常量

字符型常量所表示的值是字符型变量所能包含的值。可以用ASCII表达式来表示一个字符型常量，或者用单引号内加反斜杠表示转义字符。

'A', '\x2f', '\013'；

其中：\x表示后面的字符是十六进制数，\0表示后面的字符是八进制数。

注意：字符型常量表示数的范围是−128~127，除非把它声明为unsigned，这样就是0~255。

（4）字符串常量

字符串常量就是一串字符，用双引号括起来表示。

"Hello,World！"

（5）地址常量

前面说的变量是存储数据的空间，它们在内存里都有对应的地址。在C语言里可以用地址常量来引用这些地址，如下所示：

&Counter, ∑

& 是取地址符，作用是取出变量（或者函数）的地址。在后面的输入语句和指针里还会说明。

这一节所讲到的变量和常量知识在一切程序中都要用到，特别是变量的声明和命名规则：

#define 定义常量

#define 是 C 语言中的预处理器编译指令之一，在 C51 中常用来宏常量，例如：

#define   PI   3. 14159

将程序中所有的 PI 替换为 3. 14159。相当于编译器的查找并替换的功能。要注意的是#define 并不会把双引号中和注释中的内容进行替换。计算圆的周长 cir = 2 * PI * radius。

const 定义常量

const 是一个修饰符，可用于任何变量声明中。被声明为 const 的变量在程序执行期间不能被修改，声明时被初始化一个值后，以后便不能修改。

5. 2. 3 C51 的头文件

头文件在 C51 的编程中是不可缺少的部分。本节将对 C51 中常用头文件予以说明，并就如何编写头文件进行初步介绍。

1. C51 常见本征函数库

一些常见的头文件都是 C51 自带的，在安装目录下的 C51 文件夹的 INC 中可以找到 keil C 中所有的芯片所对应的头文件。51 系列单片机在编程中常用的头文件有：REG51. H、IN-TRINS. H、ABSACC. H 和 MATH. H。

（1）REG51. H

头文件 REG51. H 是编程中必需要用到的专用寄存器文件。它与 INC 中的头文件 REG51. H 所定义的内容是一样的。主要用来定义特殊功能寄存器的位地址、程序状态寄存器的位地址、定时器/计数器控制寄存器的位地址、中断使能控制器位地址、单片机 P3 引脚特殊功能位地址、中断优先权控制寄存器位地址和串行口控制寄存器位地址等。

（2）INTRINS. H

头文件 INTRINS. H 主要用来定义空操作、判断并清零和字符及数字的循环移动。包括 _nop_(void)、_crol_( )、_irol_( )、_lrol_( )、_cror_( )、_iror_( )、_lror_( )、_testbit_(bit)、char_chkfloat_(float)。

（3）ABSACC. H

头文件 ABSACC. H 用来确定各存储空间的绝对地址。包括：CBYTE、XBYTE、PWORD、DBYTE、CWORD、XWORD、PBYTE、DWORD。在 C51 单片机中具有特有的内存型态：

code：以 MOVC @ A+DPTR 读取的程序内存

data：可以直接存取的内部数据存储器

idata：以 Mov @ Rn 存取的内部数据存储器

bdata：可以位寻址（Bit Addressable）的内部存储器

xdata：以 MOVX @DPTR 存取的外部数据存储器

pdata：以 MOVX @Rn 存取的外部数据存储器

（4）MATH.H

头文件 MATH.H 中是一些常见的函数库，主要是返回常见函数的函数值。例如：abs( )、sqrt( )、sin( )等。

调用头文件须注意参数的类型。如果主程序中所选参数的类型与头文件中的不一样，则在编译时就不会通过。

2. 头文件的编制方法

单片机 C 语言编程时往往会根据编程的需要编写头文件，这些头文件一般都是用来设定电路中芯片的接口定义及工作模式。从上述几个标准的头文件可知，在编写头文件时须遵循一定的格式，头文件的开始与结束部分的标准书写格式如下所示：

```
#ifndef __头文件名_H__
#define __头文件名_H__
    ⋮
#endif
```

编写头文件时可以调用 Keil 软件自带的头文件。

自行编写的头文件在主程序中要放在软件自带的头文件的前面，这样程序在编译时才能识别自行编写的头文件。编写的头文件函数中不能出现 main 主函数，对于某个具体程序的头文件的编写要根据程序具体需求结合硬件和原理图来进行分析。

5.2.4　C51 的运算符

C51 的运算符与 C 语言基本相同，具体如下：

+ － * /	加减乘除
> >= < <=	大于　大于等于　小于　小于等于
== !=	测试等于　测试不等于
&& ‖ !	逻辑与　逻辑或　逻辑非
>> <<	位右移　位左移
& |	按位与　按位或
^ ~	按位异或　按位取反

5.3　C51 指针

指针就是指变量或数据所在的存储区单元的地址，这些地址指向了变量或数据的单元，把这些地址形象化的称为指针。C51 指针支持通用指针和基于存储器的指针两种类型。C51 指针使用的方法与标准 C 语言使用的方法相同，但是 C51 指针同时可以声明存储类型。

1. 通用指针

C51 语言提供一个三个字节的通用指针，第一个字节表明该指针存储器类型，后两个字节用来存放该指针的高低位地址（也称为偏移量），所以地址最大值为 0xFFFF。但是不是所有的存储器类型指针地址都占两个字节，data、bdata、idata、pdata 存储器指针只占用一个字节，code、xdata 存储器指针才占用两个字节。不管什么数据类型都可以存放在任何的存储器类型中，只要不超过寻址范围。使用指针变量之前跟使用其他变量一样需要先定义。例如：

数据类型［数据存储类型］*［指针自身存储类型］变量名
unsigned char * xdata pi //为指向无符号字符型数据的指针，而指针自身 pi 存放在 xdata 中
int * pi //为指向 int 型整型数的指针，而指针自身 pi 存放在编译器默认不同的 RAM 区中

2. 指定存储区指针

C51 指针允许使用者规定指针指向的存储段，这种指针叫指定存储区指针。这种方式相对通用指针执行的速度更快，指定存储区指针能节省存储空间，因为通用指针指向的变量没有声明存储类型，是未知的，所以编译器需要产生可以访问任何存储区的通用代码，而指定存储区指针已经声明好了指针指向的存储区，不需要产生过多的代码，执行速度相对较快。如果考虑执行速度的话，应尽可能使用指定存储类型的指针。例如：

数据类型［数据存储类型］*［指针自身存储类型］变量名
unsigned char data * pi; //pi 指向 data 区中的无符号字符型型数据
int xdata * pi; //pi 指向 xdata 区中的 int 整型数据
unsigned char data * xdata pi //为指向 data 存储区无符号字符型的指针，而指针自身 pi 存放在 xdata 中

5.4 C51 函数

5.4.1 函数定义

C51 语言程序在结构上可以划分为两种：主函数 main( ) 和普通函数。主函数也是一种函数，只不过它比较特殊，在编译器进行编译时它作为程序的开始段。C51 语言继承了 C 语言编程模块化的优点，当编写功能较多的程序时，如果所有内容都放在主函数里就会显得凌乱，因此可以把每个功能程序段作为子函数，需要使用时可以进行简单反复的调用。把一些常用的函数放在一起做成库函数以供编写程序时使用。

对于普通函数可以分成标准库函数和用户自定义函数。Keil4 软件或者其他编译器里都会自带一些标准库函数，这些函数由软件商家编写定义，在使用时直接调用就可以了。但是标准的库函数不能满足用户的需求，需要用户自己对函数进行定义。定义函数的一般形式是：

返回值类型函数名称(形式参数列表)
{
函数体；
}

5.4.2 函数的调用

C51 函数的调用与标准 C 语言方法一样，调用函数的方式有两种：第一种对于任何函

数，都可以使用其名称和参数列表进行调用。第二种只能用于返回值的函数，可以用在任何能使用表达式的地方，也可以被用作函数的参数，把有返回值的函数放在赋值语句的右边。

当使用标准库函数时，需要进行声明引入相应的头文件。使用时要在文件最前面用#include 预处理语句引入相应的头文件。说明要使用的函数在头文件中。调用就是指一个函数体中引用另一个已定义的函数来实现所需要的功能，这个时候函数体称为主调用函数，函数体中所引用的函数称为被调用函数。但是本征库函数进行函数调用时需要注意，比如本征库函数#include<intrins. h>里面循环左移函数_crol_或循环右移_cror_函数，编译时应直接将其固定的代码插入当前行。

5.4.3 不带参数的函数写法及调用

无参函数定义的一般形式如下：

    类型标识符　函数名(){
        声明部分；
            语句；
    }

其中类型标识符和函数名()为函数头。类型标识符指明了本函数的类型，函数的类型实际上是函数返回值的类型。该类型标识符与前面介绍的各种说明标识符相同。函数名是由用户定义的标识符，函数名后有一个空括号，其中无参数，但括号不可少。{}中的内容称为函数体。在函数体中声明部分，是对函数体内部所用到的变量的类型说明。在很多情况下都不要求无参函数有返回值，此时函数类型符可以写为 void。

5.4.4 带参数的函数写法及调用

带参函数定义的一般形式如下：

    类型标识符　函数名(形式参数表列){
            声明部分；
            语句；
        }

带参函数比无参函数多了一个内容，即形式参数表列。在形参表中给出的参数称为形式参数，它们可以是各种类型的变量，各参数之间用逗号间隔。在进行函数调用时，主调函数将赋予这些形式参数实际的值。形式参数是变量，必须在形参表中给出形参的类型说明。

5.4.5 中断函数

中断函数在 51 单片机应用中非常重要，中断函数只有在有中断源发出中断请求信号时，中断函数才会被执行。中断函数的声明需要使用 interrupt 关键字和中断编号 0~4。

使用中断函数的格式如下：

    返回值类型　函数名(形式参数表) interrupt　中断编号　[using n]

当开始执行主函数里面的程序时，如果需要 CPU 马上执行特定的任务时，跳出主函数进入到中断服务函数里，中断服务函数执行完后，会返回到主函数原先执行到的位置继续执行主函数里面的程序。CPU 会根据优先级高低进行判断，高优先级中断可以打断低优先级中断，当高优先级程序执行完后，再执行低优先级程序。还要注意的是不能直接调用中断函数，由于 using n（n 的范围为 0~3）是选用 51 芯片内部 4 组工作寄存器，使用者可以不用去设定，由编译器自动选择。

5.5 软件程序设计

【例 5-1】设置清零程序。

将片外 RAM 6000H 开始的连续 10 个单元清零。

```
#include<reg52. h>
#include<absacc. h>//绝对地址包含文件

unsigned char  xdata  num[10] _at_ 6000;//关键字_at_对指定的存储空间的绝对地址进行访问，
格式为［存储类型］数据类型 变量名 _at_  地址常数
void main( void)
{
unsigned char i;

for( i = 0;i<10;i++)
{
num[ i] = 0;
}
}
```

将片内 RAM 中 20H~30H 连续 16 个单元清零。

```
#include<reg52. h>
#include<absacc. h>

void main( )
{
    unsigned char i;
for( i = 0;i<16;i++)
{
DBYTE[ 0x20+i] = 0x00;
}
}
```

【例 5-2】编写互换程序。

将外部数据存储器的 000BH 和 000CH 单元的内容互相交换。

方法一：XBYTE 函数法。

```
#include<reg52. h>
#include<absacc. h>
void main( void)
{
    unsigned char i ;
i = XBYTE[ 11];    //XBYTE 是一个地址指针
XBYTE[ 11] = XBYTE[ 12];
XBYTE[ 12] = i;
}
```

方法二：指针法。

```
#include    <reg51. h>
Void    main( )
{   unsigned char  * p, c,x;
While( 1)
{ p = 0x0b;
c = * p;
p++;
x = * p;
 * p = c;
p--;
 * p = x;
}
}
```

【例5-3】 在 C51 程序中查找零的个数。

```
#include <reg51. h>
main ( )
{
unsigned char xdata * p = 0x2000;       //指针 p 指向 2000H 单元
   int n = 0,i;
   for( i = 0;i<16;i++)
   { if( * p = = 0) n++;                 //若该单元内容为零,则 n+1
     p++;                                //指针指向下一单元
   }
   p = 0x2100;                           //指针 p 指向 2100H 单元
    * p = n;                             //把零的个数放在 2100H 单元中
}
```

【例5-4】 将 1 字节的二进制数转换成 3 个十进制数 （BCD 码）并存入 20H 开始的单元中。

```
Void    main( )
{ unsigned    char    * p = 0x20;
```

```
Unsigned    char    number=123;
 *p=number/100;
P++;
 *p=(number%100)/10;
P++;
 *p=(number%100)%10;
```

【例5-5】 单片机 P1 口的 P1.0，P1.1 接两个开关 K1，K2。P1.4、P1.5、P1.6 和
P1.7 各接一只发光二极管，如图 5-3 所示通过按键 K1、K2 选择点亮 D1~D4 中的一个。

K2	K1	点亮的灯
0	0	D1
0	1	D2
1	0	D3
1	1	D4

【例5-6】 单片机 P1 口的 P1.0，P1.1 接两个开关 K1，K2。P1.4、P1.5、P1.6 和
P1.7 各接一只发光二极管，如图 5-3 所示通过按键 K1、K2 选择点亮 D1~D4 中的一个。

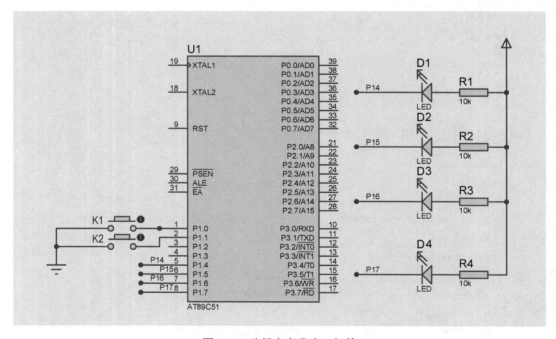

图 5-3 选择点亮发光二极管

方法一：用 if 语句实现。

```
#include "reg51.h"
void main()
{
        char a;
```

```
            a=P1;
            a=a&0x03;        //屏蔽高6位
            if (a==0)    P1=0xe3;
            else if (a==1)    P1=0xd3;
            else if (a==2)    P1=0xb3;
            else    P1=0x73;
        }
```

方法二：用 switch/case 语句实现。

```
    #include "AT89X51.h"
    void main()
    {
        char a;
        a=P1;
        a=a&0x03;              //屏蔽高6位
        switch (a)
        {
            case 0:P1=0xe3;break;
    case 1:P1=0xd3;break;
    case 2:P1=0xb3;break;
    case 3:P1=0x73;break;
        }
    }
```

方法三：用 goto 语句实现。

```
    #include "AT89X51.h"
    void main()
    {
        char a;
    loop:  a=P1;
        a=a&0x03;          //屏蔽高6位
        switch (a)
        {
        case 0:P1=0xe3;break;
        case 1:P1=0xd3;break;
        case 2:P1=0xb3;break;
        case 3:P1=0x73;break;
        }
        goto loop;
    }
```

思考与练习

5-1 设内部 RAM50H 单元中存放有 20 个 8 位有符号数，试编程找出其中的最大数，将其存入 60H 单元。

5-2 编程将外部 RAM2000H～202FH 单元中的内容，移入内部 RAM20H～4FH 中，并将原数据块区域清 0。

5-3 编写采用查表法求 1～20 的平方数的子程序。

5-4 简述晶体管和场效应晶体管的分类和工作原理。

5-5 从内部 RAM30H～50H 单元中，查找出内容是 55H 的数据的个数，并将结果存入 20H 单元中。

5-6 设从内部 RAM 的 20H 为首地址的连续单元中存放一组带符号数，带符号数的个数存于 1FH 单元中，要求统计出其中大于 0、等于 0、小于 0 的带符号数的个数，并将统计结果存入 1AH（大于）、1BH（等于）和 1CH（小于）单元中。编写上述程序。

5-7 简述 74LS138 工作原理，并用其编写流水灯光自下而上然后自上而下循环点亮程序。

第6章 单片机的输入输出和显示

6.1 使用单片机 I/O 端口点亮 LED 灯

【例 6-1】设计流水灯程序，电路连接图如图 6-1 所示。

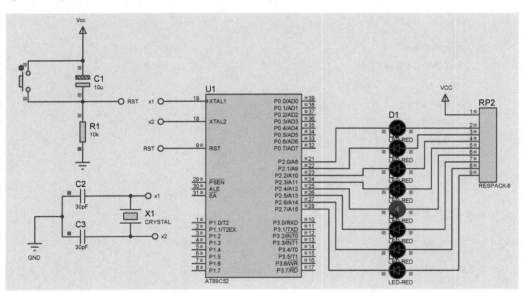

图 6-1 流水灯电路图

方法一：使用_crol_(a,n)指令，该指令是循环移位指令。

```
#include <reg52. h>
#include <intrins. h>
  main( )
{
    unsigned char cnt = 0,temp;
    unsigned int i = 0,j;
  while(1)
    {
        temp = 0xfe;
        for(i = 0;i<8;i++)
    {
        P2 = temp;
        for(j = 0;j< = 20000;j++);
```

```
            temp = _crol_(temp,1);
          }
        }
    }
```

方法二：使用"<<"指令。"<<"指令是左移指令，填"0"占位。

```
#include <reg52. h>
  void delay( );
  void main( )
{
  unsigned char i,temp;
  while( 1 )
  {
    temp = 0xfe;
    for( i = 0;i<8;i++)
    {
      P2 = temp;
      delay( );
      temp = temp<<1;
    }
  }
}
void delay( )
{
  unsigned int j;
  for( j = 0;j< = 20000;j++);
}
```

方法三：使用数组赋值法。

```
#include <reg52. h>
#define uchar unsigned char
  uchar tab[ ] = {0xfe,0xfd,0xfb,0xf7,0xef,0xdf,0xbf,0x7f};
  void delay( )
  {
    unsigned int j;
    for( j = 0;j< = 20000;j++);
  }
void main( )
{
    uchar i;
    while( 1 )
    {
    for( i = 0;i<8;i++)
```

```
                }
                P2=tab[i];
                delay();
            }
        }
    }
```

6.2 LED 显示器及其接口

6.2.1 七段 LED 显示器的结构及工作原理

（1）LED 数码管

还记得我们小时候玩的"火柴棒游戏"吗？几根火柴棒组合起来，可以拼成各种各样的图形，LED 显示器实际上也类似这样。8 段 LED 显示器由 8 个发光二极管组成。其中 7 个长条形的发光管排列成"日"字形，另一个点形的发光管在显示器的右下角作为显示小数点用，它能显示各种数字及部分英文字母。LED 显示器有两种不同的形式：一种是 8 个发光二极管的阳极都连在一起的，称之为共阳极 LED 显示器；另一种是 8 个发光二极管的阴极都连在一起的，称之为共阴极 LED 显示器。如图 6-2 所示。

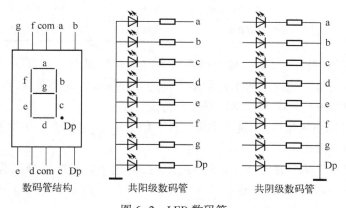

图 6-2　LED 数码管

共阴和共阳结构的 LED 显示器各笔划段名和安排位置是相同的。当二极管导通时，相应的笔划段发亮，由发亮的笔划段组合而显示各种字符。8 个笔划段分别为 a、b、c、d、e、f、g、Dp 对应于一个字节（8 位）的 D7、D6、D5、D4、D3、D2、D1、D0，于是用 8 位二进制码就可以表示欲显示字符的字形代码。

（2）LED 数码管的编码

对于共阴 LED 显示器，公共阴极接地（为零电平），而阳极各个段接到单片机的某一输入输出口。当 Dpgfedcba 各段为 01110011 时，显示器显示"P"字符，即对于共阴极 LED 显示器，"P"字符的字形码是 73H。如果是共阳 LED 显示器，公共阳极就接高电平，显示"P"字符的字形代码应为 10001100（8CH）。这种用二进制数据表示的字符显示信息称为数码管的字段码。数码管的引脚与 I/O 口的对应关系见表 6-1。共阴共阳数码管的编码见表 6-2。

表 6-1　数码管引脚与 I/O 口对应关系

引脚	D7	D6	D5	D4	D3	D2	D1	D0
字段	Dp	g	f	e	d	c	b	a

表 6-2　共阴共阳极数码管编码表

显 示 字 符	共阳极 LED 数码管		共阴极 LED 数码管	
	Dp gfedcba	十六进制	Dp gfedcba	十六进制
0	1 1000000	C0H	0 0111111	3FH
1	1 1111001	F9H	0 0000110	06H
2	1 0100100	A4H	0 1011011	5BH
3	1 0110000	B0H	0 1001111	4FH
4	1 0011001	99H	0 1100110	66H
5	1 0010010	92H	0 1101101	6DH
6	1 0000010	82H	0 1111101	7DH
7	1 1111000	F8H	0 0000111	07H
8	1 0000000	80H	0 1111111	7FH
9	1 0010000	90H	0 1101111	6FH

从表 6-2 中可以看出共阳型、共阴型数码管字段之间是互为取反关系，这与它们的结构关系是一致的。这里必须注意的是：很多产品为方便接线，常不按规定的方法去对应字段与位的关系，这时字形码就必须根据接线来自行设计了。

【例 6-2】在共阴型数码管上显示字符'H'和'A'，与 8 位 I/O 口关系见表 6-2，试编写这两个字符的字段码。

解：数码管要想显示'H'，bcefg 字段应接高电平，对应的断码为 01110110，即十六进制编码为 76H；数码管要想显示'A'，abcefg 字段应接高电平，对应的断码为 01110111，即十六进制编码为 77H。

6.2.2　静态显示

LED 数码显示器是单片机应用系统的基本电路之一，是单片机系统设计中不可缺少的部分，在单片机系统中，通常用 LED 数码显示器来显示各种数字或符号。由于它具有显示清晰、亮度高、使用电压低、寿命长的特点，因此使用非常广泛。显示器显示常用两种方法：静态显示和动态扫描显示。所谓静态显示，就是每一个显示器都要占用单独的具有锁存功能的 I/O 接口用于笔划段字形代码。这样单片机只要把要显示的字形代码发送到接口电路即可，直到要显示新的数据时，再发送新的字形码，因此，使用这种方法单片机中 CPU 的开销小但是，占用单片机的 I/O 口较多，其电路如图 6-3 所示。因此在单片机设计中如果用 4 位数码管显示，就占用了全部 4 个 I/O 口，因此实际应用中很少使用。

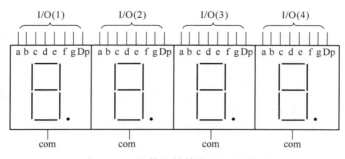

图 6-3　4 位数码管静态显示连接图

【例6-3】 在单片机最小系统的基础上设计 4 位共阳数码管显示"1、2、3、4"程序。

解：4 个数码管公共端接电源，4 个数码管的段分别接 P0、P1、P2、P3 口。程序如下：

```
#include    <reg51. h>
void main( )
{
    P0 = 0xf9;
    P1 = 0xA4;
    P2 = 0xB0;
    P3 = 0x99;
}
```

6.2.3　动态显示

动态扫描显示接口是单片机中应用最为广泛的显示方式之一。其接口电路是把所有显示器的 8 个笔划段 a~Dp 同名端连在一起，而每一个显示器的公共极 COM 是各自独立地受I/O线控制，如图 6-4 所示。

CPU 向字段输出口送出字形码时，所有显示器接收到相同的字形码，但究竟哪个显示器亮，则取决于 COM 端，而这一端是由 I/O 控制的，所以就可以自行决定何时显示哪一位了。而所谓动态扫描就是指采用分时的方法，轮流控制各个显示器的 COM 端，使各个显示器轮流点亮。在轮流点亮扫描过程中，每位显示器的点亮时间是极为短暂的（约 1ms），但由于人的视觉暂留现象及发光二极管的余辉效应，尽管实际上各位显示器并非同时点亮，但只要扫描的速度足够快，给人的印象就是一组稳定的显示数据，不会有闪烁感。

数码管动态显示电路的特点是：占用 I/O 口线少，硬件成本低，适合数码管位数多的场合。

【例6-4】 制作一个 0~9 数秒器。

电路如图 6-4 所示。

程序如下：

```
#include <reg51. h>
#define uint unsigned int
#define uchar unsigned char
uchar seg[ ] = {0xc0,0xf9,0xa4,0xb0,0x99,0x92,0x82,0xf8,0x80,0x90};
```

```
void delay( )
{
  uchar i;
  uint j;
  for( i = 0; i < 200; i++)
    for( j = 0; j < 1000; j++) ;
}
void main( )
{
  uchar i;
  while( 1 )
  {
    for( i = 0; i < 10; i++)
    {
      P2 = seg[ i ];
      delay( ) ;
    }
  }
}
```

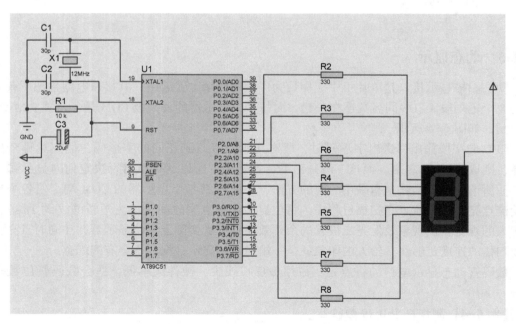

图 6-4　0~9 数秒器仿真电路图

【例 6-5】 制作一个 0~99 计数器，P1.7 引脚接一开关按钮，每按一次键数码管加 1 显示。

分析：两个共阳极数码管（7seg - MX2 - CA），位码接 P3.0 和 P3.1。电路如图 6-5 所示。

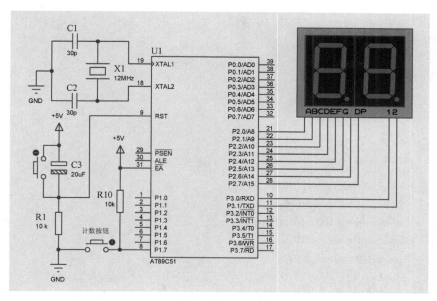

图 6-5　0~99 按键计数仿真图

当 P1.7=0，延时 500 ms 后 P1.7=1，说明按键被按下一次，计数变量 counter 加 1，把计数值 counter/10 的商作为十位，余数为个位。

程序如下：

```
#include<reg51.h>
#define uchar unsigned char
#define uint unsigned int
sbit p1_7=P1^7;
uchar seg[ ]={0xc0,0xf9,0xa4,0xb0,0x99,0x92,0x82,0xf8,0x80,0x90};
uchar counter=0,counter_1=0,counter_0=0;
void delay(uint m)
{
  uint i,j;
  for(i=0;i<m;i++)
    for(j=0;j<10;j++);
}
void display(void)
{
P2=seg[counter_1];        //显示十位
P3=0x01;
delay(20);
P3=0x00;
P2=seg[counter_0];        //显示个位
P3=0x02;
delay(20);
P3=0x00;
```

```
    }
void main( )
{
    while(1)
    {
        while( p1_7 = = 1)
        {
            display( );
        }
        if( p1_7 = = 0) delay( 500);
        if( p1_7 = = 1) counter++;
        if( counter = = 100) counter = 0;
        counter_1 = counter/10;
        counter_0 = counter%10;
        display( );
    }
}
```

6.3 LCD 显示器及其接口

在日常生活中，液晶显示器并不陌生。液晶显示模块已作为很多电子产品的常用器件，如在计算器、万用表、电子表及很多家用电子产品中都可以看到，它显示的主要是数字、专用符号和图形。在单片机的人机交流界面中，一般的输出设备有以下几种：发光管、LED数码管和液晶显示器。发光管和 LED 数码管比较常用，软硬件都比较简单，在前面章节已经介绍过，在此不作介绍，本节重点介绍字符型液晶显示器的应用。

6.3.1 LCD 显示器的特点

在单片机系统中应用晶液显示器作为输出器件有以下几个优点：

1）显示质量高：由于液晶显示器每一个点在收到信号后就一直保持色彩和亮度，恒定发光，而不像阴极射线管显示器（CRT）那样需要不断刷新亮点。因此，液晶显示器画质高且不会闪烁。

2）数字式接口：液晶显示器都是数字式的，比单片机系统的接口更加简单可靠，操作更加方便。

3）体积小、重量轻：液晶显示器通过显示屏上的电极控制液晶分子状态来达到显示的目的，在重量上比相同显示面积的传统显示器要轻得多。

4）功耗低：相对而言，液晶显示器的功耗主要消耗在其内部的电极和驱动 IC 上，因而耗电量比其他显示器要少得多。

6.3.2 液晶显示简介

（1）液晶显示原理

液晶显示的原理是利用液晶的物理特性，通过电压对其显示区域进行控制，有电就可以显示，这样即可以显示出图形。液晶显示器具有厚度薄、适用于大规模集成电路直接驱动、易于实现全彩色显示的特点，目前已经被广泛应用在便携式计算机、数字摄像机、PDA 移动通信工具等众多领域。

线段显示原理：点阵图形式液晶由 M×N 个显示单元组成，假设 LCD 显示屏有 64 行，每行有 128 列，每 8 列对应 1 B 的 8 位，即每行由 16 B，共 16×8 = 128 个点组成，屏上 64×16 个显示单元与显示 RAM 区 1024 B 相对应，每一字节的内容和显示屏上相应位置的亮暗对应。例如屏的第一行的亮暗由 RAM 区的 000H——00FH 的 16 B 的内容决定，当（000H）= FFH 时，则屏幕的左上角显示一条短亮线，长度为 8 个点；当（3FFH）= FFH 时，则屏幕的右下角显示一条短亮线；当（000H）= FFH，（001H）= 00H，（002H）= 00H，……（00EH）= 00H，（00FH）= 00H 时，则在屏幕的顶部显示一条由 8 段亮线和 8 条暗线组成的虚线。这就是 LCD 显示的基本原理。

字符显示原理：用 LCD 显示一个字符时比较复杂，因为一个字符由 6×8 或 8×8 点阵组成，既要找到和显示屏幕上某几个位置对应的显示 RAM 区的 8 B，还要使每字节的不同位为"1"，其他的为"0"，为"1"的点亮，为"0"的不亮。这样就组成了某个字符。对于内带字符发生器的控制器来说，显示字符比较简单，可以让控制器工作于文本方式，根据在 LCD 上开始显示的行列号及每行的列数找出显示 RAM 对应的地址，设立光标，并在此送上该字符对应的代码即可。

汉字显示原理：汉字的显示一般采用图形的方式，事先从计算机中提取要显示的汉字的点阵码（一般用字模提取软件），每个汉字占 32 B，分左右两半，各占 16 B，左边为 1、3、5…，右边为 2、4、6…，根据在 LCD 上开始显示的行列号及每行的列数可找出显示 RAM 对应的地址，设立光标，送上要显示的汉字的第一字节，光标位置加 1，送第二个字节，换行按列对齐，再送第三个字节……直到 32B 显示完就可以在 LCD 上得到一个完整汉字。

（2）液晶显示器的分类

液晶显示的分类方法有很多种，通常可按其显示方式分为段式、字符式、点阵式等。除了黑白显示外，液晶显示器还有多灰度有彩色显示等。如果根据驱动方式来分，可以分为静态驱动（Static）、单纯矩阵驱动（Simple Matrix）和主动矩阵驱动（Active Matrix）三种。

6.3.3　1602 字符型 LCD 简介

字符型液晶显示模块是一种专门用于显示字母、数字、符号等点阵式 LCD，目前常用 16×1，16×2，20×2 和 40×2 行等模块。下面以 1602 字符型液晶显示器为例介绍其用法。一般 1602 字符型液晶显示器实物如图 6-6 所示。

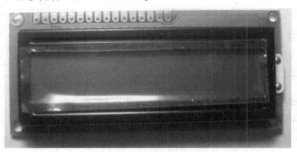

图 6-6　1602 字符型液晶显示器实物图

（1）1602LCD 的基本参数及引脚功能

1602LCD 分为带背光和不带背光两种，其控制器芯片大部分型号为 HD44780，带背光的比不带背光的厚，是否带背光在应用中并无差别，两者尺寸差别如图 6-7 所示。

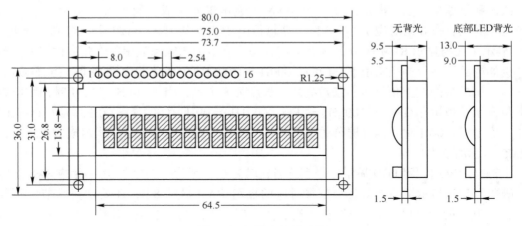

图 6-7   1602LCD 尺寸图

1602LCD 主要技术参数如下：

显示容量：16×2 个字符；

芯片工作电压：4.5~5.5 V；

工作电流：2.0 mA（5.0 V）；

模块最佳工作电压：5.0 V；

字符尺寸：2.95 mm×4.35 mm（W×H）。

1602LCD 采用标准的 14 脚（无背光）或 16 脚（带背光）接口，各引脚接口说明见表 6-3 。

表 6-3   引脚接口说明表

编号	符号	引脚说明	编号	符号	引脚说明
1	VSS	电源地	9	D2	数据
2	VDD	电源正极	10	D3	数据
3	VL	液晶显示偏压	11	D4	数据
4	RS	数据/命令选择	12	D5	数据
5	R/W	读/写选择	13	D6	数据
6	E	使能信号	14	D7	数据
7	D0	数据	15	BLA	背光源正极
8	D1	数据	16	BLK	背光源负极

第 1 脚：VSS 为地电源。

第 2 脚：VDD 接+5 V 电源。

第 3 脚：VL 为液晶显示器对比度调整端，接正电源时对比度最弱，接地时对比度最高，但对比度过高时会产生"鬼影"，使用时可以通过一个 10 kΩ 的滑动变阻器调整对比度。

第 4 脚：RS 为寄存器选择，高电平时选择数据寄存器、低电平时选择指令寄存器。

第 5 脚：R/W 为读写信号线，高电平时进行读操作，低电平时进行写操作。当 RS 和 R/W 共同为低电平时可以写入指令或者显示地址，当 RS 为低电平 R/W 为高电平时可以读忙信号，当 RS 为高电平 R/W 为低电平时可以写入数据。

第 6 脚：E 端为使能端，当 E 端由高电平跳变成低电平时，液晶模块执行命令。

第 7~14 脚：D0~D7 为 8 位双向数据线。

第 15 脚：背光源正极。

第 16 脚：背光源负极。

（2）1602LCD 的指令说明及时序

1602LCD 液晶模块内部的控制器共有 11 条控制指令，见表 6-4：

表 6-4　控制命令表

序号	指　　令	RS	R/W	D7	D6	D5	D4	D3	D2	D1	D0
1	清显示	0	0	0	0	0	0	0	0	0	1
2	光标复位	0	0	0	0	0	0	0	0	1	*
3	光标和显示模式设置	0	0	0	0	0	0	0	1	I/D	S
4	显示开/关控制	0	0	0	0	0	0	1	D	C	B
5	光标或显示移位	0	0	0	0	0	1	S/C	R/L	*	*
6	功能设置	0	0	0	0	1	DL	N	F	*	*
7	字符发生存储器 RAM 地址设置	0	0	0	1	字符发生存储器地址					
8	数据存储器 DORAM 地址设置	0	0	1	显示数据存储器地址						
9	读忙标志和光标地址设置	0	1	BF	计数器地址						
10	写数据到 CGRAM 或 DDRAM	1	0	要写的数据内容							
11	从 CGRAM 或 DDRAM 读数据	1	1	读出的数据内容							

1602 液晶模块的读写操作、屏幕和光标的操作都是通过指令编程来实现的。（说明：1 为高电平、0 为低电平）

指令 1：清显示，指令码为 01H，光标复位到地址 00H 位置。

指令 2：光标复位，光标返回到地址 00H。

指令 3：光标和显示模式设置。I/D：光标移动方向，高电平右移，低电平左移 S；屏幕上所有文字是否左移或者右移。高电平表示有效，低电平则无效。

指令 4：显示开/关控制。D：控制整体显示的开与关，高电平表示开显示，低电平表示关显示。C：控制光标的开与关，高电平表示有光标，低电平表示无光标。B：控制光标是否闪烁，高电平闪烁，低电平不闪烁。

指令 5：光标或显示移位。S/C：高电平时移动显示的文字，低电平时移动光标。

指令 6：功能设置。DL：高电平时为 4 位总线，低电平时为 8 位总线。N：低电平时为单行显示，高电平时双行显示。F：低电平时显示 5×7 的点阵字符，高电平时显示 5×10 的点阵字符。

指令 7：字符发生存储器 RAM 地址设置。

指令 8：数据存储器 DDRAM 地址设置。

指令 9：读忙信号和光标地址。BF：为忙标志位，高电平表示忙，此时模块不能接收命令或者数据，如果为低电平表示不忙。

指令 10：写数据。

指令 11：读数据。

HD44780 芯片基本操作时序表见表 6-5。

表 6-5　基本操作时序表

读状态	输入	RS=L，R/W=H，E=H	输出	D0~D7=状态字
写指令	输入	RS=L，R/W=L，D0~D7=指令码，E=高脉冲	输出	无
读数据	输入	RS=H，R/W=H，E=H	输出	D0~D7=数据
写数据	输入	RS=H，R/W=L，D0~D7=数据，E=高脉冲	输出	无

读写操作时序如图 6-8 和图 6-9 所示。

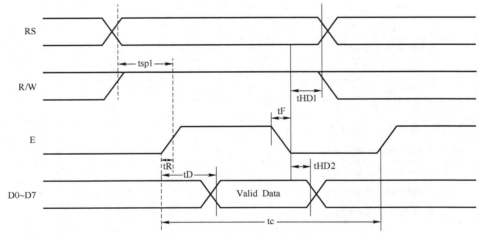

图 6-8　1602LCD 读操作时序

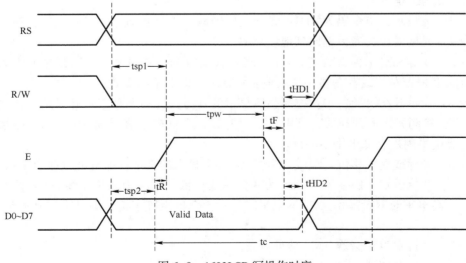

图 6-9　1602LCD 写操作时序

6.3.4　1602LCD 的 RAM 地址映射及标准字库表

液晶显示模块是一个慢显示器件，所以在执行每条指令之前一定要确认模块的忙标志为低电平，表示不忙，否则此指令失效。要显示字符时要先输入显示字符地址，也就是告诉模块在哪里显示字符，表 6-6 是 1602LCD 的内部显示地址。

表 6-6　1602LCD 内部显示地址

00	01	02	03	04	05	06	07	08	09	0A	0B	0C	0D	0E	0F	10	……	27
40	41	42	43	44	45	46	47	48	49	4A	4B	4C	4D	4E	4F	50	……	67

例如第二行第一个字符的地址是 40H，那么是否直接写入 40H 就可以将光标定位在第二行第一个字符的位置呢？这样不行，因为写入显示地址时要求最高位 D7 恒定为高电平 1 所以实际写入的数据应该是 01000000B（40H）+10000000B（80H）= 11000000B（C0H）。

在对液晶模块的初始化中要先设置其显示模式，在液晶模块显示字符时光标是自动右移的，无须人工干预。每次输入指令前都要判断液晶模块是否处于忙的状态。

1602 液晶模块内部的字符发生存储器（CGROM）已经存储了 160 个不同的点阵字符图形，这些字符有：阿拉伯数字、英文字母的大小写、常用的符号和日文假名等，每一个字符都有一个固定的代码，比如大写的英文字母 "A" 的代码是 01000001B（41H），显示时只要模块把地址 41H 中的点阵字符图形显示出来，就能看到字母 "A"。

6.3.5　1602LCD 的一般初始化（复位）过程

1602LCD 一般初始化设置为：

写指令 0x38：显示模式设置（16×2 显示、5×7 点阵、8 位数据接口）；

写指令 0x08：显示关闭；

写指令 0x01：显示清屏，数据指针清 0；

写指令 0x06：写一个字符后地址指针加 1；

写指令 0x0C：设置开显示，不显示光标。

6.3.6　1602LCD 编程方法

1）定义 1602LCD 引脚，包括 RS，R／W，E。这里定义是指这些引脚分别接在单片机哪些 I/O 口上。

2）显示初始化，在这一步进行初始化及设置显示模式等操作；写指令 38H；

写指令 08H：关闭显示；

写指令 01H：显示清屏；

写指令 06H：光标移动设置；

写指令 0cH：显示开及光标设置。

3）设置显示地址（写显示字符的位置）。

4）初始化子程序。

写指令 LCDwritecmd（unsigned char cmd）代码如下：

```
Lcdwaitready( );
Lcdrs = 0;
Lcdrw = 0;
lcdDB = cmd;
lcdE = 1;
lcdE = 0;
```

写数据 LCDwritedat（unsigned char dat）代码如下：

```
Lcdwaitready( );
Lcdrs = 0;
Lcdrw = 0;
lcdDB = dat;
lcdE = 1;
lcdE = 0;
```

【例 6-6】 用单片机控制 1602LCD 双排移动显示 "Hello everyone" 和 "Welcome to LKY"。

分析：1602LCD 的数据线 D0 ~ D7 与单片机的 P2 口连接，1602LCD 的 3 条控制线 RS、R/W、E 分别与 P3.5、P3.6、P3.7 引脚连接。建立 2 个字符数组存放字符信息。将数据指针定位在 1602LCD 的非显示区域，通过设置字符移位命令，实现信息从右侧移入和左侧移出。

电路设计在 Proteus ISIS 中没有 1602LCD，可使用 LM016L 元件替代。1602LCD 的对比度调节可通过一个 10 kΩ 的电位器进行调整，接正电源时对比度最低，接地时对比度最高。电路如图 6-10 所示。

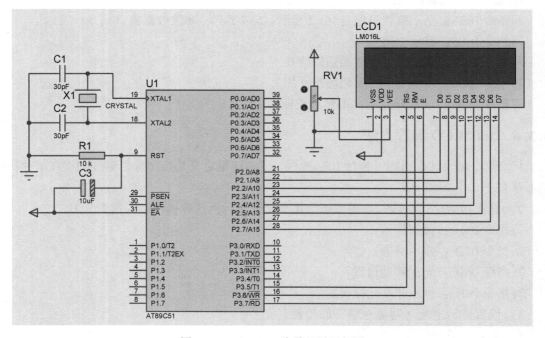

图 6-10　1602LCD 液晶显示运行图

程序如下:

```c
#include<reg51.h>
unsigned char code lcd1602a[ ]="Hello everyone!";
unsigned char code lcd1602b[ ]="Welcome to LKY!";
sbit lcden=P3^7;                    //液晶使能端
sbit lcdrw=P3^6;                    //液晶读写选择端
sbit lcdrs=P3^5;                    //液晶数据命令选择端
unsigned char num;
void delay(unsigned int ms)
{
unsigned int x,y;
for(x=0;x<ms;x++)
    for(y=0;y<124;y++);
}
void write_com(unsigned char com)
{
lcdrs=0;                           //写命令
P2=com;                            //
delay(5);                          //
lcden=1;                           //
delay(5);                          //
lcden=0;                           //
}
void write_data(unsigned char date)
{
lcdrs=1;                           //写数据
P2=date;                           //
delay(5);                          //
lcden=1;                           //
delay(5);                          //
lcden=0;                           //
}
void init( )
{
lcdrw=0;                           //写操作
lcden=0;                           //
write_com(0x38);                   //设置16×2显示,5×7点阵,8位数据接口
write_com(0x0c);                   //设置开显示,不显示光标
    write_com(0x06);               //写一个字符后地址指针加1
write_com(0x01);                   //显示清零,数据指针清零
}
void main( )
{
init( );
```

```
        write_com(0x80+0x10);//
        for(num=0;num<16;num++)
        {
            write_data(lcd1602a[num]);
            delay(1);
        }
        write_com(0x80+0x50);
        for(num=0;num<16;num++)
        {
            write_data(lcd1602b[num]);
            delay(1);
        }
        while(1)
        {
          //for(num=0;num<24;num++)
          write_com(0x18);
          delay(100);
        }
    }
```

6.4　LED 点阵显示

目前，LED 点阵显示器的应用非常广泛，车站、码头、机场、大型晚会、商场、银行、医院、街道随处可见。LED 点阵显示不仅能显示汉字、图形，还能播放动画、图像视频等信息，是广告宣传、新闻传播的有力工具。LED 点阵显示器分为图文显示器和视频显示器，LED 点阵显示器不仅有单色显示还有彩色显示。

6.4.1　LED 点阵结构和显示原理

LED 点阵显示器由若干个发光二极管按矩阵的方式排列组成的。LED 显示器按阵列点数可分为 5×7,5×8,6×8,8×8；按发光颜色可分为单色、双色、三色；按极性排列又可分为共阳极和共阴极。

（1）LED 点阵结构

一个 8×8LED 点阵显示原理图如图 6-11 所示，图 6-11 给出的是共阴极 LED 点阵，由 64 个发光二极管组成，每个二极管是出于行线（Y0~Y7）和列线（X0~X7）之间的交叉点上。

（2）LED 点阵显示信息原理

用 LED 点阵显示字符、数字或图案，通常采用行扫描方式。所谓行扫描方式就是先使 LED 点阵的第一行有效，列送显示数据，延时几毫秒（使该行上点亮的 LED 能够充分被点亮）；然后再使第二行有效，列送显示数据，延时几毫秒，……，最后再使 LED 点阵的最后一行有效，列送显示数据，延时几毫秒，然后再循环上述操作，一个稳定的字符、数字或图

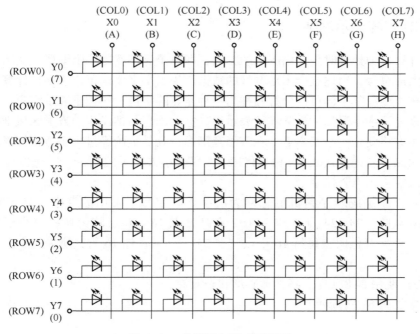

图 6-11　共阴极 LED 点阵显示

案就在 LED 点阵上显示出来了。在行扫描方式中，每显示一行信息所需的时间称为行周期，所有行扫描完成后所需的时间称为场周期。行与行之间延时 1~2 ms，延时时间受 50 Hz 闪烁频率的限制，应保证扫描所有行（即一帧数据）所用的时间在 20 ms 以内。

例如要使 8×8 LED 点阵显示一个"心形"图案，那么 先给 8×8 LED 点阵第 1 行送高电平（行高电平有效），同时给所有列线送 11111111（列线低电平有效），延时一段时间；然后给第 2 行送高电平，同时给所有列线送 10011001，延时一段时间，……，最后给第 8 行送高电平，同时给所有列线送 11111111，然后再循环上述操作，由于人眼的视觉驻留效应，一个稳定的心形图案就显示出来了。如图 6-12 所示。

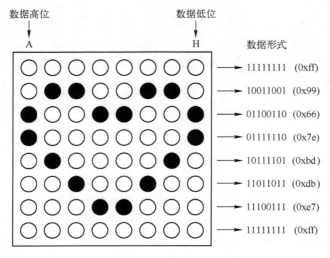

图 6-12　LED 点阵显示"心形"

6.4.2　LED点阵显示汉字

汉字在计算机中处理时是采用图形的方法，即每个汉字就是一个图形，显示一个汉字就是显示一个图形符号，描述这个图形符号的数据称为汉字字模。每个汉字在计算机中都有对应的字模，按类型汉字字模可以分为两种，一种是点阵字模，一种是矢量字模。

点阵字模是汉字字形描述最基本的表示法。它的原理是把汉字的方形区域细分为若干小方格，每个小方格便是一个基本点。在方形范围内，凡是笔画经过的小方格便形成墨点，不经过的形成白点，若墨点代表1，白点代表0，那么小方格可以用一个二进制位表示。这样制作出来的汉字称为点阵汉字。

将汉字按汉字编码顺序编辑汇总称为汉字点阵字库。常用的汉字点阵字库有12×12点阵、16×16点阵、24×24点阵和32×32点阵。以16×16点阵为例，每个汉字需要256个点来描述。汉字存储时，每行16个点，占2 B，一共存储16行，所以每个汉字需要32 B来存储。

【例6-7】使用8×8LED点阵显示心形和圣诞树。

电路连接如图6-13所示。

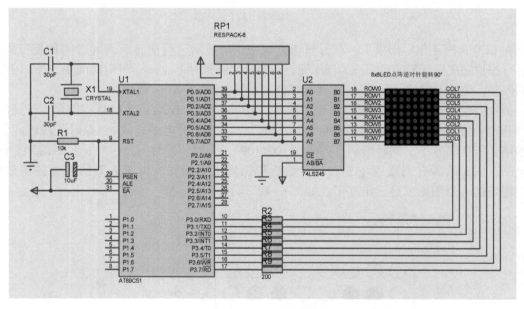

图6-13　8×8LED显示连线图

程序如下：

```
#include<reg51. h>
unsigned char scan[ ] = {0x01,0x02,0x04,0x08,0x10,0x20,0x40,0x80} ;    //扫描信号
unsigned char heart[ ] = {0xff,0x99,0x66,0x7e,0xbd,0xdb,0xe7,0xff} ;    //心形图案数据
unsigned char christmastree[ ] = {0xe7,0xc3,0x00,0xe7,0xc3,0xc3,0x00,0xe7} ;//圣诞树图像数据
delay( unsigned int ms)
```

```
        {
            unsigned int i,j;
            for(i=0;i<ms;i++)
                for(j=0;j<124;j++);
        }
    main( )
        {
            unsigned char i,j;
            while(1)
            {
                for(j=0;j<200;j++)          //心形图案循环显示 200 次,控制图案显示时间
            {
                for(i=0;i<8;i++)
                {
                    P0=scan[i];             //输出扫描信号
                    P3=heart[i];            //输出图案数据
                    delay(1);               //延时 1 ms
                    //P3=0xff;              //消影
                    //P0=0x00;              //消影
                }
            }
        }
```

【例 6-8】使用 4 个 8×8LED 点阵显示模块组成一个 16×16LED 点阵显示"单片机仿真"。单片机的 P0 和 P2 口控制单片机的列线，输出显示汉字的点阵数据，单片机的 P1 口和 4—16 译码器控制行线，输出扫描信号。显示汉字点阵数据可由字模提取软件得到。

程序如下：

```
#include<reg51.h>
#define uint unsigned int
#define uchar unsigned char
code uchar tab1[ ]={                        //显示的字符代码
0x00,0x10,0x00,0x10,0x1F,0xD0,0x14,0x90,
0x94,0x90,0x74,0x90,0x54,0x90,0x1F,0xFF,
0x14,0x90,0x34,0x90,0xD4,0x90,0x54,0x90,
0x1F,0xD0,0x00,0x10,0x00,0x10,0x00,0x00,     //"单",1
0x00,0x01,0x00,0x02,0x00,0x0C,0x7F,0xF0,
0x08,0x80,0x08,0x80,0x08,0x80,0x08,0x80,
0x08,0x80,0xF8,0x80,0x08,0x80,0x08,0xFF,
0x08,0x00,0x18,0x00,0x08,0x00,0x00,0x00,     //"片",2
0x10,0x20,0x10,0xC0,0x13,0x00,0xFF,0xFF,
0x12,0x00,0x11,0x82,0x10,0x0C,0x00,0x30,
0x7F,0xC0,0x40,0x00,0x40,0x00,0x40,0x00,
0x7F,0xFC,0x00,0x02,0x00,0x1E,0x00,0x00,     //"机",3
```

```
       0x02,0x00,0x04,0x00,0x08,0x00,0x37,0xFE,
       0xE0,0x02,0x50,0x04,0x10,0x18,0x10,0x60,
       0x9F,0x80,0x51,0x08,0x71,0x04,0x11,0x02,
       0x11,0x04,0x33,0xF8,0x11,0x00,0x00,0x00,          //"仿",4
       0x00,0x08,0x20,0x09,0x20,0x09,0x20,0x0A,
       0x2F,0xFA,0x2A,0xAC,0x3A,0xA8,0xEA,0xA8,
       0x2A,0xA8,0x2A,0xAC,0x2A,0xAA,0x2F,0xFA,
       0x20,0x09,0x60,0x09,0x20,0x08,0x00,0x00,};         //"真",5
const uchar tab2[ ] ={0x00,0x01,0x02,0x03,0x04,0x05,0x06,0x07,      //扫描码
                       0x08,0x09,0x0a,0x0b,0x0c,0x0d,0x0e,0x0f,};
void delay(uint n)
{      uint i;
             for(i=0;i<n;i++);
}
void main(void)
{
       uint j=0,q=0;
       uchar r,t=0;
       P0=0x00;
       P2=0x00;
       while(1)
       {
             for(r=0;r<200;r++)                    //控制每一个字符显示的时间
                for(j=q;j<32+q;j++)
                    {
                          P1=tab2[t];        //扫描点阵显示行,即逐行点亮
                          P0=tab1[j];        //送数据
                          j++;
                          P2=tab1[j];        //送数据
                          delay(50);
                          t++;
                          if(t==16)
                              t=0;
                    }
                q=q+32;                        //显示下一个字符
                if(q==160)
                   q=0;
       }
}
```

电路如图 6-14 所示。

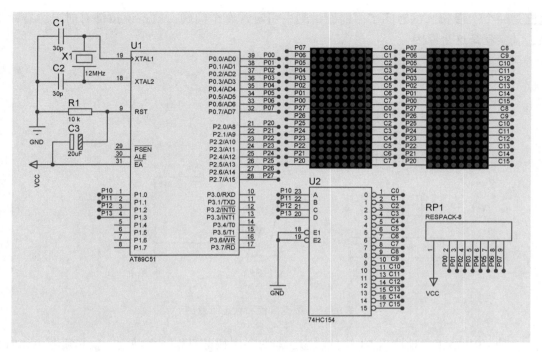

图 6-14　16×16LED 显示连线图

6.5　键盘及其接口

键盘是由若干常开的按键开关组成的开关矩阵，键盘是单片机不可缺少的输入设备，是实现人机对话的纽带，用户可以通过键盘向计算机输入指令、地址和数据。

6.5.1　键盘的管理及类型

键盘分为编码键盘和非编码键盘。编码键盘采用硬件电路实现键盘编码，内部有消抖电路，这种键盘硬件电路复杂，成本较高，在单片机应用系统中较少采用。非编码键盘仅提供按键工作状态，按键的编码或功能都由软件实现，且硬件电路简单，使用灵活等特点，可以根据实际的需求确定按键数量，在单片机应用系统中被广泛使用。

（1）键扫描过程与软件结构

当所设置的功能或数字键按下时，计算机应用系统应完成该按键所设定的功能。因此键信息输入与软件结构密切相关。对于一些系统的设计，比如红外遥控、调速、仪器仪表等系统，编写键盘程序是整个系统设计的核心。按键扫描流程如图 6-15a 所示。

（2）按键抖动问题

在图 6-15b 中，当开关 S 未被按下时，P1.0 输入为高电平，S 闭合后，P1.0 输入为低电平。由于按键是机械触点，当机械触点断开、闭合时，会有抖动，P1.0 输入端的波形如图 6-15c 所示。这种抖动对于人来说是感觉不到的，但对计算机来说，则是完全可以感应到的，因为计算机处理的速度是微秒级，而机械抖动的时间至少是毫秒级，对计算机而言，这已是一个"漫长"的时间了。前面讲到中断时曾有个问题，就是说按键有时灵，有时不灵，其实就是这个原因。

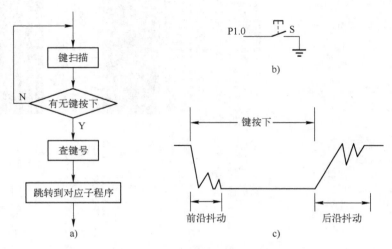

图 6-15　按键流程和状态示意图

　　为使 CPU 能正确地读出 P1 口的状态，对每一次按键只作一次响应，就必须考虑如何去除抖动，常用的去抖动的方法有两种：硬件方法和软件方法。

　　单片机中常用软件法去抖动其实很简单，就是在单片机获得 P1.0 口为低电平的信息后，不是立即认定 S 已被按下，而是延时 5~10 ms 或更长一些时间后再次检测 P1.0 口，如果仍为低电平，说明 S1 的确被按下了，这实际上是避开了按键按下时的抖动时间。而在检测到按键释放后（P1.0 为高）再延时 5~10 ms，消除后沿的抖动，然后再对键值处理。不过一般情况下，我们通常不对按键释放的后沿进行处理，实践证明，也能满足一般要求。当然，实际应用中，对按键的要求也是千差万别，要根据不同的需要来编制处理程序，但以上是消除键抖动的原则。

　　单片机的硬件消抖通常采用稳态电路或滤波电路，如图 6-16 所示。

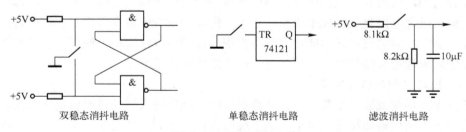

图 6-16　硬件消抖电路

　　（3）键值与键号

　　一组按键或键盘都要通过 I/O 口线查询按键的开关状态。根据键盘结构不同，采用不同的编码方法。但无论有无编码最后都要转换成为与累加器中数值相对应的键值，以实现按键功能程序的散转转移，详细内容在矩阵键盘中介绍。

（4）键盘扫描方式

键盘处理既要即时响应按键操作又不能占用 CPU 太长时间而影响其他程序执行。CPU对键盘处理控制的工作方式有三种：程序扫描方式、定时扫描方式和中断扫描方式。

程序扫描方式：程序扫描方式是将键盘处理程序作为主程序的一部分，最多的是和显示程序一起构成应用系统的主程序，当主程序运行到键盘处理程序时，扫描键盘、检测按键状态，检测到有键输入时执行相应的键功能程序。这种方式要求主程序循环时间周期不能太长，否则可能会失去按键检测的即时性。这种扫描的不足是没有按键时也要扫描，浪费CPU 的时间。

定时扫描方式：定时扫描方式是用定时计数器反复产生中断，将键盘处理程序作为定时计数器的中断服务程序。CPU 响应中断后扫描键盘，在有按键按下时处理相应键的功能程序，由于这种方式除了占用 CPU 时间还占用了定时计数器，实际应用中很少使用。

中断扫描方式：中断扫描方式利用外部中断源，当有键按下时产生中断请求，在中断服务程序中处理键盘程序。在没有键操作时 CPU 执行正常程序，只在有键操作时才处理键盘程序，这样不占用 CPU 的时间，在实际应用中常被采用。

（5）编制键盘程序

编制键盘程序有以下几个步骤：

1）监测有无键按下。

2）有键按下后，应采用消抖方法。

3）键锁定：即有键按下后，其间对任何其他键按下又松开的键不产生处理。

4）输出确定的键号以满足散转指令要求。

6.5.2　独立式键盘

（1）独立式键盘结构

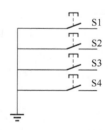

独立式按键是指直接用 I/O 口线构成的单个按键电路，其结构如图 6-17 所示。每个独立式按键单独占有一根 I/O 口线，每个 I/O 口线上的按键工作状态不会影响其他 I/O 口线工作状态。独立式按键电路配置灵活，软件结构简单，但每个按键必须占用一根 I/O 口线，在按键数量较多时，I/O 口线浪费较大，故按键数量不多时，常采用这种按键电路。

图 6-17　独立式键盘结构

通常按键输入都采用低电平有效。上拉电阻保证了按键断开 I/O 口线有确定的高电平，当 I/O 口内部有上拉电阻时外部电路可以不配置上拉电阻。

（2）独立式按键应用

【例 6-9】如图 6-18 所示。P3.2~P3.5 分别接 4 个按键 S1~S4，编制 4 个按键的扫描子程序。

```
#include <reg51. h>
#include <intrins. h>
//--定义要使用的 IO 口--//
#define   GPIO_KEY P3          //独立键盘用 P3 口
#define   GPIO_LED P1          //LED 使用 P1 口
```

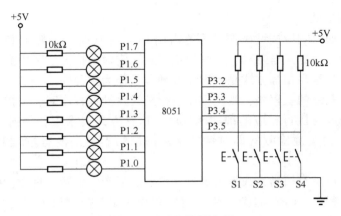

图 6-18　独立按键应用

```
//--声明全局函数--//
void Delay10ms( unsigned int c) ;    //延时 10 ms
unsigned char Key_Scan( ) ;
void main( void)
{
    unsigned char ledValue, keyNum;
    ledValue = 0x01;
    while (1)
    {
      keyNum = Key_Scan( ) ;
      switch (keyNum)
      {
        case(0xFE) :
                ledValue = 0x01;break;
        case(0xFD) :
                ledValue = 0x02;break;
        case(0xFB) :
                ledValue = 0x04;break;
        case(0xF7) :
                ledValue = 0x08;break;
            Default:break;
      }

            GPIO_LED = ledValue;          //点亮 LED 灯

    }
}
unsigned char Key_Scan( )
{
    unsigned char keyValue = 0 , i;          //保存键值
    if (GPIO_KEY ! = 0xFF)                    //检测按键 S1 是否按下
    {
```

```
        Delay10ms(1);                              //消除抖动
        if (GPIO_KEY != 0xFF)                      //再次检测按键是否按下
        {
            keyValue = GPIO_KEY;
            i = 0;
            while ((i<50) && (GPIO_KEY != 0xFF))    //检测按键是否松开
            {
                Delay10ms(1);
                i++;
            }
        }
    }
    return keyValue;                               //将读取到键值的值返回
}
void Delay10ms(unsigned int c)                     //误差 0 μs
{
    unsigned char a, b;
    for (;c>0;c--)
    {
      for(b=38;b>0;b--)
        {
          for(a=130;a>0;a--);
        }
    }
}
```

6.5.3 矩阵式键盘

在键盘中按键数量较多时，为了减少 I/O 口的占用，通常将按键排列成矩阵形式，如图 6-19 所示。

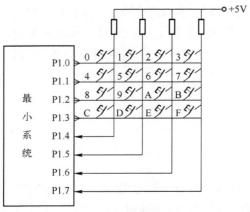

图 6-19 矩阵式键盘接口电路

在矩阵式键盘中，每条水平线和垂直线在交叉处不直接连通，而是通过一个按键加以连接。这样，一个端口（如 P1 口）就可以构成 4×4=16 个按键，比直接将端口线用于键盘多出了一倍，而且线数越多，区别越明显，比如再多加一条线就可以构成 20 键的键盘，而直接用端口线则只能多出一键（9 键）。由此可见，在需要的键数比较多时，采用矩阵法来设计键盘是合理的。矩阵式结构的键盘显然比独立式键盘要复杂一些，识别过程也要复杂一些，图 6-19 中，列线通过电阻接正电源，并将行线所接的单片机的 I/O 口作为输出端，而列线所接的 I/O 口则作为输入。可以通过读入输入线的状态就可得知是否有键按下。具体的识别及编程方法如下所述。

矩阵式键盘的按键识别方法：行扫描法。

行扫描法又称为逐行（或列）扫描查询法，是一种最常用的按键识别方法，如图 6-19 所示键盘，介绍过程如下。

判断键盘中有无键按下：将全部行线置低电平，然后检测列线的状态。只要有一列的电平为低，则表示键盘中有键被按下，而且闭合的键位于低电平线与 4 根行线相交叉的 4 个按键之中。若所有列线均为高电平，则键盘中无键按下。

判断闭合键所在的位置：在确认有键按下后，即可进入确定具体闭合键的过程。其方法是：依次将行线置为低电平，即在置某根行线为低电平，其他线为高电平。在确定某根行线位置为低电平后，再逐行检测各列线的电平状态。若某列为低，则该列线与置为低电平的行线交叉处的按键就是闭合的按键。

矩阵式键盘程序扫描方式三个步骤：

1）判断有无键按下；

2）软件延时 10~20 ms 去抖动；

3）求键值（行、列）。

【例 6-10】如图 6-19 所示。8051 单片机的 P1 口用作键盘 I/O 口，键盘的列线接到 P1 口的高 4 位，键盘的行线接到 P1 口的低 4 位。列线 P1.4~P1.7 分别接有 4 个上拉电阻到正电源 +5 V，并把列线 P1.4~P1.7 设置为输入线，行线 P1.0~P1.3 设置为输出线。4 根行线和 4 根列线形成 16 个相交点。

检测当前是否有键被按下。检测的方法是 P1.0~P1.3 输出全为"0"，读取 P1.4~P1.7 的状态，若 P1.4~P1.7 为全"1"，则无键闭合，否则有键闭合。

延时去除键抖动。当检测到有键按下后，延时一段时间再做下一步的检测判断。若有键被按下，应识别出是哪一个键闭合。方法是对键盘的行线进行扫描。P1.0~P1.3 按下述 4 种组合依次输出：

P1.3　1 1 1 0
P1.2　1 1 0 1
P1.1　1 0 1 1
P1.0　0 1 1 1

在每组行输出时读取 P1.4~P1.7，若全为"1"，则表示为"0"这一行没有键闭合，否则有键闭合。由此得到闭合键的行值和列值，然后可采用计算法或查表法将闭合键的行值和列值转换成所定义的键值。图中键值和键号的对应关系见表 6-7：

表 6-7　键值键号对应表

键号	0	1	2	3	4	5	6	7
键值	EEH	DEH	BEH	7EH	EDH	DDH	BDH	7DH
键号	8	9	A	B	C	D	E	F
键值	EBH	DBH	BBH	7BH	E7H	D7H	B7H	77H

为了保证键每闭合一次 CPU 仅进行一次处理，必须去除键释放时的抖动。

键盘扫描程序如下：

从以上分析得到键盘扫描程序的流程图如图 6-20 所示。

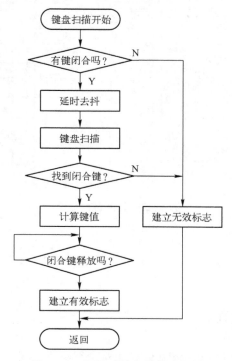

图 6-20　矩阵式键盘扫描流程图

矩阵键盘编程流程如下：

1）P1 = 0xf0；读列；

2）读 P1 口值，com1 = P1；

3）如果 P1 不等于 0xf0；说明有键按下，调用 5 ms 的延时，再次读入 P1 口的值，如果仍然不等于 0xf0，说明真正有键按下；

4）保留 P1 口读入值的高 4 位；

5）让 P1 口输出 0x0f，读行；

6）再读 P1 口，com2 = 0x0，保留低 4 位；

7）低 4 位和高 4 位或得到键值即 temp = com1 | com2；

8）重新让 P1 输出 0x0f；

9）如果 P1 不等于 0x0f，说明按键没有松开，就一直等待即 while（P1! = 0xf0）；

注意，用 switch   case 语句判断键号。

【例 6-11】用 P1 口连接一 4×4 键盘，P0 口接一位 LED 数码管，实现数码管显示一位按键的键号，电路连线如图 6-21 所示。

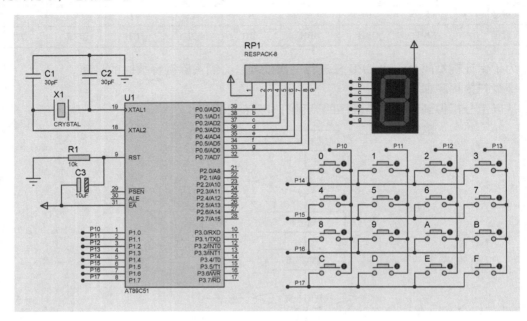

图 6-21　行列键盘显示

程序如下：

```
#include<reg51. h>
#include<intrins. h>
#include<absacc. h>
#define uchar unsigned char
#define uint unsigned int
uchar seg[ ] = {0xc0,0xf9,0xa4,0xb0,0x99,0x92,0x82,0xf8,0x80,
             0x90,0x88,0x83,0xc6,0xa1,0x86,0x8e};   //共阳极 LED 数码管 0~F 字型编码
uchar com1,com2;
void delay(uint ms)
{
    uint i,j;
    for(i=0;i<ms;i++)
        for(j=0;j<124;j++);
}
uchar key_scan( )
{
    uchar temp;
    uchar com;
    delay(10);              //延时消抖
    P1 = 0xf0;              //再次检测键盘有无键按下(行送高电平,列送低电平)
```

```
    if( P1!=0xf0)                        //确实有键按下
      {
          com1 = P1;                     //读取第一次采集的数据
          P1 = 0x0f;                     //行送低电平,列送高电平
          com2 = P1;                     //读取第二次采集的数据
      }
      P1 = 0xf0;
    while( P1!=0xf0);                     //等待按键松开
      temp = com1 | com2;                //得到按键编码
Switch( temp)
    {
          case 0xee: com = 0; break;//得到键值
          case 0xed: com = 1; break;
          case 0xeb: com = 2; break;
          case 0xe7: com = 3; break;
          case 0xde: com = 4; break;
          case 0xdd: com = 5; break;
          case 0xdb: com = 6; break;
          case 0xd7: com = 7; break;
          case 0xbe: com = 8; break;
          case 0xbd: com = 9; break;
          case 0xbb: com = 10;break;
          case 0xb7: com = 11; break;
          case 0x7e: com = 12; break;
          case 0x7d: com = 13; break;
          case 0x7b: com = 14; break;
          case 0x77: com = 15; break;
          default: break;
    }
      return( com);
}
void main( )
{
    uchar dat;
    while( 1)
    {
      P1 = 0xf0;              //检测键盘有无键按下(行送高电平,列送低电平)
      while( P1!=0xf0)        //若无键按下,则继续检测
    {
        dat = key_scan( );     //有键按下,调用键盘检测函数获取键值
        P0 = seg[ dat];        //键值送数码管显示
            }
      }
}
```

实际上，键盘及显示处理是很复杂的，它往往占到一个应用程序的大部分代码，可见其重要性，但其实这种复杂并不来自于单片机的本身，而是来自于操作者的习惯等问题，因此，在编写键盘处理程序之前，最好先把它从逻辑上理清，然后用适当的算法表示出来，最后再去写代码，这样才能快速有效地写好代码。

思考与练习

6-1　分别用动态和静态数码实现显示 1、2、3、4；P1 口作为段码输入。

6-2　在上题基础上设计两个独立按键，K1 键使数码管最后一位加 1，K2 键使数码管最后一位减 1。

6-3　设计两个独立按键，K1 键使 8 个流水灯从左到右点亮，K2 键使 8 个流水灯从右到左点亮。

6-4　用 LCD1602 分行显示你的班级和姓名。

6-5　什么是"按键抖动"？如何去抖？

6-6　液晶显示的原理是什么？

6-7　简述 LED 显示器的结构及工作原理。

6-8　设计一个 0~99 的 LED 数码管数秒器，用两位一体的数码管显示计数值。

6-9　设计一 4×4 矩阵键盘，再设计一 4×4 矩阵型 LED 发光二极管显示电路，按键与二极管一一对应关系，要求按下某个按键时对应的数码管点亮。

6-10　编程设计发光二极管的闪烁程序。要求发光二极管每隔两个点亮 1 个，反复循环，交换时间为 100 ms，已知时钟频率为 12 MHz。

6-11　如图 6-22 所示，编写交通灯程序。南北东西红绿灯各亮 30 s，黄灯闪烁 3 s。

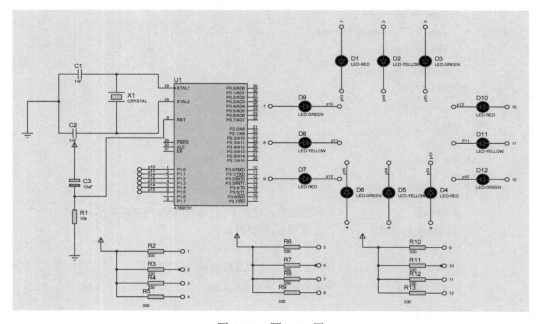

图 6-22　题 6-11 图

第7章 单片机的中断系统

7.1 中断的概念

众所周知，伴随 CPU 的工作速度越来越快，CPU 启动外部设备和输入/输出一个字节数据只需要微秒级甚至更短的时间，而低速的外设工作速度一般在毫秒级，若 CPU 和外部设备是串行工作的，则 CPU 就要浪费很多时间去等待外设，其效率大大降低。若没有中断技术，CPU 就难以为多个设备服务，对故障的处理能力也极差。为了解决这些问题，在计算机中引入了中断技术，目前所有的计算机都有中断处理的能力。

7.1.1 中断的基本概念及相关术语

中断是 CPU 在执行现行程序的过程中，发生随机事件和特殊请求时，使 CPU 中止现行程序的执行，而转去执行随机事件或特殊请求的处理程序，待处理完毕后，再返回被中止的程序继续执行的过程。实现中断的硬件逻辑和实现中断功能的指令统称为中断系统。引起中断的事件称为中断源，实现中断功能的处理程序称为中断服务程序。中断的响应过程如图 7-1 所示。对于中断系统来说，引起中断的事件称为中断源；由中断源向 CPU 所发出的请求中断的信号称为中断请求信号；CPU 中止现行程序执行的位置称为中断断点；中断断点处的程序位置称为中断现场；由中断服务程序返回到原来程序的过程称为中断返回；CPU 接受中断请求而终止现行程序，转去为中断源服务称为中断响应。

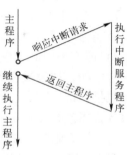

图 7-1　中断响应过程

在中断系统中，对中断断点的保护是 CPU 在响应中断时自动完成的，中断服务完成时，执行中断返回指令得到恢复；对于中断断点处其他数据的保护与恢复是通过在中断服务程序中采用堆栈操作指令 PUSH 及 POP 来实现的，这种操作通常称为保护现场与恢复现场。

7.1.2 中断的作用

中断系统在计算机系统中有很重要的作用，利用中断系统可以实现以下功能：

1）分时操作。利用中断系统可以实现 CPU 和多台外设并行工作，能对多道程序分时操作，以及实现多机系统中各机间的联系，提高计算机系统的工作效率。

2）实时处理。利用中断系统可以及时采集和处理生产过程的随机信息，实现实时控制，提高计算机控制系统的灵活性。

3）故障处理。利用中断系统可以监视现行程序的程序性错误（如运算溢出、地址错等）和系统故障（如电源掉电、I/O 总线奇偶错误等），实现故障诊断和故障的自行处理，提高计算机系统的故障处理能力。

7.1.3 中断源

通常，计算机的中断源有下列几种：

1）一般输入/输出设备。当外设准备就绪时可以向 CPU 发出中断请求，从而实现外设与 CPU 的通信。如键盘、打印机等。

2）实时时钟或计数信号。如定时时间或计数次数一到，则向 CPU 发出中断请求，要求 CPU 加以处理。

3）故障源。当采样或运算结果出现超出范围或系统停电时，可以通过报警、掉电等信号向 CPU 发出中断请求，要求 CPU 加以处理。

4）为调试程序而设置的中断源。为了便于控制程序的调试，及时检查中间结果可以在程序中设置一些断点或单步执行等。

7.1.4 中断系统的基本功能

为了满足系统中各种中断请求的要求，中断系统应该具备如下的基本功能：

1）识别中断源。在中断系统中必须能够正确识别各种中断源，以便区分各种中断请求，从而为不同的中断请求服务。

2）能实现中断响应及中断返回。当 CPU 收到中断请求申请后，能根据具体情况决定是否响应中断，如果没有更高级别的中断请求，则在执行完当前指令后响应这一请求。响应过程应包括：保护断点、保护现场、执行相应的中断服务程序、恢复现场、恢复断点等。当中断服务程序执行完毕后则返回被中断的程序继续执行。

3）能实现中断优先权排队。如果在系统中有多个中断源，可能会出现两个或多个中断源同时向 CPU 提出中断请求的情况，这样就必须要求设计者事先根据轻重缓急，给每个中断源确定一个中断级别，即优先权。当多个中断源同时发出中断请求时，CPU 能找到优先权级别最高的中断源，并优先响应它的中断请求；在优先权级别最高的中断处理完了以后，再响应级别较低的中断源。

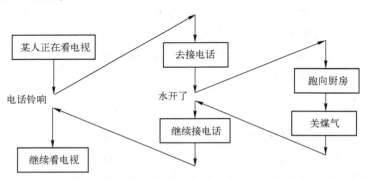

图 7-2 中断嵌套示意图

4）能实现中断嵌套。当 CPU 响应某一中断的请求，在进行中断处理时，若有优先权级别更高的中断源发出中断请求，CPU 要能中断正在进行的中断服务程序，保留这个程序的断点和现场，而响应更高优先权的中断，在高优先权处理完以后，再继续执行被中断的中断服务程序，即形成中断嵌套，而当发出新的中断请求的中断源的优先权与正在处理的中断源同级或更低时，则 CPU 就可以不响应这个中断请求，直至正在处理的中断服务程序执行完以后才去处理新的中断申请，如图 7-2 所示。

7.2 单片机的中断系统

51 系列单片机中不同型号芯片的中断源数量是不同的，最基本的 8051 单片机有 5 个中断源，分别是$\overline{INT0}$、$\overline{INT1}$、T0、T1、TXD/RXD。中断源分为两个中断优先权级别，可以实现两级中断服务程序嵌套。每一个中断源可以编程为高优先权级别或低优先权级别中断，允许或禁止向 CPU 请求中断。51 系列单片机基本的中断系统结构图如图 7-3 所示。

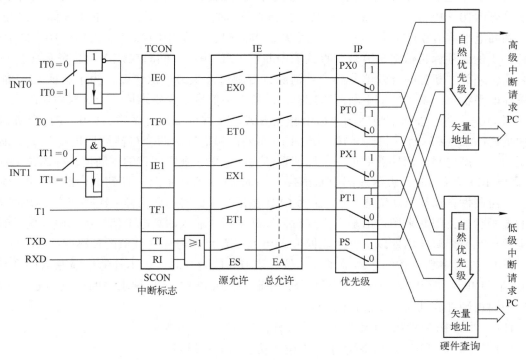

图 7-3　51 系列单片机的中断系统内部结构图

由图 7-3 可知，所有的中断源都要产生相应的中断请求标志，这些标志分别放在特殊功能寄存器 TCON 和 SCON 的相关位。每一个中断源的请求信号需经过中断允许 IE 和中断优先权选择 IP 的控制才能够得到单片机的响应。

7.2.1　中断源与中断请求

由图 7-3 可以看出，51 系列单片机有 5 个中断源，它们是：外部中断$\overline{INT0}$（P3.2）、$\overline{INT1}$（P3.3）；定时器 T0、T1 溢出中断；串行口的发送（TXD）和接收（RXD）中断源（只占 1 个中断源）。外部中断的中断请求标志位和 T0、T1 的溢出中断请求标志位锁存在定时器/计数器控制寄存器 TCON 中，而串行口对应的中断请求标志位锁存在串行口控制寄存器 SCON 中。

1. 定时器/计数器控制寄存器 TCON

TCON 为定时器/计数器控制寄存器，其字节映像地址为 88H，可位寻址，它除了控制定时器/计数器 T0、T1 的溢出中断外，还控制着两个外部中断源的触发方式和锁存两个外部中断源的中断请求标志。其格式如下：

TF1	TR1	TF0	TR0	IE1	IT1	IE0	IT0

TCON 寄存器各位的含义如下：

IT0：外部中断$\overline{INT0}$的中断触发方式选择位。

当 IT0＝0 时；外部中断$\overline{INT0}$为电平触发方式。在这种触发方式中，CPU 在每一个机器周期采样$\overline{INT0}$（P3.2）引脚的输入电平，当采样到低电平时，置$\overline{INT0}$中请求标志位为 1，采样到高电平清 IE0 位为 0。在采用电平触发方式时，外部中断源（输入到$\overline{INT0}$，即 P3.2 引脚）上的必须保持低电平有效，直到该中断被 CPU 响应，同时在该中断服务程序执行结束之前，外部中断源的有效信号必须被清除，否则将产生另一次中断。为了保证 CPU 能正确采样电平状态，要求外部中断源$\overline{INT0}$有效的低电平信号至少要维持一个机器周期以上。

当 IT0＝1 时；外部中断$\overline{INT0}$为边沿触发方式。在这种触发方式中，CPU 在每个机器周期内采样$\overline{INT0}$（P3.2）引脚上的输入电平。如果在相临近的两个机器周期内，一个周期采样到$\overline{INT0}$为高电平，而接着的下一个周期采样到低电平，则置$\overline{INT0}$的中断请求标志位 IE0 为 1，即当 IE0 位为 1 时，表示外部中断$\overline{INT0}$正在向 CPU 请求中断，直到该中断被 CPU 响应时，才由硬件自动将 IE0 位清为 0。因为 CPU 在每一个机器周期采样一次外部中断源输入引脚的电平状态，因此采用边沿触发方式时，外部中断源输入的高电平信号和低电平信号时间必须保持在一个机器周期以上，才能保证 CPU 检测到此信号由高到低的负跳变。

IE0：外部中断$\overline{INT0}$的中断请求标志位。当 IE0 位为 0 时，表示外部中断源$\overline{INT0}$没有向 CPU 请求中断；当 IE0 位为 1 时，表示外部中断$\overline{INT0}$正在向 CPU 请求中断，且当 CPU 响应该中断时由硬件自动对 IE0 进行清 0。

IT1：外部中断$\overline{INT0}$的中断触发方式选择位。功能与 IT0 相同。

IE1：外部中断$\overline{INT0}$的中断请求标志位。功能与 IE0 相同。

TR0：定时器/计数器 T0 的启动标志位。当 TR0 位为 0 时，不允许 T0 计数器工作；当 TR0 位为 1 时，允许 T0 定时器或计数器工作。

TF0：定时器/计数器 T0 的溢出中断请求标志位。在定时器/计数器 T0 被允许计数后，从初值开始加 1 计数，当产生计数溢出时由硬件自动将 TF0 位置为 1，通过 TF0 位向 CPU 申请中断，一直保持到 CPU 响应该中断后才由硬件自动将 TF0 位清 0。当 TF0 位为 0 时，表示 T0 未计数或计数未产生溢出。当 T0 不允许中断时，TF0 标志可供程序查询。

TR1：定时器/计数器 T1 的启动标志位。功能与 TR0 相同。

TF1：定时器/计数器 T1 的溢出中断请求标志位。功能与 TF0 相同。

2. 串行口控制寄存器 SCON

SCON 为串行口控制寄存器，其字节映像地址为 98H，也可以进行位寻址。串行口的接收和发送数据中断请求标志位（RI、TI）被锁存在串行口控制寄存器 SCON 中，其格式如下：

SM0	SM1	SM2	REN	TB8	RB8	TI	RI

SCON 寄存器 RI 和 TI 位的含义如下：

RI：串行口接收中断请求标志位。当串行口以一定方式接收数据时，每接收完一帧数据，由硬件自动将 RI 位置为 1。而 RI 位的清 0 必须由用户用指令来完成。

TI：串行口发送中断请求标志位。当串行口以一定方式发送数据时，每发送完一帧数据，由硬件自动将 TI 位置为 1。而 TI 位的清 0 也必须由用户用指令来完成。

注意：在中断系统中，将串行口的接收中断 RI 和发送中断 TI 经逻辑或运算后作为内部的一个中断源。当 CPU 响应串行口的中断请求时，CPU 并不清楚是由接收中断产生的中断请求还是由发送中断产生的中断请求，所以用户在编写串行口的中断服务程序时，在程序中必须识别是 RI 还是 TI 产生的中断请求，从而执行相应的中断服务程序。

SCON 其他位的功能和作用与串行通信有关，将在第 9 章中介绍。在上述的特殊功能寄存器中的所有中断请求标志位，都可以由软件加以控制，即用软件置位或清 0。当某位进行置位时，就相当于该位对应的中断源向 CPU 发出中断请求，如果清 0 就撤销中断请求。

7.2.2 中断允许控制

在计算机中断系统中有两种不同类型的中断：一类为非屏蔽中断，另一类为可屏蔽中断。对于非屏蔽中断，用户不能用软件方法加以禁止，一旦有中断请求，CPU 就必须予以响应。而对于可屏蔽中断，用户则可以通过软件方法来控制它们是否允许 CPU 去响应。允许 CPU 响应某一个中断请求称为中断开放（或中断允许），不允许 CPU 响应某一个中断请求称为中断屏蔽（或中断禁止）。

AT89S51 系列单片机的 5 个中断源都是可屏蔽中断。由图 7-3 可知，CPU 对中断源的中断开放或中断屏蔽的控制是通过中断允许控制寄存器 IE 来实现的。IE 的字节映像地址为 A8H，既可以按字节寻址，也可以按位寻址。当单片机复位时，IE 被清 0。

通过对 IE 的各位的置 1 或清 0 操作，实现开放或屏蔽某个中断，也可以通过对 EA 位的清 0 来屏蔽所有的中断源。IE 的格式如下：

EA	----	----	ES	ET1	EX1	ET0	EX0

IE 寄存器各位的含义为：

EA：总中断允许控制位。当 EA 位为 0 时，屏蔽所有的中断；当 EA 位为 1 时，开放所有的中断。

ES：串行口中断允许控制位。当 ES 位为 0 时，屏蔽串行口中断；当 ES 位为 1 且 EA 位也为 1 时，开放串口中断。

ET1：定时器/计数器 T1 的中断允许控制位。当 ET1 位为 0 时，屏蔽 T1 的溢出中断；当 ET1 位为 1 且 EA 位也为 1 时，开放 T1 的溢出中断。

EX1：$\overline{INT1}$ 的中断允许控制位。当 EX1 位为 0 时，屏蔽 $\overline{INT1}$；当 EX1 位为 1 且 EA 位也为 1 时，开放外部中断 1。

ET0：定时器/计数器 T0 的中断允许控制位。功能与 ET1 相同。

EX0：$\overline{INT0}$ 的中断允许控制位。功能与 EX1 相同。比如要开放 $\overline{INT1}$ 和 T1 的溢出中断，

屏蔽其他中断，则对应的中断允许控制字为：10001100B，即 8CH。只要将这个结果送入 IE 中，中断系统就按所设置的结果来管理这些中断源。形成这个控制结果的方法既可以对 IE 按字节操作，也可以按位操作。

按字节操作形式　　#include <reg51.h>

IE = 0x8C

按位操作形式　　　#include <reg51.h>

EX1 = 1；

ET1 = 1；

EA = 1；

思考题：如果要开放外部中断 0 和串口的中断，而屏蔽其他中断的控制字是什么？如何来实现这个控制结果呢？

7.2.3　中断优先权管理

在中断系统中，要使某一个中断被优先响应的话，就要依靠中断优先权控制。51 系列单片机对所有中断设置了两个优先级，每一个中断请求源都可以编程设置为高优先级中断或低优先级中断，从而实现二级中断嵌套。为了实现对中断优先权的管理，在 51 内部提供了一个中断优先级寄存器 IP，其字节地址为 B8H，既可以按字节形式访问，又可以按位的形式访问。其格式如下：

			PS	PT1	PX1	PT0	PX0

IP 寄存器各位的含义如下：

PX0、PT0、PX1、PT1 和 PS 分别为$\overline{INT0}$、T0、$\overline{INT1}$、T1 和串行口中断优先级控制位。当相应的位为 0 时，所对应的中断源定义为低优先级，相反则定义为高优先级。

比如要将 T0 定义为高优先级，使 CPU 优先响应其中断，其他中断均定义为低优先级，对应的优先级控制字为 00000010B，即 02H。只要将这个控制字送入 IP 中，CPU 就优先响应 T0 产生的溢出中断，并将其他中断按低优先级中断处理。具体操作形式如下：

按字节操作形式　　#include <reg51.h>

IP = 0x02

按位操作形式　　　#include <reg51.h>

PT0 = 1

在同一个优先级中，各中断源的优先级别由一个内部的硬件查询序列来决定，所以在同级的中断中按硬件查询序列也确定了一个自然优先级，其从高到低的优先级排列如下：

$\overline{INT0}$—T0—$\overline{INT1}$—T1—串行口（RI、TI）

按中断优先权设置后，响应中断的基本原则是：

● 若多个中断请求同时有效，CPU 优先响应优先权最高的中断请求。

● 同级的中断或更低级的中断不能影响 CPU 正在响应的中断过程。

● 低优先权的中断响应过程可以被高优先权的中断请求所中断，CPU 会暂时中止当前低优先权的中断过程，而优先响应高优先权中断。等到高优先权中断响应结束后再继续响应原低优先权的中断过程，形成中断的嵌套。为了实现上述功能和基本原则，在

51 系列单片机中断系统的内部设置了两个不可寻址的优先级触发器,一个是指出 CPU 是否正在响应高优先权中断的高优先级触发器,另一个是指出 CPU 是否正在响应低优先权中断的低优先级触发器。当高优先级触发器状态为 1 时,屏蔽所有的中断请求;当低优先级触发器状态为 1 时,屏蔽所有同级的中断请求而允许高优先权中断的中断请求。51 系列单片机复位后,特殊功能寄存器 IE、IP 的内容均为 0,由用户的初始化程序对 IE、IP 进行初始化,开放或屏蔽某些中断并设置它们的优先权。

7.2.4 中断响应过程和响应时间

51 系列单片机一旦开始工作,并由用户对各中断源进行使能和优先权初始化编程后,单片机的 CPU 在每个机器周期顺序检查每一个中断源。那么,在什么情况下 CPU 可以及时响应某一个中断请求呢?若 CPU 响应某一个中断请求,它又是如何工作的呢?

1. 中断响应条件

单片机的 CPU 在每个机器周期的最后一个状态周期采样并按优先权设置的顺序结果处理所有被开放中断源的中断请求。一个中断源的请求要得到响应,必须满足一定的条件。

1)CPU 正在处理相同的或更高优先权的中断请求。这种情况下只有当前中断响应结束后才可能响应另一个中断请求。

2)如果现行的机器周期不是当前所执行指令的最后一个机器周期,此时只有在当前指令执行结束周期的下一个机器周期才可能响应中断请求。

3)正在执行的指令是中断返回指令(RETI)或者是对 IE、IP 的写操作指令。在这种情况下,只有在这些指令执行结束并至少再执行一条其他指令后才可能响应中断请求。如果上述条件中有一个存在,CPU 将自动丢弃对中断查询的结果;若一个条件也不存在,则将在紧接着的下一个机器周期执行中断查询的结果,响应相应的中断请求。

2. 中断响应过程

如果某一个中断被开放,且中断请求符合响应条件,CPU 会及时响应该中断请求,并按下列过程进行处理:

1)置相应的优先级触发器状态为 1,可以指明了 CPU 正在响应的中断优先权的级别,并通过它屏蔽所有同级或更低级的中断请求,允许更高级的中断请求。

2)清相应的中断请求标志位为 0(RI、TI 和电平触发的外部中断除外)。

3)保护断点。即将被中断程序的断点位置(PC 的值)压入堆栈保存起来。

4)根据中断向量找到对应的中断服务程序,见表 7-1。

表 7-1 中断向量表

中断服务程序	中断向量
$\overline{INT0}$	Interrupt 0
T0	Interrupt 1
$\overline{INT1}$	Interrupt 2
T1	Interrupt 3
PS	Interrupt 4

5）执行相应的中断服务程序。当 CPU 执行完中断服务程序中的中断返回指令后，清相应的优先级触发器为 0，然后恢复断点，即将保存在堆栈中的程序计数器 PC 的值再返给 PC，使 CPU 再继续执行原来被中断的程序。

3. 中断响应的时间

51 系列单片机中的外部中断请求信号被采样并锁存到相应的中断请求标志中，这个状态等到下一个机器周期才会被查询。如果中断被开放，并符合响应条件，CPU 接着执行一个硬件子程序调用指令以转到相应的中断服务程序入口，该调用指令需要 2 个机器周期，所以从外部产生中断请求到 CPU 开始执行中断服务程序的第 1 条指令之间，最少需要 3 个完整的机器周期。如果中断请求被阻止，则需要更长的时间。如果已经在处理同级或更高级中断，额外的等待取决于中断服务程序的处理速度。如果正处理的指令没有执行到最后的机器周期，即使是耗时最长的乘法或除法指令，所需的额外等待时间也不会超过 3 个机器周期；如果是 CPU 正在执行与中断相关的指令加上另外一条指令的执行时间，额外的等待时间不会多于 5 个机器周期。所以在单一中断系统中，外部中断响应时间总是在 3~8 个机器周期。

7.3   C51 中断服务函数的定义及应用

中断服务函数的一般形式为：

函数类型   函数名(形式参数表)【interrupt n】［using n］

关键字 interrupt 后面的 n 是中断号，对于 AT89S51，取值为 0~4，编译器从 8n+3 处产生中断向量。

AT89S51 在内部 RAM 中有 4 个工作寄存器区，每个寄存器区包含 8 个工作寄存器 （R0 ~R7）。C51 扩展了一个关键字 using，专门用来选择 AT89S51 的 4 个不同的工作寄存器区。在定义一个函数时，using 是一个选项，如果不选用该项，则由编译器选择一个寄存器区作为绝对寄存器区访问。

例如，外部中断 1 ( ) 的中断服务函数形式如下：

void int_1( ) interrupt 2 using 0   //中断号 n=2,选择 0 区工作寄存器区

编写 AT89S51 中断程序时，应遵循以下规则：

1）中断函数没有返回值，如果定义了一个返回值，将会得到不正确的结果。因此建议在定义中断函数时，将其定义为 void 类型，以明确说明没有返回值。

2）中断函数不能进行参数传递，如果中断函数中包含任何参数声明都将导致编译出错。

3）在任何情况下都不能直接调用中断函数，否则会产生编译错误。因为中断函数的返回是由指令 RETI 完成的。RETI 指令会影响 AT89S51 中的硬件中断系统内的不可寻址的中断优先级寄存器的状态。如果在没有实际的中断请求的情况下，直接调用中断函数，也就不会执行 RETI 指令，其操作结果有可能产生一个致命的错误。

4）如果在中断函数中再调用其他函数，则被调用的函数所使用的寄存器区必须与中断函数使用的寄存器区不同。

7.4 外部中断应用举例

【例7-1】若规定外部中断0为电平触发方式，高优先级，试写出有关的初始化程序。一般可采用位操作指令来实现：

```
# include <reg51.h>
    EX0=1;
    EA=1;
    IT0=0;
```

【例7-2】电路连接如图7-4所示。每按一次键，触发一次中断，点亮一次发光二极管。

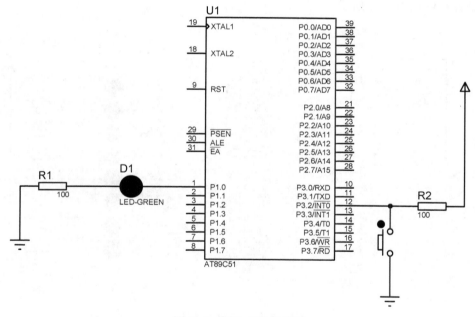

图7-4 例7-2的连线图

实现代码如下：

```
#include <reg51.h>
sbit P1_0=P1^0;
void delay(void)
{
  int a=5000;
  while(a--)
  _nop_();
}
  void INT0_service(void) interrupt 0
  {
```

```
        delay( );
            P1_0 = !P1_0;
    }
    void main( )
    {
        P1_0 = 0;
        EA = 1;
        EX0 = 1;
        IT0 = 1;
        while (1);
    }
```

【例7-3】外部中断 0 由边沿触发，控制 P2 口的 8 个发光二极管同时点亮。
电路连线图如图 7-5 所示。

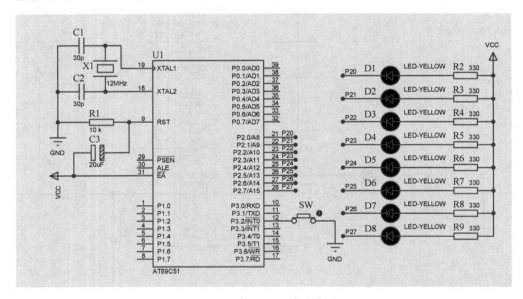

图 7-5　例 7-3 电路连接图

C51 程序如下：

```
#include <reg51. h>
#include <intrins. h>
unsigned char a = 0x7f;
void Delay( );
void int0( );
void   main( )                      //主函数
{
        EA = 1;                     //总中断允许
        EX0 = 1;                    //外部中断 0 中断允许
        IT0 = 1;                    //选择外部中断 0 为跳沿触发方式
```

```
        while(1)                        //循环
        { ; }                           //P2 口的 8 只 LED 全灭
}
void int0( )    interrupt 0   using 0   //外部中断 0 的中断服务函数
{       EX0=0;                          //禁止外部中断 0 中断
        a=_crcl_(a,1);                  //左移一位
        P2=a;
        Delay(300) ;                    //延时 300 ms
        EX0=1;                          //中断返回前,打开外部中断 0 中断
}
void Delay(unsigned int i)              //定义延时函数 Delay( ),i 是形式参数,不能赋初值
{
        unsigned int j;
        for( ;i > 0;i- -)
        for(j=0;j<333;j++)              //晶振为 12 MHz,1 ms
        { ; }                          //空函数
}
```

【例 7-4】 如图 7-6 所示,利用外部中断 0 和 1,要求按动按键 K1,使 8 个发光二极管从上到下流水点亮,按动按键 K2,使 8 个发光二极管从下到上流水点亮,请编写程序实现。

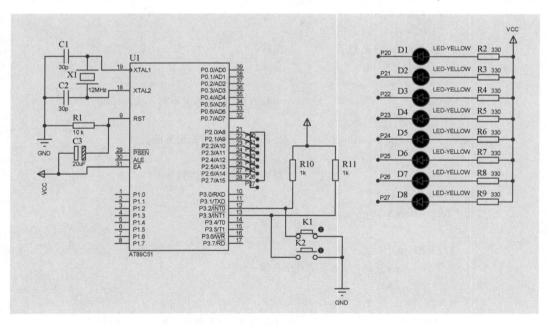

图 7-6   例 7-4 连线图

C51 程序如下:

```
#include <reg51. h>
unsigned char a,i;
void Delay(unsigned int i)              //定义延时函数 Delay( ),i 是形式参数,不能赋初值
```

```
        {
                unsigned int j;
                for( ;i > 0;i- -)
                for(j=0;j<333;j++)              //晶振为 12 MHz
                   { ;}                         //空函数
        }
        void   main( )                          //主函数
        {
                EX0 = 1;                        //外部中断 0 中断允许
                EX1 = 1;                        //外部中断 1 中断允许
                IT0 = 1;                        //选择外部中断 0 为跳沿触发方式
                IT1 = 1;                        //选择外部中断 1 为跳沿触发方式
                EA = 1;                         //总中断允许
                while( 1 )                      //循环
                { P2 = 0xff;}                   //P2 口的 8 只发光二极管全灭
        }
        void int1( )    interrupt 2    using 0    //外部中断 1 的中断服务函数
        {
                EX0 = 0;                        //禁止外部中断 0 进行中断
                a = 0xfe;
                for( i = 0;i<8;i++)
                   { P2 = a;
                     a = _crol_(a,1);          //左移一位
                     delay(50);
                   }
                EX0 = 1;                        //中断返回,打开外部中断 0 执行中断
        }
        void int0( )    interrupt 0    using 0    //外部中断 1 的中断服务函数
        {
                EX0 = 0;                        //禁止外部中断 0 进行中断
                a = 0x7f;
                for( i = 0;i<8;i++)
                   {
                     P2 = a;
                     a = _cror_(a,1);          //右移一位
                     delay(50);
                   }
                EX0 = 1;                        //中断返回,打开外部中断 0 执行中断
        }
```

思考与练习

7-1　中断的含义是什么？为什么采用中断？

7-2　单片机只有两个外部中断，如果需要单片机处理两个以上的外部中断，该怎样进行呢？

7-3　如果要开放外部中断 0 和串口的中断，而屏蔽其他中断的控制字是什么？如何来实现这个控制结果呢？

7-4　AT89S51 单片机的中断系统有几个中断源？

7-5　外部中断有哪两种触发方式？对触发信号有什么要求？又该如何选择和设置？

7-6　写出外部中断 0 为跳变触发方式的中断初始化程序段。

7-7　不响应中断的条件是什么？

7-8　中断响应时间是否为固定不变的？为什么？

第8章 定时器/计数器

8.1 定时器/计数器的结构

定时器/计数器的基本结构如图 8-1 所示，51 单片机内部设有两个 16 位可编程定时器/计数器，简称为定时器 0（T0）和定时器 1（T1）。16 位的定时器/计数器分别由两个 8 位寄存器组成，即：T0 由 TH0 和 TL0 构成，T1 由 TH1 和 TL1 构成。每个寄存器均可单独访问，这些寄存器是用于存放定时初值或计数初值的。此外，其结构中还有一个 8 位的定时器方式寄存器 TMOD 和一个 8 位的定时器控制寄存器 TCON。这些寄存器之间是通过内部总线和控制逻辑电路连接起来的，定时器/计数器的工作方式、定时时间和启停控制通过指令来确定这些寄存器的状态来实现。TMOD 主要用于设定定时器的工作方式，TCON 主要用于控制定时器的启动与停止，并保存 T0、T1 的溢出和中断标志信息。

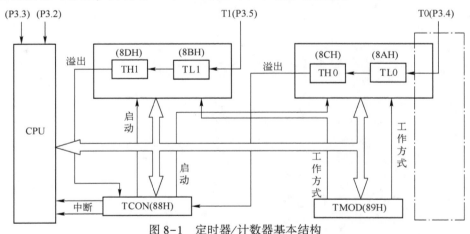

图 8-1 定时器/计数器基本结构

8.1.1 工作方式控制寄存器 TMOD

定时器方式控制寄存器 TMOD 字节地址为 89H，不可位寻址。TMOD 寄存器中高 4 位定义为 T1，低 4 位定义为 T0，见表 8-1。

表 8-1 TMOD 的有关功能控制位

位序	B7	B6	B5	B4	B3	B2	B1	B0
位符号	GATE	C/$\overline{\text{T}}$	M1	M0	GATE	C/$\overline{\text{T}}$	M1	M0
	定时器/计数器 T1				定时器/计数器 T0			

其中 M1，M0 用来确定所选工作方式见表 8-2：

204

表 8-2　TMOD 控制位功能

符　号	功 能 说 明
GATE	门控位 GATE=0，用运行控制位 TR0(TR1)启动定时器 GATE=1，用外中断请求信号输入端（$\overline{INT1}$或$\overline{INT0}$）和 TR0（TR1）共同启动定时器
C/$\overline{T}$	定时方式或计数方式选择位 C/$\overline{T}$=0，定时工作方式。C/$\overline{T}$=1，计数工作方式
M1，M0	工作方式选择位 M1，M0=00 为方式 0，13 位计数器 M1，M0=01 为方式 1，16 位计数器 M1，M0=10 为方式 2，具有自动再装入的 8 位计数器 M1，M0=11 为方式 3，定时器 0 分成两个 8 位计数器，定时器 1 停止计数

8.1.2　定时器/计数器控制寄存器 TCON

　　定时器控制寄存器 TCON 字节地址为 88H，可以位寻址，TCON 主要用于控制定时器的操作及中断控制。此处只对定时控制功能加以介绍，见表 8-3 和表 8-4。

表 8-3　TCON 有关控制位地址和符号

位地址	8F	8E	8D	8C	8B	8A	89	88
位符号	TF1	TR1	TF0	TR0	IE1	IT1	IE0	IT0

表 8-4　TCON 有关控制位功能说明

符　号	功 能 说 明
TF1	计数/计时 1 溢出标志位。计数/计时 1 溢出（计满）时，该位置 1。处于中断方式时，此位作中断标志位，在转向中断服务程序时由硬件自动清 0。处于查询方式时，也可以由程序查询和清 "0"
TR1	定时器/计数器 1 运行控制位 TR1=0，定时器/计数器 1 停止 TR1=1，定时器/计数器 1 启动 该位由软件置位和复位
TF0	计数/计时 0 溢出标志位。计数/计时 0 溢出（计满）时，该位置 1。处于中断方式时，此位作中断标志位，在转向中断服务程序时由硬件自动清 0。处于查询方式时，也可以由程序查询和清 "0"
TR0	定时器/计数器 0 运行控制位 TR0=0，定时器/计数器 0 停止 TR0=1，定时器/计数器 0 启动 该位由软件置位和复位

　　系统复位时，TMOD 和 TCON 寄存器的每一位都会清零。

8.2　定时器/计数器的四种工作方式

　　用户可通过编程对专用寄存器 TMOD 中的 M1 和 M0 位的设置，选择四种操作方式。

8.2.1　方式 0（以 T0 为例）

当 TMOD 中的 M1＝0、M0＝0 时，选定方式 0 工作。方式 0 时，定时器/计数器 T0、T1 的结构如图 8-2 所示：

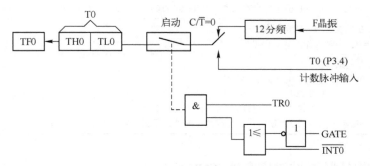

图 8-2　方式 0 内部逻辑结构图

在此方式中，定时寄存器由 TH0 的 8 位和 TL0 的 5 位（其余位不用）组成一个 13 位计数器。当 GATE＝0 时，只要 TCON 中的 TR0 为 1，13 位计数器就开始计；当 GATE＝1 以及 TR0＝1 时，13 位计数器是否计数取决于 $\overline{INT0}$ 引脚信号，当 $\overline{INT0}$ 由 0 变 1 时开始计数，当 $\overline{INT0}$ 由 1 变为 0 时停止计数。

当 13 位计数器溢出时，TCON 的 TF0 位就由硬件置"1"，同时将计数器清"0"。

当方式 0 为定时工作方式时，定时时间计算公式为：

$$(2^{13}-计数初值)×晶振周期×12$$

当方式 0 为计数工作方式时，计数范围是：$1～2^{13}(8192)$。

8.2.2　方式 1

当 TMOD 中的 M1＝0、M0＝1 时，选定方式 1 工作。方式 1 时，定时器/计数器 T0、T1 的结构如图 8-3 所示：

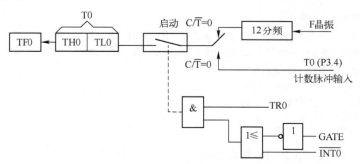

图 8-3　方式 1 内部逻辑结构图

方式 1 采用 16 位计数结构的工作方式，其余与方式 0 相同。显然方式 1 的定时时间计算公式为：

$$(2^{16}-计数初值)×晶振周期×12$$

其计数范围是：$1～2^{16}(65536)$。

8.2.3 方式2

方式2是由TL0组成8位计数器。TH0作为常数缓冲器，由软件预置初始值。当TL0产生溢出时，一方面使溢出标志位TF0置1；同时把TH0的8位数据重新装入TL0中，即方式2具有自动重新加载功能。

方式2的逻辑结构如图8-4所示（以定时器/计数器置0为例）。

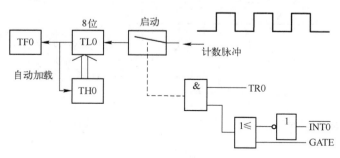

图8-4　方式2逻辑结构图

8.2.4 方式3

在方式3中，TL0和TH0成为两个相互独立的8位计数器。TL0占用了全部T0的控制位和信号引脚，即 GATE、C/$\overline{\text{T}}$、TR0、TF0等。而TH0只用作定时器使用。而且由于定时器/计数器0的控制位已被TL0独占，因此TH0只好借用定时器/计数器1的控制位 TR1 和TF1进行工作。

同时，由于TR1、TF1已"出借"给TH0，TH1和TL1的溢出就送给串行口，作为串行口时钟信号发生器（即波特率信号发生器，详见第9章），并且只要设置好工作方式（方式0、方式1和方式2）以及计数初值，T1无须启动即可自动运行。如要停止T1工作，只要将其设置工作方式3即可。

8.3 定时器/计数器的编程和应用

8.3.1 方式0的应用

【例8-1】设单片机晶振频率为6 MHz，利用定时器T0产生定时脉冲。要求每隔2 ms从P1.0脚上输出脉宽为2个机器周期的正脉冲。

解：

（1）计算初值

首先求出定时器 T0 初值。由于时钟频率为 6 MHz，因此定时器/计数器的计数脉冲的周期为 2 μs = 12/6 MHz。

根据公式：2 ms =（2^{13}-T0 初值）×定时器/计数器计数脉冲周期，代入数值可得：

$$（2^{13}-\text{T0 初值}）×2×10^{-6}=2×10^{-3}$$

T0 初值 = 7192 = 11100000 11000B，其中将高 8 位 1110 0000B = 0E0H 赋给 TH0，低 5 位

11000B=18H 赋给 TL0。

即 TH0=0xE0，TL0=0x18。

（2）T0 初始化 TMOD=0x00 如下：

根据要求，T0 采用方式 0 进行计时，在 GATE 位默认为 0 时，其设置 T0 计数器的值如下：

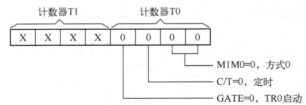

程序如下：

```
    #include<reg51.h>
Sbit    P1_0=P1^0
void main(void)
{
    P1_0=0;              //P1.0输出低电平
    TMOD=0x00;           //T0 方式 0 定时
    TH0=0xE0;            //给定时器 T0 送初值
    TL0=0x18;
    ET0=1;
    EA=1;
    TR0=1;               //启动 T0 工作
    while(1);
}
void    T0_service()    interrupt    1
{
    TR0=0;
    TH0=0xE0;            //给定时器 T0 送初值
    TL0=0x18;
    P1_0=1;
    _NOP_();
    P1_0=0;
    TR0=1;
}
```

8.3.2 方式 1 的应用

【例 8-2】选择 T1 的方式 1 实现定时功能，要求在 P1.0 脚上输出周期为 10 ms 的方波，单片机采用 12 MHz 晶振。

解：题目要求输出周期为 10 ms 的方波，即高电平或低电平持续时间为 5 ms，因此只要使 P1.0 脚上的电平每隔 5 ms 取反一次就可以得到周期为 10 ms 方波，因而取 T1 的定时时间

为 5 ms。将 T1 设为工作方式 1，即

GATE＝0，C/$\overline{T}$＝0，M1M0＝01，故 TMOD＝10H。下面计算 5 ms 定时 T1 的初值。

1）定时器/计数器计数脉冲周期为 1 μs。

2）设初值为 X 则　（2^{16}－X）×1×10^{-6}＝5×10^{-3}。

$$X＝60536$$

因为作为 16 位计数器用时，X 的低 8 位装入 TL1＝60536%256，X 的高 8 位应装入 TH1＝60536/256。

3）C51 程序 L（中断方式）如下：

```
#include<reg51. h>
Sbit   P1_0＝P1^0;
void main( void)
{
        P1_0＝0;                  //P1.0 输出低电平
    TMOD＝0x01;                  //T0 设置为方式 0
    TH0＝60536/256;              //给定时器 T0 送初值
    TL0＝60536%256;
     ET0＝1;                     //允许 T0 中断
     EA＝1;                      //打开中断
     TR0＝1;
     while(1)                    //等待定时中断
}
void   T0_service( void)     interrupt 1
{
   TR0＝0;                       //停止 T0 工作
    P1_0＝~P1_0;
   TH0＝60536/256;              //给定时器 T0 送初值
   TL0＝60536%256;
   TR0＝1;                      //启动 T0
}
```

查询方式程序如下：

```
#include <reg51. h>
sbit P1_0 ＝ P1^0;
main ( ) {
    TMOD ＝ 0x01;              //设置 T0 定时方式 1(0000 0001B)
    TR0＝1;                    //启动 T0
    while(1)
    {
        TH0 ＝ 0xF6;           //装载计数初值
        TL0 ＝ 0x3C;
        while( ! TF0);         //等待 TF0 溢出
        P1_0 ＝! P1_0;         //定时时间到 P1.0 反相
        TF0 ＝ 0;              //TF0 标志位清 0
```

8.3.3 方式 2 的应用

【例 8-3】试设定定时器/计数器 T0 为计数方式 2。当 T0 引脚出现负跳变时，向 CPU 申请中断，将 P1.0 端口的小灯亮灭状态改变一次。

解：

（1）定时常数计算

当 T0 引脚出现负跳变时，即向 CPU 申请中断，故此时的定时常数应为 TCB＝0FFH。

（2）TMOD 的设定（即控制字）

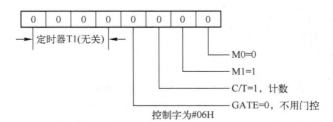

（3）中断方法

C51 程序如下：

```
#include<reg51.h>
void main( )
{
    TMOD = 0x06;                //设置定时器 T0 为方式 2
    TL0 = 0xFF;
    TH0 = 0xFF;
    EA = 1;                     //总中断允许
    ET0 = 1;                    //定时器 T0 中断允许
    TR0 = 1
    while(1)
    { ;}
}

Void   T0_int(void)   interrupt 1 //定时器 T0 中断服务程序
{
    TH0 = 0xFF;                 //给 T0 装入 16 位初值,计数 20000 后,T0 溢出
    TL0 = 0xFF;
    P1_0 = ~ P1_0;             //中断处理程序
}
```

【例 8-4】采用 12 MHz 晶振，在 P1.0 脚上输出周期为 2.5 s，高电平占空比为 20% 的脉冲信号。

解：12 M 晶振，可以采用定时中断与软件计数联合法：利用定时中断进行中断次数统计；若取 50 ms 产生定时，则 2.5 s＝50 次中断时间之和；则 500 ms（20% 占空比）相当于 10 次中断时间之和。

初值 X = 65536 - 50000。

程序如下：

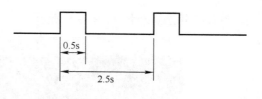

```c
#include <reg51.h>
sbit P1_0 = P1^0;
#define   uchar unsigned char;
uchar timer = 0;
void main( )
{
  P1_0 = 1;
  TMOD = 0X01;
  TH0 = 15536/256;
  TL0 = 15536%256;
  ET0 = 1;
  EA = 1;
  TR0 = 1;
  while(1);
}
void T0_service(void) interrupt 1
{
  TR0 = 0;
  TH0 = 15536/256;
  TL0 = 15536%256;
  timer++;
  if(timer == 10)
      P1_0 = 0;
  else
    if(timer == 50)
      {
      timer = 0;
      P1_0 = 1;
      }
      TR0 = 1;
}
```

【例 8-5】设计一个简易电子秒表，计时范围 1~99 s。当第 1 次按下计时功能键时，秒表开始计时，并显示时间；第 2 次按下计时功能键时，停止计时，计算两次按下计时功能键的时间并显示；第 3 次按下计时功能键时，秒表归 0，等待下一次按键。

解：

1）分析：电子秒表的计时范围 1~99 s，可用两位一体数码管显示时间。定时器/计数器 T0 设置为定时方式 1，以 50 ms 为基本定时单位，在定时器中断函数中，通过软件计数器对 50 ms 进行计数，每到 100 ms 软件计数器加 1，将计时时间显示在数码管上。计时功能按键接单片机的 P3.7 引脚，采用软件查询的方式检测其状态，为秒表的工作状况提供依据，如定时器的启动、停止等。

单片机状态运行图如图 8-5 所示。

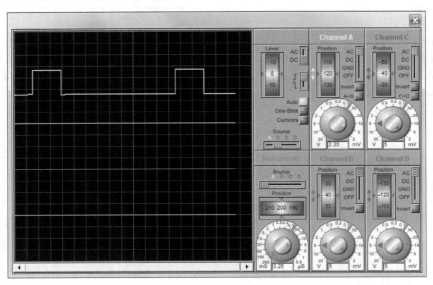

图 8-5　例 8-4 运行图

2）电路图如图 8-6 所示。

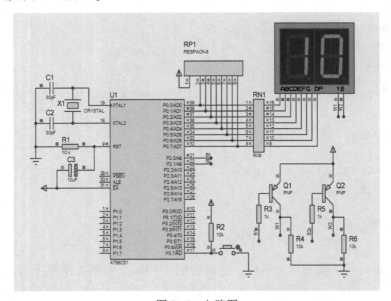

图 8-6　电路图

3）程序代码如下：

```
#include<reg51.h>
#define uchar unsigned char
sbit key=P3^7;
sbit ge=P2^1;
sbit shi=P2^0;
```

```
uchar timer=0,n=0,count=0;
uchar seg[ ]={0xc0,0xf9,0xa4,0xb0,0x99,0x92,0x82,0xf8,0x80,0x90}
void delay(uchar ms)
{
uchar i,j;
for (i=0;i<=ms;i++)
    for(j=0;j<=125;j++);
}
void display()
{
 P0=seg[timer%10];
 ge=0;
 delay(5);
 ge=1;
 P0=seg[timer/10];
 shi=0;
 delay(5);
 shi=1;
 }
void main()
 {
  TMOD=0x01;
  TH0=15536/256;
  TL0=15536%256;
  ET0=1;
  EA=1;
  while(1)
  {     display();
    if(key==0)
    { n++;
    while(!key);
    }
if(n==1)
      TR0=1;
    if(n==2)
      TR0=0;
    if(n==3)
      timer=0;
    if(n>=4)
      n=n%3;
       }
 }
void T0_service()interrupt 1
{
```

```
    count++;
if( count = = 20)
    ｛timer++;
        count = 0;｝
if( timer = = 99)
    timer = 0;
THO = 15536/256;
TLO = 15536%256;
｝
```

思考与练习

8-1　请叙述 AT89S51 单片机四种定时工作方式的特点。

8-2　AT89S 系列单片机定时器/计数器作定时器使用时，定时时间与哪些因素有关？作计数器用时，对外部计数频率有何限制？

8-3　设晶振频率为 12 MHz，试编写一个用软件延时 10 ms 的子程序。

8-4　试用软、硬件相结合的方法编写一个延时 10 s 的子程序。

8-5　试编写程序，使 T0 以方式 1 每隔 20 ms 向 CPU 发出中断申请，设晶振频率为 6 MHz，TR0 启动，用查询方式实现。

8-6　试编写程序，使 AT89S51 对外部事件（脉冲）进行计数，每计满 1000 个脉冲后使内部 RAM 60H 单元内容加 1，用 T0 以方式 1 中断实现，TR0 启动。

8-7　试编程用 T0 以方式 1 从 P.0 端线输出频率为 50 kHz 的等宽矩形波。已知晶振频率为 12 MHz，TR0 启动，用查询方式实现。

8-8　如图 8-7 所示：有晶振频率为 6 MHz 的 AT89S51 单片机，使用定时器 T1 以定时工作方式 2 从 P1.2 端线输出周期为 200 μs，占空比为 5:1 的矩形脉冲，TR1 启动。

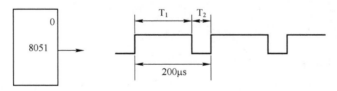

图 8-7　题 8-8 输出图

8-9　设计一个 8 路抢答器；抢答器同时供 8 名选手（或 8 个代表队）比赛，编号分别是 1~8，各用一个抢答按钮；设置一个系统抢答控制开关 RESET，该开关由主持人控制；抢答器具有数据锁存和显示功能，抢答开始以后，若有选手按下抢答按钮，第一个按下抢答按钮的选手编号被立即锁存，并在 LED 数码管上显示出选手的编号，同时禁止其他选手抢答。优先抢答的选手编号一直保持到主持人将系统清零时为止。

8-10　应用单片机定时计数器设计一个简易电子秒表，用 4 位数码管显示计时时间，计时范围 0.1~999 s，当第一次按下计时功能键时秒表开始计时，并显示时间；第二次按下计时功能键时，停止计时，计算两次按下计时功能键的时间并送入数码管显示；第三次按下计时功能键，秒表清零，显示归 0，等待下一次计时。

第9章 串行通信

9.1 串行通信基本知识

9.1.1 通信方式

随着多微机系统的广泛应用和计算机网络技术的普及,计算机的通信功能显得越来越重要。计算机通信是指计算机与外部设备或计算机与计算机之间的信息交换。通信方式目前主要有并行通信和串行通信两种。在多微机系统以及现代测控系统中信息交换多采用串行通信方式。

1. 并行通信方式

并行通信通常是将数据字节的各位用多条数据线同时进行传送。如图9-1所示为并行通信方式,其特点:控制简单、传输速度快;由于传输线较多,长距离传送时成本高且接收方同时接收存在困难。

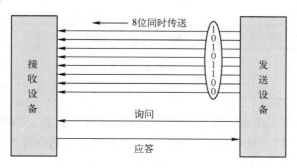

图9-1 并行通信方式

2. 串行通信方式

串行通信是将数据字节以一位一位的形式在一条传输线上逐个传送。

串行通信的特点:传输线少,长距离传送时成本低,且可以利用电话网络等现成的设备,但数据的传送控制比并行通信复杂,如图9-2所示。

图9-2 串行通信方式

3. 异步通信方式

异步通信是指通信的发送与接收设备使用各自的时钟控制数据的发送和接收过程。为使双方的收发协调，要求发送和接收设备的时钟尽可能一致。

在异步通信方式中，数据是以字符（构成的帧）为单位进行传输的，字符与字符之间的间隙（时间间隙）是任意的，但每个字符中的各位是以固定的时间传送的，即字符之间不一定有"位间隙"的整数倍关系，但同一字符内的各位之间的距离均为"位间隔"的整数倍，如图9-3所示。

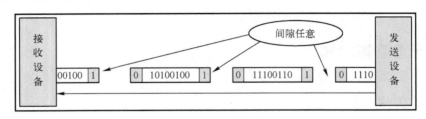

图9-3　异步通信方式

异步通信方式的一帧信息由四部分组成：起始位、数据位、校验位和停止位。

在异步通信方式中，首先发送起始位，起始位用"0"表示数据传送的开始；然后再发送数据，从低位到高位逐位传送；发送完数据后，再发送校验位（也可以省略）；最后发送停止位"1"，表示一帧信息发送完毕。如图9-4所示。

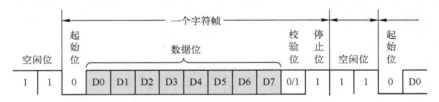

图9-4　异步通信数据帧格式

异步通信数据帧格式如下：

1）起始位占用一位，用来通知接收设备一个字符将要发送，准备接收。当线路上不传送数据时，应保持为"1"。接收设备不断检测线路的状态，若在连续收到"1"以后，又收到一个"0"，就准备接收数据。

2）数据位可根据情况可取5位、6位、7位或8位，但通常情况下为8位，发送时低位在前，高位在后。

3）校验位（通常是奇偶校验）占用一位，在数据传送中也可不用，由用户自己决定。

4）停止位用于向接收设备表示一帧字符信息发送完毕。停止位通常可取1位、1.5位或2位。

异步通信的特点：不要求收发双方时钟的严格一致，所以容易实现，设备开销较小，但每个字符要附加2~3位用于起止位，各帧之间还有间隔，因此传输效率不高。

4. 同步通信方式

同步通信是要建立发送方时钟对接收方时钟的直接控制，使双方达到完全同步，同步通信需要实现以下两点：

1）同步时钟信号必须一致。

2）通信时需要同步字符通信方式如图9-5所示。

| SYN | SYN | 数据 | ... | 数据 | CRC | CRC |

图 9-5　同步通信方式

5. 波特率（Baud Rate）

波特率，即数据传送率，表示每秒传送二进制数码的位数，它的单位是波特（字符/s）。在串行通信中，波特率是一个很重要的指标，它反映了串行通信的速率。假如在异步传送方式中，数据的传送率是 240 字符/s，每个字符由一个起始位、八个数据位和一个停止位组成，则传送波特率为：

$$10 \times 240 = 2400 \ \text{位/s}$$

一般异步通信的波特率在 50~9600 波特之间，同步通信可达 56 k 波特或更高。

9.1.2　串行通信的制式

1. 单工通信

在单工制式下，通信线的一端接发送器，一端接接收器，只允许一个方向传输数据，不能实现反向传输。如图 9-6 所示。

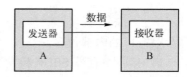

图 9-6　单工通信

2. 半双工通信

在半双工制式下，系统的每个通信设备都由一个发送器和一个接收器组成，使用一条（或一对）传输线。

半双工制式允许两个方向传输数据，但不能同时传输，需要分时进行，如当 S1 闭合时，数据从 A 传输到 B；当 S2 闭合时，数据从 B 传输到 A，如图 9-7 所示。

3. 全双工通信

全双工制式通信系统的每端都有发送器和接收器，使用两条传输线，允许两个方向同时进行数据传输。如图 9-8 所示。

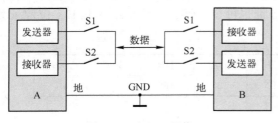

图 9-7　半双工通信

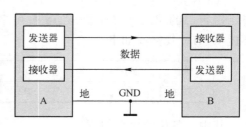

图 9-8　全双工通信

9.2　串行口的结构

AT89S 系列单片机中的串行口是一个全双工的异步串行通信口，能方便地构成双机、多机串行通信接口，它可作 UART（通用异步接收和发送器）使用，也可作同步移位寄存器使用。

UART 串行口的结构如图 9-9 所示，可分为两大部分：波特率发生器和串行口。

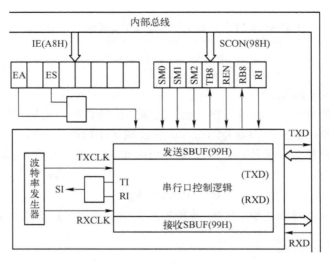

图 9-9　UART 串行口的结构

串行口的内部包含：

1）接收寄存器 SBUF 和发送寄存器 SBUF：它们在物理上是隔离的，但是占用同一个地址 99H。

2）串行口控制逻辑：接收来自波特率发生器的时钟信号 TXCLK（发送时钟）和 RXCLK（接收时钟）；控制内部的输入移位寄存器将外部的串行数据转换为并行数据并控制输出移位寄存器将内部的并行数据转换为串行数据输出，同时还控制串行中断（RI 和 TI）。

3）串行口控制寄存器：SCON。

4）串行数据输入/输出引脚：TXD（P3.1）为串行输出，RXD（P3.0）为串行输入。

9.2.1　串行口控制寄存器 SCON

SCON 是一个逐位定义的 8 位寄存器，由它控制串行通信的方式选择、接收和发送，指示串行口的状态。寄存器 SCON 既可字节寻址也可位寻址，字节地址为 98H，位地址为 98H~9FH。其格式如下：

位地址	9FH	9EH	9DH	9CH	9BH	9AH	99H	98H
位功能	SM0	SM1	SM2	REN	TB8	RB8	TI	RI

其中，各位的含义如下：

SM0，SM1——串行口工作方式选择位。

SM2——允许工作于方式 2 和 3 中的多处理机通信位。

处于工作方式 0 时，SM2＝0。

处于工作方式 1 时，SM2＝1，只有接收到有效的停止位，RI 才置 1。

处于工作方式 2 和方式 3 时，当 SM2＝1 时，如果接收到的第 9 位数据（RB8）为 0，则 RI 置 0；如果接收到的第 9 位数据（RB8）为 1，则 RI 置 1。这种功能可用于多处理机通信中。

REN——允许串行接收位。

置位时，允许串行接收；清除时，禁止串行接收，可用软件置位/清除。

TB8——方式 2 和方式 3 中要发送的第 9 位数据，可用软件置位/清除。

RB8——方式 2 和方式 3 中接收的第 9 位数据。方式 1 中接收到的是停止位；方式 0 中不使用这一位。

TI——发送中断标志位。硬件置位，软件清除。方式 0 中，在发送第 8 位末尾置位；在其他方式时，在开始发送停止位时设置。

RI——接收中断标志位。硬件置位，软件清除。方式 0 中，在接收第 8 位末尾置位；在其他方式时，在接收停止位时进行设置。

9.2.2　功率控制寄存器 PCON

功率控制寄存器 PCON 是一个逐位定义的 8 位寄存器，目前仅有几位有定义，其中仅最高位 SMOD 与串行口控制有关，其他位与掉电方式有关。其格式如下：

D7	D6	D5	D4	D3	D2	D1	D0
SMOD	—	—	—	GF1	GF0	PD	IDL

SMOD——串行通信波特率系数控制位。当 SMOD=1 时，会使波特率加倍。

功率控制寄存器 PCON 的地址为 87H，只能字节寻址。

9.3　串行口的工作方式

AT89S 系列单片机的串行口工作方式由控制寄存器中的 SM0、SM1 决定，具体见表 9-1。

表 9-1　串行口工作方式选择位 SM0、SM1

SM0	SM1	工作方式	特　点	波特率
0	0	方式 0	8 位移位寄存器	$f_{osc}/12$
0	1	方式 1	10 位 UART	可变
1	0	方式 2	11 位 UART	$f_{osc}/64$ 或 $f_{osc}/32$
1	1	方式 3	11 位 UART	可变

9.3.1　方式 0

当 SM0=0、SM1=0 时，串行方式选择方式 0。这种工作方式实质上是一种同步移位寄存器方式。其数据传输波特率固定为 $f_{osc}/12$。数据由 RXD（P3.0）引脚输入或输出，同步移位时钟由 TXD（P3.1）引脚输出。接收/发送的是 8 位数据，传输时低位在前。帧格式如下：

…	D0	D1	D2	D3	D4	D5	D6	D7	…

工作过程如下：

（1）发送

当执行任何一条写 SBUF 的指令时，就启动串行数据的发送。在执行写入 SBUF 的指令时，也将 1 写入发送移位寄存器的第 9 位，并使发送控制器开始发送。当发送脉冲有效之后，移位寄存器的内容由 RXD（P3.0）引脚串行移位输出；移位脉冲由 TXD（P3.1）引脚输出。

在发送有效期间，每个机器周期，发送移位寄存器右移一位，在其左边补"0"。当数据最高位移到移位寄存器的输出位时，原写入第9位的"1"正好移到最高位的左边一位，由此向左的所有位均为0，这标志着发送控制器要进行最后一次移位，并撤销发送有效，同时使发送中断标志 TI 置位。

（2）接收

当 REN=1 且接收中断标志 RI 位清 0 时，即启动一次接收过程。在下一机器周期，接收控制器将"1111 1110"写入接收移位寄存器，并在下一个时钟周期内激发接收有效，同时由 TXD（P3.1）引脚输出移位脉冲。在移位脉冲控制下，接收移位寄存器的内容，每一个机器周期左移一位，同时由 RXD（P3.0）引脚接收一位输入信号。每当接收移位寄存器左移一位，原写入的"1111 1110"也左移一位。当最右边的 0 移到最左边时，标志着接收控制器要进行最后一次移位。在最后一次移位即将结束时，接收移位寄存器的内容送入接收缓冲器 SBUF，然后在启动接收的第 10 个机器周期时，清除接收信号，置位 RI。

9.3.2 方式1

当 SM0=0、SM1=1 时，串行口选择方式 1。其数据传输波特率由定时器/计数器 T1 和 T2 的溢出决定，可用程序设定。由 TXD（P3.1）引脚发送数据，由 RXD（P3.0）引脚接收数据。发送或接收一帧信息为 10 位：1 位起始位（0）、8 位数据位和 1 位停止位（1）。帧格式如下：

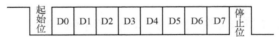

工作过程如下：

（1）发送

当执行任何一条写 SBUF 的指令时，就启动串行数据的发送。在执行写入 SBUF 的指令时，也将 1 写入发送移位寄存器的第 9 位，并通知发送控制器有发送请求。实际上发送过程开始于 16 分频计数器下一次完全翻转（由全 1 变全 0）后的那个机器周期的起始端。所以每位的发送过程与 16 分频计数器同步，而不是与"写 SBUF"同步。

在开始发送后的一个位周期，发送信号有效，开始将起始位送 TXD（P3.1）引脚。发送移位寄存器将数据由低位到高位顺序输出至 TXD（P3.1）引脚。当最高数据移位至发送移位寄存器的输出端时，先前装入的第 9 位的 1，正好在最高数据位的左边，而它的右边全为 0。在第 10 个位周期（16 分频计数器回 0 时），发送控制器进行最后一次移位，清除发送数据信号，同时使 TI 置位。

（2）接收

当 REN=1 且清除 RI 后，若在 RXD（P3.0）引脚上检测到一个 1 到 0 的跳变，立即启动一次接收。同时，复位 16 分频计数器使输入位的边沿与时钟对齐，并将 1FFH（即 9 个1）写入接收移位寄存器中。接收控制器以数据传输波特率的 16 倍速率继续对 RXD（P3.0）引脚进行检测，对每一个位时间的第 7、8、9 个计数状态的采样值用多数表决法，即当两次或两次以上的采样值相同时，采样值予以接收。

如果在第 1 个时钟周期中接收到的不是 0（起始位），就复位接收电路，继续检测 RXD（P3.0）引脚上从 1 到 0 的跳变。接收到的是起始位，就将其移入接收移位寄存器，然后接收该帧的其他位。接收到的位从右边移入，原来写入的 1，从左边移出，当起始位移到最左边时，接收控制器将控制进行最后一次移位，把接收到的 9 位数据送入接收数据缓冲器 SBUF 和 RB8 中，而且置位 RI。

在进行最后一次移位时，将数据送入接收数据缓冲器 SBUF 和 RB8，而且置位 RI 的条件是：

1）RI = 0。

2）SM2 = 0 或接收到的停止位 = 1。

若以上两个条件中有一个不满足，将不可恢复地丢失接收到的这一帧信息；如果满足上述两个条件，则数据位装入 SBUF，停止位装入 RB8 且置位 RI。

接收到这一帧之后，不论上述两个条件是否满足（即不管接收到的信息是否丢失），串行口将继续检测 RXD（P3.0）引脚上从 1 到 0 的跳变，并准备接收新的信息。

9.3.3 方式 2 和方式 3

当 SM0 = 1、SM1 = 0 时，串行口选择方式 2；当 SM0 = 1、SM1 = 1 时，串行口选择方式 3。由 TXD（P3.1）引脚发送数据，由 RXD（P3.0）引脚接收数据。

发送或接收一帧信息为 11 位：1 位起始位（0）、9 位数据位和 1 位停止位（1）。

帧格式如下：

起始	D0	D1	D2	D3	D4	D5	D6	D7	D8	停止

方式 2 和方式 3 的不同在于它们波特率产生方式不同。方式 2 的波特率是固定的，为振荡器频率的 1/32 或 1/64。方式 3 的波特率则由定时器/计数器 T1 和 T2 的溢出决定，可用程序设定。工作过程同方式 1。

9.4 波特率的制定方法

波特率发生器用于控制串行口的数据传输速率。串行口的波特率设定如下：

方式 0 时的波特率由振荡器的频率（f_{osc}）所确定，即

$$波特率 = \frac{f_{osc}}{12}$$

方式 2 时的波特率由振荡器的频率（f_{osc}）和 SMOD 所确定，即

$$波特率 = \frac{f_{osc}}{32} \times \frac{2^{SMOD}}{2}$$

当 SMOD = 1 时，波特率 = $f_{osc}/32$；当 SMOD = 0 时，波特率 = $f_{osc}/64$。

方式 1 和方式 3 时的波特率由定时器 T1、T2 的溢出率和 SMOD 所确定，即

$$波特率 = \frac{2^{SMOD}}{32} \times 定时器 T1 的溢出率$$

定时器 T1 和 T2 是可编程的，可选择的波特率范围比较大，因此，串行口的方式 1 和方式 3 是最常用的工作方式。

1. 用定时器 T1（C/T）产生波特率

定时器 T1 的溢出率与它的工作方式有关。

（1）定时器 T1 的工作方式 0

此时定时器 T1 相当于一个 13 位的计数器，溢出率为

$$溢出率 = \frac{f_{OSC}}{12} \times \frac{1}{(1^{13} - TC + X)}$$

式中，TC——13 位计数器初值；

X——中断服务器程序的机器周期数，在中断服务程序中将重新对定时器置数。

（2）定时器 T1 的工作方式 1

此时定时器 T1 相当于一个 16 位的计数器，溢出率为

$$溢出率 = \frac{f_{OSC}}{12} \times \frac{1}{(2^{16} - TC + X)}$$

（3）定时器 T1 的工作方式 2

此时定时器 T1 工作于一个 8 位可重装的方式，用 TL1 计数，用 TH1 装初值。溢出率为

$$溢出率 = \frac{f_{OSC}}{12} \times \frac{1}{[2^8 - (TH1)]}$$

方式 2 是一种自动重装方式，无须在中断服务程序中送数，由于中断会引起误差，应禁止定时器 T1 中断。这种方式对波特率设定最为有用。当定时器 T1 工作在工作方式 2 时，对于不同的波特率 T1 的初值见表 9-2。

表 9-2　串行通信常用波特率所对应的定时器（T1）初值表

| 波特率 | 晶振 | 初值 | | 误差 | 晶振 | 初值 | | 误差（%） | |
(bit/s)	(MHz)	SMOD=0	SMOD=1	(%)	(MHz)	SMOD=0	SMOD=1	SMOD=0	SMOD=1
300	11.0592	0xA0	0x40	0	12	0x98	0x30	0.16	0.16
600	11.0592	0xD0	0xA0	0	12	0xCC	0x98	0.16	0.16
1200	11.0592	0xE8	0xD0	0	12	0xE6	0xCC	0.16	0.16
1800	11.0592	0xF0	0xE0	0	12	0xEF	0xDD	2.12	-0.79
2400	11.0592	0xF4	0xE8	0	12	0xF3	0xE6	0.16	0.16
3600	11.0592	0xF8	0xF0	0	12	0xF7	0xEF	-3.55	2.12
4800	11.0592	0xFA	0xF4	0	12	0xF9	0xF3	-6.99	0.16
7200	11.0592	0xFC	0xF8	0	12	0xFC	0xF7	8.51	-3.55
9600	11.0592	0xFD	0xFA	0	12	0xFD	0xF9	8.51	-6.99
14400	11.0592	0xFE	0xFC	0	12	0xFE	0xFC	8.51	8.51
19200	11.0592	—	0xFD	0	12	—	0xFD	—	8.51
28800	11.0592	0xFF	0xFE	0	12	0xFF	0xFE	8.51	8.51

9.5　串行口的编程和应用

9.5.1　工作方式 0 的应用

串行口工作方式 0 主要用于扩展并行 I/O 接口。扩展成并行输出口时，需要外接一片 8

位串行输入并行输出的同步移位寄存器 74LS164 或 CD4094。扩展成并行输入口时，需要外接一片并行输入串行输出的同步移位寄存器 74LS165 或 CD4014。

【例 9-1】利用串行口工作在方式 0，外接 74LS164 构成一个 8 位 LED 动态显示器，并将片内 RAM 显示单元 37H、36H、35H、34H、33H、32H、31H 和 30H 单元中的段码输出显示。

C51 程序如下：

```
#include<at89x51.h>
#define uchar unsigned char
uchar code LED[12] = {0xee,0x28,0xcd,0x6d,0x2b,0x67,0xe7,0x2c,0xef,0x6f,0x0,0xff};//LED
段码
uchar data dispbuffer[10] = {1,2,3,4,5,6,7,8,9,0};    //显示缓冲区
void main()                                          //主程序
{
uchar  i;
SCON = 0x00;                                      //串口模式 0,即移位寄存器输入/输出方式
for(i=0;i<12;i++) {dispbuffer[i]=LED[i];}        //转化为段码
while(1)
{
    for(i=0;i<8;i++)
    {
        SBUF= dispbuffer[i];
        while(TI==0);                           //等待发送结束
        TI=0;                                   //TI 软件置位
    }
}
}
```

9.5.2　工作方式 1 的应用

【例 9-2】有 U1 和 U2 两个 AT89C51 单片机，U1 单片机读入其 P1 口的开关状态后通过串行口发送到 U2 单片机，U2 单片机将接收到的数据送其 P1 口，通过发光二极管显示。

分析：

（1）方式 1 发送

串行口以方式 1 发送时，数据由 TXD 引脚输出。在发送中断标志 TI=0 时，任何一次"写入 SBUF"的操作，都可启动一次发送，串行口自动在数据前插入一个起始位（0）向 TXD 引脚输出，然后在移位脉冲作用下，数据依次由 TXD 引脚发出，在数据全部发送完毕后，置 TXD=1（作为停止位）、置 TI=1（用以通知 CPU 数据已发送完毕）。

（2）方式 1 接收

串行口以方式 1 接收时，数据从 RXD 引脚输入。在允许接收的条件下（REN=1），当检测到 RXD 端出现由"1"到"0"的跳变时，即启动一次接收。当 8 位数据接收完，并满足下列条件：

1）RI＝0；

2）SM2＝0或接收到的停止位为1。

则将接收到的8位数据装入SBUF、停止位装入RB8，并置位RI。如果不满足上述两个条件，就会丢失已接收到的一帧信息。

（3）串行口中断初始化设置

在串行口工作在方式1时，需要进行一些设置，主要是设置产生波特率的定时器T1、串行口控制和中断控制。具体操作的步骤如下：

1）确定T1的工作方式（设置TMOD寄存器）；

2）计算T1的初值，送入TH1、TL1；

3）启动T1计时（置TR1＝1）；

4）设置串行口为工作方式1（设置SCON寄存器）；

5）串行口工作采用中断方式时，要进行中断设置（IE、IP寄存器）。

（4）电路设计

单片机U1、U2的串行口引脚RXD（P3.0）和TXD（P3.1）相互交叉相连。单片机U1的P1口接8个开关、单片机U2的P1口接8个发光二极管。如图9-10所示。

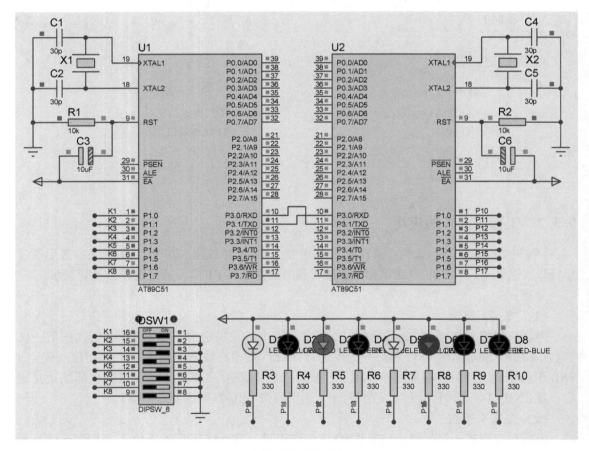

图9-10　电路图

（5）程序设计

单片机 U1 的串口设置为方式 1，用软件复位 TI，设置定时器 T1 为定时方式 2，通过查表的方式得到波特率为 9600 bit/s 对应 T1 的初值为 0xfd，并将初值装载到 TH1 和 TL1 中，启动定时器 T1。读取 P1 口的状态后写入到 SBUF，启动一次发送。用查询的方式查询 TI 是否为 1，当 TI=1 时，用软件复位 TI，重复"读取 P1 口的状态通过串口发送"操作。

单片机 U2 的串口也设置为方式 1，用软件置位 REN，允许串口接收数据，用软件复位 RI，启动串行口开始接收数据。用查询的方式查询 RI 是否为 1，当 RI=1 时，读取 SBUF 数据送到 P1 口，同时用软件清除 RI 标志，准备下一次接收。

单片机 U1 通信发送程序如下：

```c
#include <reg51.h>
    void main()
    {
        unsigned char i=0;
        TMOD=0x20;          //设置 T1 为定时方式 2
        TH1=0xfd;           //波特率为 9600 bit/s
        TL1=0xfd;
        SCON=0x40;          //设置串口为方式 1,不允许接收
        PCON=0x00;
        TR1=1;              //启动 T1
        P1=0xff;
        while(1)
        {
            i=P1;           //读取 P1 的开关状态
            SBUF=i;         //发送数据
            while(TI==0);   //查询串口是否发送完数据
            TI=0;           //清除 TI 标志
        }
    }
```

单片机 U2 通信接收程序如下：

```c
#include <reg51.h>
void main()
{
    unsigned char i=0;
    TMOD=0x20;              //设置 T1 为定时方式 2
    TH1=0xfd;               //波特率为 9600 bit/s
    TL1=0xfd;
    SCON=0x50;              //设置串口为方式 1,允许接收
    PCON=0x00;
    TR1=1;                  //启动 T1
    while(1)
```

225

```
        {
            while(RI==0);        //查询串口是否接收到数据
            RI=0;                //清除 RI 标志
            i=SBUF;              //读取串口接收到的数据
            P1=i;                //输出数据到 P1 口
        }
    }
```

【例 9-3】 A、B 两台单片机，均采用 11.0592 MHz 晶振。A 机以 2400 bit/s 波特率将内部 RAM 中 30H~39H 的 10 B 及校验和经串行口发送给 B 机，B 机正确接收后存入片内 RAM 的 30H~39H 单元，并同时显示其中的前 8 位数据。

A、B 两机的 RXD、TXD 交叉相连并共地。两机串行口均设置为方式 1，定时器 T1 定时初值为 F4H，两机采用查询控制方式程序如下：

A 机发送 C51 程序如下：

```
#include<AT89X51.h>
#define uchar unsigned char
uchar data databuffer[10]={0,1,2,3,4,5,6,7,8,9};    //显示缓冲区
uchar data checksum;                                //校验和
void main()                                         //主程序
    {
        uchar  i;
        TMOD=0x20;                                  //设置 T1 为定时方式 2
        TL1=0xFD;                                   //波特率为 9600 bit/s
        TH1=0xFD;
        TR1=1;                                      //启动 T1
        SCON=0x40;                                  //设置串口为方式 1
        for(i=0;i<10;i++)
        {   checksum=databuffer[i]+checksum;        //求和校验
            SBUF= databuffer[i];
            while(TI==0);TI=0;
        if(i==9){    SBUF= checksum;
                while(TI==0);TI=0;}
        }
        while(1);
    }
```

B 机接收并显示 C51 程序如下：

```
#include<AT89X51.h>
#define uchar unsigned char
uchar code LED[12]={0xee,0x28,0xcd,0x6d,0x2b,0x67,0xe7,0x2c,0xef,0x6f,0x0,0xff}; //LED 段码
uchar data databuffer[10]={0,1,2,3,4,5,6,7,8,9};
uchar data dispbuffer[10];                          //显示缓冲区
```

```
uchar data checksum=0;                              //校验和
void main( )                                        //主程序
    {
        uchar  i;
        TMOD=0x20;                                  //设置 T1 为定时方式 2
        TL1=0xFD;                                   //波特率为 9600 bit/s
        TH1=0xFD;
        TR1=1;                                      //启动 T1
        SCON=0x50;                                  //设置串口为方式 1,允许接收
        for(i=0;i<11;i++)
        {
          while(RI==0);RI=0;
        checksum=databuffer[i]+checksum;            //求和校验
        databuffer[i]=SBUF;
        dispbuffer[i]=LED[databuffer[i]];           //数码管段码转换
          if(i<=9){checksum=checksum+databuffer[i];}
        }
    if(databuffer[10]=checksum){ disp( );}          //校验和正确则显示
    while(1);
}
```

9.5.3　工作方式 2 与工作方式 3 的应用

方式 2 与方式 3 都是 11 位异步通信方式，这两种方式的区别仅在于波特率不同。方式 2 的波特率只有固定的两种，而方式 3 的波特率则可由用户自行设定。

【例 9-4】编写主机向从机发送数据的程序，波特率为 9600 bit/s，从机的地址为 01H，晶振 f_{osc} 为 11.0592 MHz。

解：按照波特率的要求，主、从机串行口均应工作于方式 3，定时器 T1 工作于方式 2，定时初值为 FDH。

C51 程序如下：

```
#include<AT89X51.h>
#define uchar unsigned char
uchar data DATAbuffer={0x12};                       //发送数据
uchar data ADDR_DATA=1;                             //从机地址
void TRAN( );
void main( )                                        //主程序
    {
        TMOD=0x20;                                  //设置 T1 为定时方式 2
        TL1=0xFD;                                   //波特率为 9600 bit/s
        TH1=0xFD;
        TR1=1;                                      //启动 T1
        SCON=0xD8;                                  //SM2=0,REN=1,TB8=1
```

```
                PCON = 0;                        //波特率不加倍
                TRAN( );                         //调发送子程序
                while(1);
        }
    void   TRAN(void)
    {
            start:ACC = ADDR_DATA;               //从机地址送 A
                   TB8 = 1;                       //TB8 置 1,发送地址帧
                   SBUF = ACC;                    //启动发送
                while(TI = = 0);                  //等待发送完
                   TI = 0;                        //软件清 TI
                    while(RI = = 0);              //等待接收从机发回的确认地址
                 RI = 0;                          //软件清 RI
                 ACC = SBUF;                      //读取地址
               if(ACC! = ADDR_DATA) { goto start;}
                 TB8 = 0;
                 SBUF = DATAbuffer;
                 while(TI = = 0);
                 TI = 0;
        }
```

从机程序如下:

```
    #include<AT89X51. h>
    #define uchar unsigned char
    uchar data   DATAbuffer;                      //发送数据
    uchar data   ADDR_DATA = 1;                   //从机地址
    void TRAN( );
    void main( )                                  //主程序
      {
        uchar   i;
        TMOD = 0x20;                              //设置 T1 为定时方式 2
        TL1 = 0xFD;                               //波特率为 9600 bit/s
TH1 = 0xFD;
        TR1 = 1;                                  //启动 T1
        SCON = 0xF8;                              //SM2 = 1,REN = 1,TB8 = 1
        PCON = 0;                                 //波特率不加倍
        EA = 1;
        ES = 1;
        ……                                       //其他功能程序
        while(1);
      }
    //串口中断服务程序
      void SEVT0( void)
```

228

```
          {
             while(RI= =1)                          //接收中断转 SEVT1
             {RI=0;                                  //发送中断,清 TI
             ACC=SBUF;                               //读取数据
             while(RB8= =1)                          //地址帧,转 SEVT2
                {
                if(ACC= =1)                          //核对是否为本机地址
                    {SM2=0;ACC=1;SBUF=ACC;}
          SM2=1;
                }
             DATAbuffer=ACC;                         //一次通信完成,重置 SM2
             SM2=1;                                  //不是本机地址,SM2 置 1
          }
        TI=0;
        }
```

9.5.4　多机通信工作方式

（1）多机通信原理

单片机串行口的工作方式 2 或方式 3，提供了单片机多机通信的功能。其原理是利用了方式 2 或方式 3 中的第 9 数据位。为什么第 9 数据位可用于多机通信呢？其关键在于利用 SM2 和接收到的第 9 个附加数据位的配合。当串行口以方式 2 或方式 3 工作时，若 SM2=1，此时仅当串行口接收到的第 9 位数据 RB8 为"1"时，才对中断标志 RI 置"1"，若收到的 RB8 为"0"，则不产生中断标志，收到的信息被丢失，即用接收到的第 9 位数据作为多机通信中的地址/数据标志位。应用这个特点，就可实现多机通信。

（2）单片机多机通信协议

单片机构成的多机系统常采用总线型主从式结构。所谓主从式，即由多个单片机组成的系统，只有一个是主机，其余的都是从机，从机要服从主机的调动、支配。

多机通信时，通信协议要遵守以下原则：

1）主机向从机发送地址信息，其第 9 个数据位必须为 1；主机向从机发送数据信息（包括从机下达的命令），其第 9 位规定为 0。

2）从机在建立与主机通信之前，随时处于对通信线路监听的状态。在监听状态下，必须令 SM2=1，因此只能收到主机发布的地址信息（第 9 位为 1），非地址信息被丢失。

3）从机收到地址后应进行识别，是否为主机呼叫本机，如果地址符合，确认呼叫本机，从机应解除监听状态，令 SM2=0，同时把本机地址发回主机作为应答，只有这样才能收到主机发送的有效数据。其他从机由于地址不符，仍处于监听状态，继续保持 SM2=1，所以无法接收主机的数据。

4）主机收到从机的应答信号，比较收与发的地址是否相符，如果地址相符，则清除 TB8，正式开始发布数据和命令；如果不符，则发出复位信号（发任一数据，但 TB8=1）。

5）从机收到复位命令后再次回到监听状态，再置 SM2=1，否则正式开始接收数据和命令。

【例 9-5】 主从式多机通信系统有一个主机和两个从机，其中 1#从机的地址设为 01H、2#从机的地址设为 02H，如图 9-11 所示。主机根据控制开关的状态，发送要访问的从机地址，地址相符的从机则点亮发光二极管以示和主机进行通信，然后主机向从机发送数据，从机将接收到的数据进行显示。

（1）制订方案

主机和从机的串行口都设置为方式 3，波特率为 9600 bit/s。主机发送地址时，TB8 为 1，主机发送数据时，TB8 为 0。从机在监听状态时 SM2 设置为 1，接收到的地址若和本机地址相符，则点亮发光二极管以示和主机联络成功，并置 SM2 为 0，准备接收数据，否则 SM2 仍然维持为 1 不变，不接收数据。从机接收完数据后，将接收到的数据送显示，然后从机将 SM2 设置为 1，返回到监听状态。主机根据按钮开关的状态和相应的从机进行通信。

（2）电路设计

主机的 RX 和从机的 TX 相连、TX 和从机的 RX 相连，主机的 P1 口接 2 个按钮开关，一个代表 1#从机，另一个代表 2#从机；从机 P1 口接 LED 数码管，用来显示接收到的数据，P2.0~P2.6 口接发光二极管指示和主机的通信状态，如图 9-11 所示。

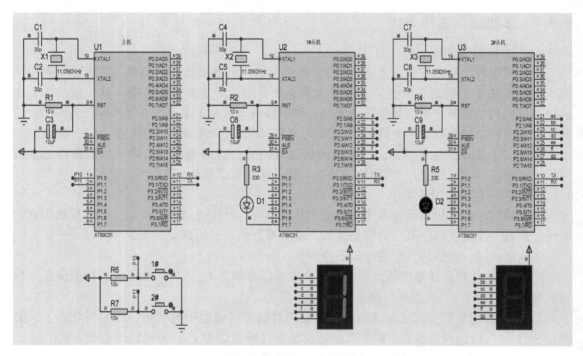

图 9-11　例 9-5 电路图

（3）程序设计

多机通信系统中主机、从机的串口都设置为方式 3 并允许接收，波特率为 9600 bit/s，设置定时器 T1 为工作方式 2，通过查表的方式得到波特率为 9600 bit/s 对应 T1 的初值为 0xfd，并将初值装载到 TH1 和 TL1 中，启动定时器 T1。串口发送和接收数据都采用软件查询的方式。

1）主机通信程序如下：

```c
#include <reg51. h>
#define ADDR1 0x01                      //定义 1#从机地址
#define ADDR2 0x02                      //定义 2#从机地址
sbit P1_0=P1^0;                         //1#从机通信控制按钮
sbit P1_1=P1^1;                         //2#从机通信控制按钮
voiddelay( )
{
 unsigned int i,j;
 for(i=0;i<1000;i++)
 for(j=0;j<124;j++);
}
 void main( )
 {
 unsigned char i=0;
 TMOD=0X20;                             //设置 T1 定时为工作方式 2
TH1=0XFD;                               //波特率 9600 bit/s
TL1=0XFD;
SCON=0xd8;                              //设置串口为方式 3、允许接收、TB8=1
PCON=0X00;
TR1=1;                                  //启动定时器 T1
while(1)
{
        if((P1_0|P1_1)==0){continue;}   //如果两个按钮同时按下,则继续检测
        if(P1_0==0)                     //1#按钮按下处理
        {
          TB8=1;                        //地址信息标志
          SBUF=ADDR1;                   //发送 1#从机地址
          while(!TI);                   //查询串口是否发送完信息
          TI=0;                         //清除 TI 标志
          while(!RI);                   //等待接收从机发送的信息
          RI=0;                         //清除 RI 标志
          if(SBUF==ADDR1)
          {
                TB8=0;                  //数据信息标志
                SBUF=0xf9;              //发送数字 1 的编码给 1#从机
                while(!TI);             //查询串口是否发送完信息
                TI=0;                   //清除 TI 标志
                delay( );               //延时
          }
        }
   if(P1_1==0)                          //2#从机按钮按下处理
{
        TB8=1;                          //地址信息标志
```

```
        SBUF = ADDR2;                    //发送 2#从机地址
        while(! TI);                     //查询串口是否发送完信息
        TI = 0;                          //清除 TI 标志
        while(! RI);                     //等待接收从机发送的信息
        RI = 0;                          //清除 RI 标志
        if( SBUF = = ADDR2)
        {
            TB8 = 0;                     //数据信息标志
            SBUF = 0xa4;                 //发送数字 2 的编码给 2#从机
            while(! TI);                 //查询串口是否发送完信息
            TI = 0;                      //清除 TI 标志
            delay( );                    //延时
        }
      }
    }
}
```

2) 1#从机通信程序如下:

```
    #include <reg51. h>
    #define ADDR1 0x01
    sbit P1_7 = P1^7;
    delay( )
    {
        unsigned int i,j;
        for( i = 0;i<1000;i++)
        for( j = 0;j<124;j++);
    }
    void main( )
    {
        unsigned char i = 0;
        TMOD = 0X20;                     //设置 T1 定时为工作方式 2
        TH1 = 0XFD;                      //波特率 9600 bit/s
        TL1 = 0XFD;
        SCON = 0xf0;                     //设置串口为方式 3、允许接收、SM2 = 1
        PCON = 0X00;
        TR1 = 1;                         //启动定时器 T1
        while( 1)
        {
            while(! RI);                 //查询串口是否接收到主机发送的地址信息
            RI = 0;                      //清除 RI 标志

        if( SBUF = = ADDR1)              //主机呼叫 1#从机
        {
```

```
            P1_7 = 0;                          //点亮 LED
            SM2 = 0;                           //SM2=0,解除监听状态
            SBUF = ADDR1;                      //发送本机的地址
            while(! TI);                       //查询串口是否发送完信息
            TI = 0;                            //清除 TI 标志
            while(! RI);                       //等待接收主机发送的数据信息
            RI = 0;                            //清除 RI 标志
            P2 = SBUF;                         //读取数据送 P2 口显示
            delay( );                          //延时
            SM2 = 1;                           //返回监听状态
          delay( );                            //延时
            P1_7 = 1;                          //熄灭 LED
          P2 = 0xff;                           //关闭显示
            }
          }
        }
```

3) 2#从机通信程序如下:

```
    #include <reg51. h>
    #define ADDR2 0x02
  sbit P1_7 = P1^7;
  delay( )
  {
    unsigned int i,j;
  for(i=0;i<1000;i++)
  for(j=0;j<124;j++);
    }
  void main( )
  {
  unsigned char i = 0;
  TMOD = 0X20;                        //设置 T1 定时方式 2
  TH1 = 0XFD;                         //波特率 9600 bit/s
  TL1 = 0XFD;
  SCON = 0xf0;                        //设置串口为方式 3、允许接收、SM2 = 1
  PCON = 0X00;
  TR1 = 1;                            //启动定时器 T1
  while(1)
  {
  while(! RI);                        //查询串口是否接收到主机发送的地址信息
  RI = 0;                             //清除 RI 标志
  if(SBUF = = ADDR2)                  //主机呼叫 1#从机
  {
  P1_7 = 0;                           //点亮 LED
```

```
    SM2 = 0;                      //SM2=0,解除监听状态
SBUF = ADDR2;                     //发送本机的地址
  while(! TI);                    //查询串口是否发送完信息
TI = 0;                          //清除 TI 标志
while(! RI);                      //等待接收主机发送的数据信息
RI = 0;                          //清除 RI 标志
P2 = SBUF;                        //读取数据送 P2 口显示
delay( );                         //延时
SM2 = 1;                          //返回监听状态
delay( );                         //延时
P1_7 = 1;                         //熄灭 LED
  P2 = 0xff;                      //关闭显示
   }
   }
   }
```

思考与练习

9-1　串行通信有几种基本通信方式？它们有什么区别？

9-2　什么是波特率？某异步串行通信接口每分钟传送 1800 个字符，每个字符由 11 位组成，请计算出传送波特率。

9-3　若异步通信接口按方式 3 传送，已知每分钟传送 3600 个字符，其波特率是多少？

9-4　串行通信有哪几种制式？各有什么特点？

9-5　简述 AT89S51 串行口控制寄存器 SCON 各位的定义。

9-6　简述 AT89S51 单片机串行口在四种工作方式下波特率的产生方法。

9-7　设计一个发送程序，将芯片内 RAM 中的 30H~3FH 单元数据从串行口输出，要求将串行口定义为方式 3，TB8 作奇偶校验位。

第 10 章　单片机的扩展技术

众所周知，单片机是把微型计算机的各个功能部件集成到一个芯片上，因此可以把 MCS-51 单片机看成一个最小的微机系统。在简单的应用场合下，可直接采用单片机作为最小系统使用。但是在很多情况下，单片机系统复杂，内部 RAM、ROM、I/O 口功能有限，不能满足其使用要求，这就需要扩展技术。

MCS-51 单片机并行扩展技术是单片机应用的重要部分。其中包括系统扩展、键盘及显示器扩展、A-D 及 D-A 转换电路的扩展和开关量 I/O 通道的扩展。本章以 A-D 及 D-A 转换电路的扩展技术为例，详细介绍常用芯片的 A-D 和 D-A 接口技术及软件编程的方法。

10.1　A-D 转换器概述

客观世界不单有数字量 0 和 1，还有模拟量比如温度、湿度、电压等。而单片机是数字电路，无法直接与模拟量对话，如何让单片机的数字电路采集到温度、电压、电流，这就需要 A-D 转换器。所谓的 A-D 转换器是一种能把输入模拟量转换成与它成正比的数字量的器件，即能把被控对象的各种模拟信息变成计算机可以识别的数字信息。

10.1.1　几种常用的 A-D 转换方法介绍

A-D 转换器的种类很多，例如：计数器式 A-D 转换器、双积分式 A-D 转换器、逐次逼近式 A-D 转换器、并行比较型/串并行型 A-D 转换器、Σ-Δ 调制型 A-D 转换器、电容阵列逐次比较型 A-D 转换器、压频变换型 A-D 转换器等。在这些转换中，它们的主要区别是速度、精度和价格，一般来说速度越快，精度越高，则价格也越高。

在这些转换器的种类中，计数器式 A-D 转换器结构简单，但转换速度很慢，所以很少采用。双积分式 A-D 转换器抗干扰能力强，转换精度高，但转换速度也不理想，初期的单片 A-D 转换器大多采用积分型。其中逐次逼近式 A-D 转换既照顾了速度，又具有一定的精度，是目前应用最多的一种，下面对几种实际应用价值较高的 A-D 转换器进行介绍。

（1）逐次逼近式 A-D 转换器

逐次逼近式 A-D 转换器也称连续比较式 A-D 转换器，它是由 D-A 转换器为基础，加上比较器、逐次逼近式寄存器、置数选择逻辑电路以及时钟等组成。如图 10-1 所示，其转换的基本原理如下：

在启动信号控制下，首先用置数选择逻辑电路给逐次逼近式寄存器最高位置"1"，V_{REF} 经 D-A 转换成模拟量与输入的模拟量 V_{IN} 进行比较，电压比较器给出比较结果。如果输入量大于或等于经 D-A 转换输出的量，则比较器输出为"1"，否则为"0"，置数选择逻辑电路根据比较器输出的结果，修改逐次逼近式寄存器中的内容，使其 D-A 转换后的模拟量逐次逼近输入的模拟量。这样一来，经过若干次修改后的数字量，就得到了 A-D 转换的结果量。

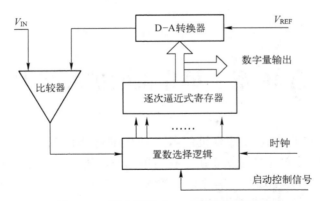

图 10-1 逐次逼近式 A-D 转换结构框图

其工作原理可用天平称重过程来说明。若有四个砝码共重 15 克，每个重量分别为 8、4、2、1 克。设待称重量 $W_x = 13$ 克，可以用表 10-1 步骤来称量：

表 10-1 天平称重过程表

次 数	砝 码 重	结 论	暂 时 结 果
第一次	8 克	砝码总重<待测重量 W_x，故保留	8 克
第二次	加 4 克	砝码总重<待测重量 W_x，故保留	12 克
第三次	加 2 克	砝码总重>待测重量 W_x，故撤除	12 克
第四次	加 1 克	砝码总重=待测重量 W_x，故保留	13 克

逐次逼近式电路的优点是速度较高，功耗低，在低分辨率（精度）（<12 位）时价格低，但高精度（>12 位）时价格高。

现在单片机内集成的 A-D 模块许多都是逐次逼近式的，其一般都可以实现 8~12 位的分辨率。实际得到的精度要比其分辨率低 1~2 位，如果要实现其更高的分辨率的采样，就需要使用 Σ-Δ 型 A-D 转换器了。

（2）Σ-Δ 调制型 A-D 转换器

Σ-Δ 型 A-D 转换器由积分器、比较器、1 位 D-A 转换器和数字滤波器等组成。原理上近似于积分型，将输入电压转换成时间（脉冲宽度）信号，用数字滤波器处理后得到数字值。主要用于数字音频电路测量。

这种转换器电路的数字部分基本上容易实现单片化，因此容易做到高分辨率；其缺点是转换速率较慢。

（3）并行比较型 A-D 转换器

并行比较型 A-D 转换器采用多个比较器，仅作一次比较而实行转换，又称 Flash（快速）型。由于转换速率极高，n 位的转换需要 2n-1 个比较器，因此电路规模也极大，价格也高，只适用于视频 A-D 转换器等对速度要求特别高的领域。如图 10-2 所示。

它由三部分构成：分压器、比较器、编码器。这种 A-D 变换器的优点是转换速度快，缺点是所需比较器数目多，且位数越多矛盾越突出。

其逻辑状态真值表见表 10-2。

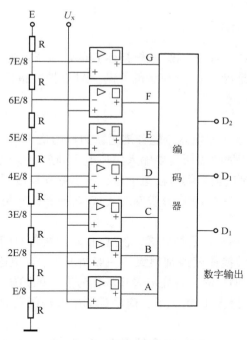

图 10-2 并行比较型 A-D 转换原理图

表 10-2 逻辑状态真值表

输入电压 U_x	比较器输出							编码器输出		
	A	B	C	D	E	F	G	D_2	D_1	D_0
$E>U_x>7E/8$	1	1	1	1	1	1	1	1	1	1
$7E/8>U_x>6E/8$	1	1	1	1	1	1	0	1	1	0
$6E/8>U_x>5E/8$	1	1	1	1	1	0	0	1	0	1
$5E/8>U_x>4E/8$	1	1	1	1	0	0	0	1	0	0
$4E/8>U_x>3E/8$	1	1	1	0	0	0	0	0	1	1
$3E/8>U_x>2E/8$	1	1	0	0	0	0	0	0	1	0
$2E/8>U_x>1E/8$	1	0	0	0	0	0	0	0	0	1
$1E/8>U_x>0$	0	0	0	0	0	0	0	0	0	0

（4）列逐次比较型 A-D 转换器

电容阵列逐次比较型 A-D 在内置 D-A 转换器中采用电容矩阵方式，也可称为电荷再分配型。

（5）压频变换型 A-D 转换器

压频变换型（Voltage-Frequency Converter）A-D 转换器是通过间接转换方式实现模数转换的。其原理是首先将输入的模拟信号转换成频率，然后用计数器将频率转换成数字量。从理论上讲这种 A-D 的分辨率几乎可以无限增加，只要采样的时间能够满足输出频率分辨率要求的累积脉冲个数的宽度。其优点是分辨率高、功耗低、价格低，但是需要外部计数电路共同完成 A-D 转换。

10.1.2　A-D转换技术指标

ADC（Analog-Digital Converter，模/数转换器）的性能指标的优劣是衡量是否正确选用A-D芯片的基本依据，也是衡量A-D质量的关键。ADC性能指标很多，例如，线性度、偏移误差、温度灵敏度和功耗等。

（1）分辨率

分辨率（Resolution）是指转换器所能分辨的被测量的最小值。对于ADC来讲，分辨率表示输出数字量变化一个相邻数码所需要输入模拟电压的最小变化量。如果数字量的位数为n，分辨率就等于1/2n满刻度值。需要注意的是，分辨率和精度并不是一个概念，精度会受到各种因素的影响。比如，一个10位分辨率的A-D转换器，其精度往往要低于10位。

（2）转换速度

转换速度（Conversion Rate）是指完成一次A-D转换所需时间的倒数，是一个非常重要的指标。ADC型号不同，转换速度差别很大。一般情况下，8位逐次逼近式ADC转换时间为100 μs左右。选用ADC型号时，首先应看现场信号变化的频繁程度是否与ADC的速度相匹配，在被控系统控制时间允许的情况下，应尽量选用价格便宜的逐次逼近式A-D转换器。

（3）转换精度

转换精度（Conversion accuracy）由模拟误差和数字误差组成。模拟误差是比较器、解码网络中的电阻值以及基准电压波动等引起的误差。数字误差主要包括丢码误差和量化误差，前者属于非固定误差，由器件质量确定，后者和A-D转换器数字量的位数有关，位数越多，则误差越小。

（4）量化间隔

量化间隔Δ是A-D转换器的主要技术指标之一，可以理解为A-D转换的"台阶"、"步长"，可由下面的式子求得：

$$\Delta = \frac{满量程输入电压}{2^n - 1} \approx \frac{满量程电压}{2^n}$$

其中，n为转换器的位数。

（5）量化误差

在A-D转换过程中，模拟量是一种连续变化的量，数字量是断续变化的量。因此，在A-D转换器位数固定的情况下，并不是所有的模拟电压都能用数字量精确表示。例如，假设2位二进制A-D转换器的满量程值V_{AD}为3 V，即输入模拟电压可以在0~3 V之间连续变化，但2位数字量只能有4种组合。如果输入模拟电压为0 V、1 V、2 V和3 V，2位数字量恰好能精确表示，不会出现量化误差。如果输入模拟电压为其他值，则会出现量化误差，输入模拟电压为：0.5 V、1.5 V和2.5 V时量化误差最大，故最大量化误差的定义为分辨率（A-D转换器所能分辨的最小模拟电压）的1/2。

量化误差有两种表示方法：一种是绝对量化误差；另一种是相对量化误差。

绝对量化误差为

$$\varepsilon = \frac{量化间隔}{2} = \frac{\Delta}{2}$$

相对量化误差为

$$\varepsilon = \frac{1}{2^{n+1}}$$

例如，当满量程电压为 5 V，采用 10 位 A-D 转换器的量化间隔、绝对量化误差、相对量化误差分别是为

量化间隔为

$$\Delta = \frac{5}{2^{10}} = 4.88\,\text{mV}$$

绝对量化误差为

$$\varepsilon = \frac{\Delta}{2} = \frac{4.88\,\text{mV}}{2} = 2.44\,\text{mV}$$

相对量化误差为

$$\varepsilon = \frac{1}{2^{11}} = 0.00049 = 0.049\%$$

10.1.3 并行转换芯片 ADS7804

ADS7804 是一种新型 12 位 A-D 转换器。该 A-D 转换器采用逐次逼近式工作原理，单通道输入，模拟输入电压的范围为 ±10 V，采样速率为 100 kHz。与 8 位和 16 位的 A-D 转换器相比，12 位 A-D 转换器以其较高的性能价格比在仪器仪表中得到广泛的应用。

ADS7804 芯片采用 28 脚 0.3 英寸 PDIP（塑料双列直插式）封装，两列引脚间距为 0.3 英寸，比一般 DIP28 封装窄一倍，所以俗称瘦型 DIP；如图 10-3 所示。

ADS7804 共 28 个引脚，从其功能上看可以分成三类：

（1）电源类

数字电源 V_{DIG} 和模拟电源 V_{ANA} 通常一起接到 5 V 电源上。数字地 DGND 和模拟地 AGND1、AGND2 通常共地。REF 为参考电压端，通常对地接 2.2 μF 钽电容，芯片内部可产生 2.5 V 基准电压。CAP 为参考电压所需电容，对地接 2.2 μF 钽电容。具体电路接线方法如图 10-4 所示。

（2）模数信号类

V_{IN} 为输入的模拟信号。D11~D0（6~18 脚）为数字量并行输出口，DZ（19~22 脚）是为了使引脚与 16 位 A-D 转换器 ADS7805 兼容而设的，可悬空。

（3）控制信号类

$\overline{CS}$（输入）为片选信号，$R/\overline{C}$（输入）为读取结果/模数转换控制信号，$\overline{BUSY}$（输出）用于指示转换是否完成，BYTE（输入）信号用来控制从总线读出的数据是转换结果的高字节还是低字节。

ADS7804 内部是逐次逼近式工作原理，所以内部结构由电容性的数模转换器（CDAC）、逐次逼近式控制逻辑单元和输出锁存三态驱动器组成。CDAC 将通过控制类相关信号使逐次

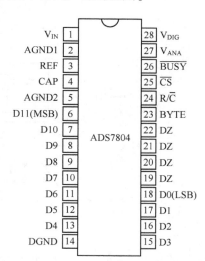

图 10-3　ADS7804 直插封装图

逼近式控制逻辑单元工作，使其三态驱动器输出并行 12 位数据。图 10-5 为 ADS7804 内部结构。该图显示了操作 ADS7804 内部的基本电路，可以用于完全并行的数据输出。

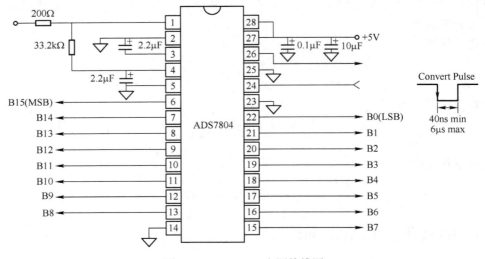

图 10-4　ADS7804 电源接线图

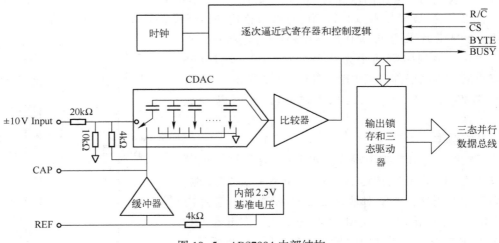

图 10-5　ADS7804 内部结构

将 R/$\overline{C}$（pin24）置低电平至少 40 ns（最大 6 μs）将启动 ADC 转换；$\overline{BUSY}$ 引脚（pin26）将变低电平并且保持低电平直到转换完成并且输出寄存器更新；DATA 将以二进制补码的形式进行输出；$\overline{BUSY}$ 处于高电平的时候才可以锁存数据，当处于低电平的时候其转换结果可以忽略。

ADS7804 将在转换结束时开始跟踪输入信号。允许转换命令之间间隔 10 ms，确保准确获取新信号。

偏移和增益在内部进行调整，以允许外部单电源进行整理。外部电阻可以补偿这一调整。

ADS7804 转换和读取时序图如图 10-6 所示。由图可见，ADS7804 启动转换和读取转换结果的时序比较特别。

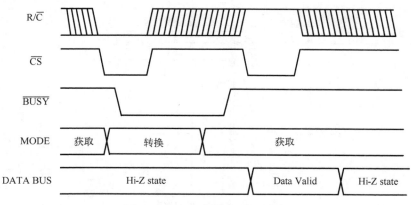

图 10-6 A–D 转换和读取时序

首先将 R/$\overline{\text{C}}$ 置低电平；然后给 $\overline{\text{CS}}$ 输入一个脉冲并在其下降沿启动 A–D 转换，此脉冲的宽度要求在 40 ns~6 μs 之间；这时 $\overline{\text{BUSY}}$ 电平拉低表示正在进行转换；在经过大约 8 μs 以后，转换完成，$\overline{\text{BUSY}}$ 电平相应变高；再把 R/$\overline{\text{C}}$ 电平拉高，这样，在 $\overline{\text{CS}}$ 脉冲的下降沿把转换结果输出到数据总线上。

因为转换结果为 12 位，所以对 8 位单片机而言，必须分两次读入，这个功能由 BYTE 脚实现。当 BYTE 脚为高电平时，数据总线上输出高字节，反之，输出低字节。ADS7804 转换得到的数字结果是以补码形式给出的，表 10–3 给出模拟电压和数字电压的输出关系。−10 V~9. 99512 V 为量程，4. 88 mV 为电压分辨率。

表 10-3 模拟电压和数字电压的输出关系

模 拟 输 入	补码形式的数字电压输出	
	二进制	十六进制
9. 99512 V	0111 1111 1111	7FF
4. 88 mV	0000 0000 0001	001
0 V	0000 0000 0000	000
−4. 88 mV	1111 1111 1111	FFF
−10 V	1000 0000 0000	800

因为 ADS7804 的 $\overline{\text{CS}}$ 信号脉冲宽度要求为 40 ns~6 μs 之间，而对于单片机而言，只要对外部设备进行读操作，即会产生脉冲，其宽度为 6 个振荡周期，如采用 12 MHz 的晶振，其脉冲宽度为 500 ns，所以将 ADS7804 的 $\overline{\text{CS}}$ 接单片机的 RD 信号端口是再合适不过了。至于 R/$\overline{\text{C}}$、$\overline{\text{BUSY}}$ 和 BYTE 信号，只需连接到普通的锁存功能的端口即可。图 10–7 是 ADS7804 与单片机 AT89C51 的接口电路。

参考程序为每 1 ms 采集一次数据，使用定时器 0，方式 1 进行采样，将采样的结果按顺序存入 array[N] 数组中，数组 N 采用宏定义的方式进行定义，也可以修改 N 的值，但是要注意 counter 变量的定义范围，无符号 char 型的取值为 0~255；如果采集的数据大于 255 个数据，则需要改变变量的类型。

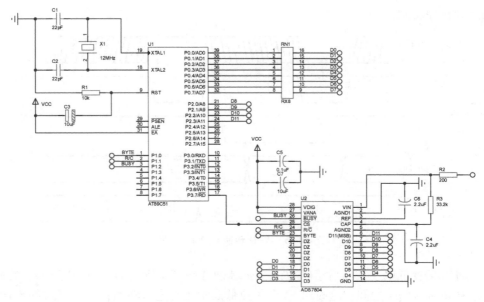

图 10-7　ADS7804 与单片机 AT89C51 的接口电路

其参考程序如下：

```
#include<reg51. h>
#include<absacc. h>
#define uint unsigned int
#define uchar unsigned char
#define    N       100               //定义采样长度为 100 点
sbit    BYTE   =  P1^0;
sbit    RC     =  P1^1;
sbit    BUSY   =  P1^2;              //定义控制信号位
int    xdata   array[N];            //在外部存储器内定义长度为 N 的有符号整数个数
uchar   counter ;
intADS7804( void) ;
/ * * * * * * * * * * * * ADS7804 底层驱动程序 * * * * * * * * * * * * * * * * * * * * * * * * * * * * * /
Int ADS7804( void)
  {
uint Ulow, Uhigh; int result;
RC = 0;                             //低电平,进入转换模式
Ulow = XBYTE[ 0xffff];              //产生读脉冲,启动 A-D 转换
while( BUSY = = 0) ;                //等待转换完成
RC = 1;BYTE = 0;                    //进入读模式,选择低字节
Ulow = XBYTE[ 0xffff];              //读转换结果低 8 位
BYTE = 1;                           //选择高字节
Uhigh = XBYTE[ 0xffff] & 0x0f;      //读转换结果高 4 位
result = Uhigh * 256+ Ulow;         //得到 12 位转换结果
if( result > = 0x0800)
result = result |0xf000;            //如果为负值,则符号扩展
```

```
    return(result);                      //返回转换结果
    }
/ ＊＊＊＊＊＊＊＊＊＊＊ADS7804 采样程序＊＊＊＊＊＊＊＊＊＊＊＊＊＊＊＊＊＊＊＊＊＊＊＊＊/
Void main(void)
    {
    TMOD=0x01;                           //定时器 0,方式 1
    TH0=0xFC;TL0=0x18;                   //装载计数初值每 1 ms 采集一次数据
    EA = 1;
    ET0 = 1;
    TR0 =1;                              //启动定时器
    while(1);
    }
/ ＊＊＊＊＊＊＊＊＊＊＊ADS7804 中断程序＊＊＊＊＊＊＊＊＊＊＊＊＊＊＊＊＊＊＊＊＊＊＊＊/
Void Timer0(    ) interrupt 1
    {
     array[counter++]=ADS7804();        //采样、存储
     if(counter==N) counter = 0;
     TH0=0xFC;TL0=0x18;                 //装载计数初值每 1 ms 采集一次数据
    }
```

10.1.4 串行转换芯片 TLC1549

TLC1549 是 TI 公司生产的一款单通道 10 位 A-D 转换器。该芯片采用逐次逼近式的
A-D 转换技术,转换速度快,最大转换时间为 21 μs,误差为±1LSB (4.8 mV),工作温度为
-55 ~ +125℃,单电源+5 V 供电。转换结果以串行方式输出,读取数据操作简单,可广泛应
用于各种数据采集系统。

TLC1549 有 DIP 和 FK 两种封装形式,其中 DIP 封装的
引脚排列如图 10-8 所示。其中 $\overline{CS}$ 引脚为芯片的选择端,低
电平有效;ANALOG IN 为模拟信号的输入端;DATA OUT 为
转换结果的输出端;在时钟信号的作用下,转换结果以串行
方式由该引脚送出。I/O CLOCK 为输入/输出时钟,用于接收
外部送来的串行 I/O 时钟,最高频率可达 2.1 MHz。REF+为
正基准电压,通常接 VCC;REF-为负基准电压,通常接地。

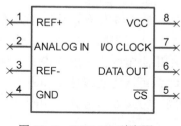

图 10-8 TCL1549 引脚图

1. 工作过程

TLC1549 内部结构框图如图 10-9 所示。根据 TLC1549 的功能结构和工作时序,其工作
过程可分为 3 个阶段:模拟量采样、模拟量转换和数字量传输。

(1) 模拟量采样

在前一个采样数据输出的第 3 个 CLK 下降沿,输入模拟量开始采样,采样持续 7 个
CLK 周期。

(2) 模拟量转换

TLC1549 是一种连续逐次逼近型的模数转换器,其内部的 CMOS 门限检测器通过检测一
系列电容的充电电压来对数字输入信号进行量化,此处不做进一步介绍。

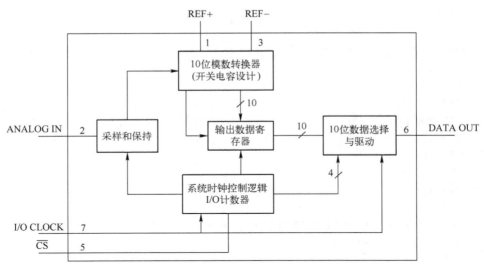

图 10-9　TLC1549 内部结构

（3）数字量传输

数字量的输出可参考后续的工作方式。

2. 工作原理

当$\overline{CS}$为高电平时，I/O CLOCK 为初始禁止状态，DATA OUT 为高阻抗状态。当把$\overline{CS}$引脚拉至低电平有效时，转换时序开始允许 I/O CLOCK 工作并使 DATA OUT 脱离高阻状态。之后 DATA OUT 引脚按照 I/O CLOCK 提供的时序开始转换采集结果。其转换周期的 I/O CLOCK 的个数在 10~16 个时钟周期，不同的工作方式下，其转换周期的时间不同。

3. 工作方式

TLC1549 有 6 种工作方式，见表 10-4。其中方式 1 和方式 3 属于同一种类型，方式 2 和方式 4 属于同一种类型。快速方式和慢速方式并无本质区别，主要是由 I/O CLOCK 周期大小来决定的，一般来说，时钟频率高于 280 kHz 时，可认为是快速工作方式；低于 280 kHz 时，可认为是慢速工作方式。因此，如果不考虑 I/O CLOCK 周期大小，方式 5 与方式 3 相同，方式 6 与方式 4 相同。

表 10-4　TLC1549 的工作方式

方　式		$\overline{CS}$	I/O 时钟数/个	数据输出 MSB 的时刻
快速方式	方式 1	转换周期之间为高电平	10	在$\overline{CS}$下降沿
	方式 2	连续低电平	10	在 21 μs 内
	方式 3	转换周期之间为高电平	11~16	在$\overline{CS}$下降沿
	方式 4	连续低电平	16	在 21 μs 内
慢速方式	方式 5	转换周期之间为高电平	11~16	在$\overline{CS}$下降沿
	方式 6	连续低电平	16	第 16 个时钟下降沿

（1）方式 1 快速模式，转换期间$\overline{CS}$为高电平无效，10 个时钟的转换周期

在这个模式下，每次数据连续传输都是 10 个时钟周期。在这之前，$\overline{CS}$为高电平。$\overline{CS}$下

244

降沿开始时 DATA OUT 脱离高阻态；$\overline{CS}$下降沿结束时在指定时间内 DATA OUT 回到高阻态。$\overline{CS}$的上升沿将在一个启动时间加两个内部系统时钟周期时间内，I/O CLOCK 为禁止状态。工作时序如图 10-10 所示。

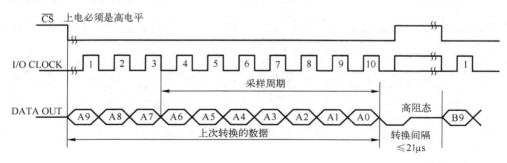

图 10-10　方式 1 工作时序

由上图所示、当$\overline{CS}$下降沿和第一个周期的下降沿读取上次转换数据的高 2 位，其余 8 （第 3~10）个周期用于读取上次转换数据的低 8 位。从第 3 个周期下降沿到第 10 个周期下降沿为本次片内采样周期，然后从第 10 个周期下降沿开始后的 21 μs 为转换周期，将本次片内采用结果进行转换，并在下一个 10 周期内由单片机进行读取；片选信号$\overline{CS}$通常在转换期间为无效模式，既在转换过程中拉高$\overline{CS}$。

（2）方式 2 快速模式，转换期间$\overline{CS}$为低电平有效，10 个时钟的转换周期

在这个模式下，在每次传输的 10 个时钟周期之间，$\overline{CS}$都为低电平。在每次转换周期开始时，$\overline{CS}$也都为低电平以确保随后的 10 个周期的转换时间，在第 10 个时钟周期下降沿结束后的 21 μs 内，开始新一轮的转换。图 10-11 为方式 2 的时序图。

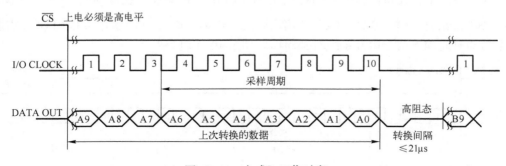

图 10-11　方式 2 工作时序

（3）方式 3 快速模式，转换期间$\overline{CS}$为高电平无效，11~16 个时钟的转换周期

在此模式下，每次转换周期为 11~16 个时钟，并且在转换期间$\overline{CS}$为高电平时无效，$\overline{CS}$下降沿开始时 DATA OUT 脱离高阻态，在规定的时间内，转换在$\overline{CS}$的下降沿终止，并恢复 DATA OUT 高阻状态，同样$\overline{CS}$的上升沿将在 1 个启动时间加 2 个内部系统时钟周期时间内，I/O CLOCK 为禁止状态，如图 10-12 所示。

（4）方式 4 快速模式，转换期间$\overline{CS}$为低电平有效，11~16 个时钟的转换周期

在这个模式下，在每次传输 16 个时钟周期之间，$\overline{CS}$一直为低电平，在初始化转换周期后，$\overline{CS}$保持低电平以确保随后的转换，在第 10 个下降沿的 21 μs 内，DATA OUT 输出上次的

转换结果。如图 10-13 所示。

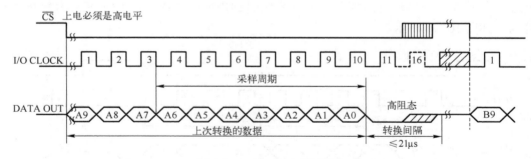

图 10-12　方式 3 工作时序

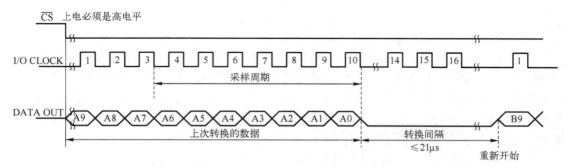

图 10-13　方式 4 工作时序

（5）方式 5 慢速模式，在数据传输之间，$\overline{CS}$ 为高电平无效，11~16 个时钟周期

在这个模式下，在每次传输时间可以是 11~16 个时钟周期。在这期间，$\overline{CS}$ 为高电平无效，在 $\overline{CS}$ 下降沿开始时，DATA OUT 脱离高阻态，同时，$\overline{CS}$ 上升沿禁用 I/O CLOCK 引脚需要一个启动时间加上两个内部系统时钟周期。如图 10-14 所示。

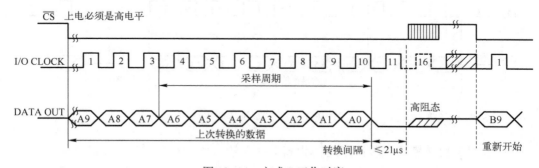

图 10-14　方式 5 工作时序

（6）方式 6 慢速模式，转换期间，$\overline{CS}$ 为低电平，16 个时钟传输周期

在这个模式下，在每次传输 16 个时钟周期之间，$\overline{CS}$ 一直为低电平。在初始化转换周期后，$\overline{CS}$ 保持低电平以确保随后的转换。在第 16 个时钟下降沿结束后通过将 DATA OUT 脱离低电平状态开始新的新的转换周期，允许上次转换的 MSB 在 DATA OUT 引脚输出。如图 10-15 所示。

246

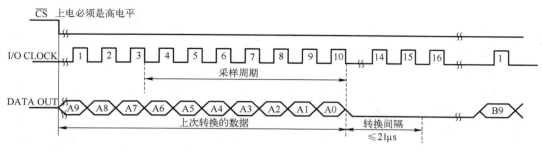

图 10-15　方式 6 工作时序

4. TLC1549 与单片机的接口电路与程序

TLC1549 与 AT89C51 的接口如图 10-16 所示。将 P2.0、P2.2 分别用作 TLC1549 的 $\overline{CS}$ 和 I/O CLOCK、TLC1549 的 DATA OUT 引脚的二进制数由单片机的 P2.0～P2.2 读入；VCC 与 REF+接+5 V，REF−接 GND；模拟输入端允许输入的电压范围为 0～5 V。

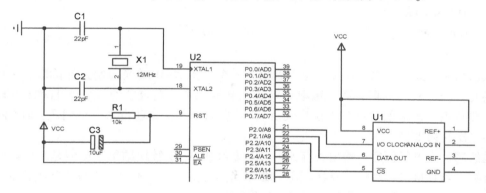

图 10-16　TLC1549 与单片机的接口电路

TLC1549 的程序按方式 1 的时序编写，用软件的方式使其 CLK 引脚上连续输出 10 个移位脉冲，期间利用 result =(result << 1) | TLC1549_DOUT;语句将位数拼装成并行数据，由于 TLC1549 为 10 位 A-D 转换器，故转换结果存放变量 result 应声明为无符号整型变量。

其驱动程序如下：

```
#include<AT89C51. h>
#include<intrins. h>
#define    uchar      unsigned char
#define    uint       unsigned int
#define    nop        _nop_( )
sbit       TLC1549_CS            P2. 2
sbit       TLC1549_CLK           P2. 0
sbit       TLC1549_DOUT          P2. 1
uint       ADConvertor( void );
void       delay20us( void );          //用于 TLC1549 的转换;
/ * * * * * * * * * * * * * * * * * * TLC1549 的驱动程序 * * * * * * * * * * * * * * * * * * /
uint    ADConvertor( void );
```

```
    {
        uint result = 0;
        uchar i;
        TLC1549_CS = 1;
        nop;
        TLC1549_CS = 0;
        for( i=0;i<10;i++)                    //读取 A-D 转换数据
        {
            TLC1549_CLK = 0;
            result = ( result << 1) | TLC1549_DOUT;
            TLC1549_CLK = 1;
            nop( );
        }
        delay20us( );                         //延时时间小于 21 μs
        TLC1549_CS = 1;
        return( result);                      //返回采集的数据
    }
```

从前面所叙述的控制时序图中可以看出，一个完整 A-D 转换周期包括读取、采样和量化（转化）三个过程周期，而且读取周期和采样周期部分是重叠的，另外 TLC1549 转换的一个重要特点是读取的数据是上次启动 A-D 转换的结果，这就带来一个问题，TLC1549 上电后第一次转换如何处理？

显然芯片上电复位后，输出寄存器内容并非某次 A-D 转换结果，可能是一个随机数或某个常数，若直接进行转换，首次读出的数据当然是错误的，不过可以采用初始化的方法确保首次读出的数据为第一次启动 A-D 转换的结果。

具体方法是，在上电后首次执行一个 A-D 初始化函数，在初始化函数中调用一次 A-D 采集函数，之后将结果丢弃。

TLC1549 与单片机接口简单，可方便应用于测控仪表，工业现场检测等场合。

10.1.5　设计简易数字电压表

设计一个简易的数字电压表，将电位器的 5 V 可调电压转换为十进制数字量并实现动态显示。电路图如图 10-17 所示。

本方案选用了一只四联共阴极数码管作为显示器，按照动态显示原理接线，其中段码通过锁存器 74LS245 驱动后接于 P0 口，注意 P0 口必须接上拉电阻。位码由 4 只 PNP 型晶体管驱动后接于 P2.0~P2.3。A-D 转换芯片采用 TLC1549，以通用 I/O 口方式与单片机连接。图中 TLC1549 的 3 个引脚 DATA OUT、I/O CLOCK 和 C̄S̄分别于单片机的 P1.0、P1.1 和 P1.2 口相连。

注意共阴极数码管 0~9 的十六进制显示。

软件系统采用一个由两个功能模块构成的程序，模块之间相互依赖，它们之间的关系也很好理解，即采集模块和显示模块，使用 TLC1549A-D 采集模块进行数据的采集之后便调用显示模块进行显示。TLC1549 的驱动程序采用延时的方式来等待 A-D 的转换结果。具体的程序如下所示。

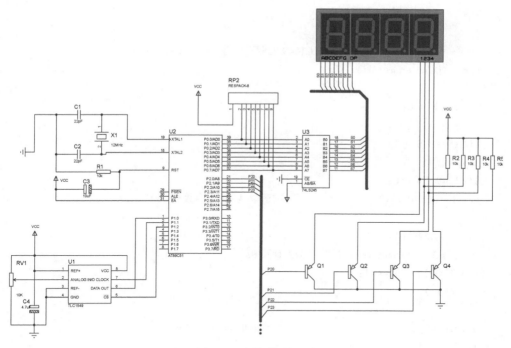

图 10-17 电路原理图

```
#include<REG51. H>
#include<intrins. h>
#define      uchar    unsigned char
#define      uint     unsigned int
#define      nop      _nop_( )
char map[ ] = {0x3F,0x06,0x5B,0x4F,0x66,0x6D,0x7D,0x07,0x7F,0x6F} ;
sbit      TLC1549_CLK        P1. 0
sbit      TLC1549_DOUT       P1. 1
sbit      TLC1549_CS         P1. 2
uint      ADConvertor( void) ;
void      display( uint value) ;
void      delay20us( void) ;              //用于 TLC1549 的转换
void      delay( ) ;
/ * * * * * * * * * * * * * * * * * * * * * * * * * * 主函数 * * * * * * * * * * * * * * * * * * * * * * * * * * /
void main( )
{
uint value = 0;
    value = ADConvertor( ) ;        //TLC1543 每次读取的都是上一次的转换结果,所以首次上
电需调用此函数,以保证数据读取正确
    value = 0;
while( 1) {
    value = ADConvertor( ) ;
    display (display)
```

```
    }
}
/ **************TLC1549 的驱动程序***************/
uint    ADConvertor( void) ;
{
uint result = 0;
uchar i;
TLC1549_CS = 1;
nop;
TLC1549_CS = 0;
for( i=0;i<10;i++)                //读取 A-D 转换数据
{
    TLC1549_CLK = 0;
    result = ( result << 1) | TLC1549_DOUT;
    TLC1549_CLK = 1;
    nop( ) ;
}
delay20us( ) ;                    //延时时间小于 21 μs
TLC1549_CS = 1;
return( result) ;                 //返回采集的数据
}
/ ***********************************显示程序********************/
void print( uint value)
{
char p_buf[4] = "        ";
char i, pos = 0xF7;
for( i= 0;i< 4; i++)
{
p_buf[i] = value % 10;
value/ = 10;
if( value == 10) ;
    break;
}
for( i= 0;i< 4; i++)
{
P2 = P2|0x0F;
P2 = P2& pos;
P0 = map[ p_buf[i] ];
pos = ( pos>>1) |0x80;
delay( ) ;
}
}
/ ***********************************延时函数********************/
```

```
Void delay( )
{
char i;
for(i=0; i<100; i++);
}
/ ＊＊＊＊＊＊＊＊＊＊＊＊＊＊＊＊＊＊＊＊＊＊＊＊＊延时函数 ＊＊＊＊＊＊＊＊＊＊＊＊＊＊＊＊＊/
void delay20us(void)    //误差 0μs
{
    unsigned char a,b;
    for(b=1;b>0;b--)
        for(a=7;a>0;a--);
}
```

10.2 D-A 转换器概述

D-A 转换器是一种能把数字量信号转换成模拟量信号的电子器件。A-D 转换器则相反，它能把模拟量转换成相应数字量。在单片机测控系统中经常要用到 ADC 和 DAC，它们的功能及其在实时控制系统中的地位如图 10-18 所示。

图 10-18 中，被控对象的过程信号由变送器或传感器变换成相应的模拟电量，然后经多路开关汇集给 ADC，转换后的数字量送给单片机。单片机经过运算和处理，结果可有两种输出形式：通过人机交互单元（如打印、显示等）报告当前状态；通过 DAC 变换成模拟电量对被控对象进行调整。如此往复，以实现目标控制要求。

由此可见，ADC 和 DAC 是连接单片机和被控对象的桥梁，在测控系统中占有重要的地位。

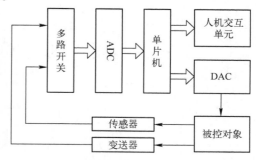

图 10-18　单片机和被控对象间接口的示意图

D-C 转换器的常见用法是在音乐播放器中将数字形式存储的音频信号输出为模拟的声音。有的电视机的显像也有类似的过程。D-C 转换器有时会降低原有模拟信号的精度，因此转换细节常常需要筛选，使得误差可以忽略。

由于成本的考虑以及对于模块化电子元件的需求，D-A 转换器基本上是以集成电路的形式制造。D-A 转换器有多重架构，它们各自都有各自的优缺点。在特定的应用中，D-C 转换器的选用是否合适，取决于其一系列参数的设定（包括转换速率以及分辨率）是否合适。

10.2.1 D-A 转换原理

一般情况下，由于执行机构都是电流驱动，D-A 转换器输出的模拟量必须经过电压/电流转换才能驱动执行机构动作，以此控制被控实体的工作。D-A 转换器的输出模拟量能随输入数字量成正比地变化，使输出模拟量 V_{out} 能直接反应数字量的大小，即有如下关系式：

$$V_{\text{out}} = B \times V_R$$

式中，V_R 为常量，由 D-A 转换器的参考电压 V_{REF} 决定；B 为从单片机输入的数字量，一般为二进制数；n 位 D-A 转换器芯片对应 B 的值为

$$B = b_{n-1} b_{n-2} \cdots b_1 b_0 = b_{n-1} 2^{n-1} + b_{n-2} 2^{n-2} + \cdots b_1 2^1 + b_0 2^0$$

式中，b_{n-1} 为 B 的最高位；b_0 为 B 的最低位。

根据转换原理的不同，D-A 转换器可以分为全电阻 DAC、T 型电阻 DAC，倒 T 型电阻 DAC、电容型 DAC 和权电流 DAC 和脉宽调制（PWM）DAC 等。按数据输入的类型不同，DAC 又可分为串行 DAC 和并行 DAC。各种 DAC 的电路结构一般都由基准电源、解码网络、运算放大器和缓冲寄存部件组成。

不同 DAC 的差别主要表现在采用不同的解码网络上。其中，T 型和倒 T 型电阻解码网络的 DAC 具有简单、直观、转换速度快、转换误差小等优点，成为最有代表性、最广泛的 DAC。

（1）权电阻网络型 D-A 转换器

所谓"权电阻"是指电阻值的大小，与有关数字量的权重密切相关。

如图 10-19 所示，S3、S2、S1 和 S0 的状态分别受代码 D_3、D_2、D_1 和 D_0 的取值控制，代码为 1 时，开关接到参考电压 V_{REF} 上，代码为 0 时开关接地。

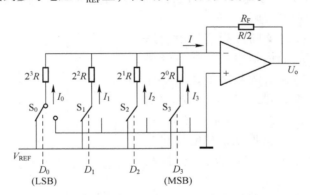

图 10-19　权电阻网络 D-A 转换器

该求和放大器是一个负反馈的运算放大器，理想放大器的开环放大倍数为无穷大，其输入电流为零（输入电阻为无穷大），输出电阻为零。

当参考电压经电阻网络加到 $V-$ 时，只要 $V-$ 稍高于 $V+$，便在 U_o 产生输出电压，U_o 经 R_F 反馈到 $V-$ 端使 $V-$ 降低，其结果必然使 $V- \approx V+ = 0$

在运算放大器输入电流为零的条件下可得：

$$U_0 = -R_F \times I = -R_F \times (I_3 + I_2 + I_1 + I_0)$$

由于 $V- \approx 0$，因而各支路电流分别为：

$$I_0 = \frac{V_{\text{REF}}}{2^3 R} \times D_0$$

$$I_1 = \frac{V_{\text{REF}}}{2^2 R} \times D_1$$

$$I_2 = \frac{V_{REF}}{2^1 R} \times D_2$$

$$I_3 = \frac{V_{REF}}{2^0 R} \times D_3$$

将各直流电流代入第一个公式中，并取 $R_F = R/2$，可得：

$$U_O = -\frac{V_{REF}}{2^4}(D_3 2^3 + D_2 2^2 + D_1 2^1 + D_0 2^0)$$

对于 n 位的权电阻网络 D-A 转换器，当反馈电阻取为 $R/2$ 时，输出电压的计算公式为：

$$U_O = -\frac{V_{REF}}{2^n}(D_{n-1} 2^{n-1} + D_{n-2} 2^{n-2} + \cdots D_1 2^1 + D_0 2^0)$$

自此，可以提取出数字信号的表达形式为：

$$D_n = D_{n-1} 2^{n-1} + D_{n-2} 2^{n-2} + \cdots D_1 2^1 + D_0 2^0$$

即：

$$U_O = -\frac{V_{REF}}{2^n} D_n$$

当 $D_n = 0$ 时，$U_O = 0$，

当 $D_n = 1 \cdots 11$ 时，$U_O = -\frac{2^n - 1}{2^n} V_{REF}$

这个电路的优点是结构比较简单，所用的电阻元件比较少，但它的各个电阻阻值相差比较大，尤其在输入信号的位数较多时，这个问题会更加突出。如输入信号增加到 8 位时，如果取权电阻网络中最小的电阻为 $R = 10\ k\Omega$，那么最大的电阻阻值将达到 $27R = 1.28\ M\Omega$，其两者相差 128 倍之多。要想在极为宽广的阻值范围内保证每个电阻阻值都有很高的精度十分困难，尤其对于集成电路更为不便。

为解决该问题，可采用倒 T 形电阻 D-A 转换器。

（2）倒 T 形电阻 D-A 转换器

如图 10-20 所示，由图可知，电阻网络中只有 R、$2R$ 两种阻值的电阻，这给集成电路的设计和制作带来了很大的方便。

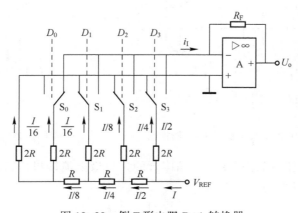

图 10-20　倒 T 形电阻 D-A 转换器

如图 10-21 所示，从 AA、BB、CC、DD 每个端口向左看过去的等效电阻都是 R，因此参考电源流入倒 T 形电阻网络的总电流为 $I = V_{REF}/R$，而每个支路的电流依次为：$I/2$，$I/4$，$I/8$，$I/16$。

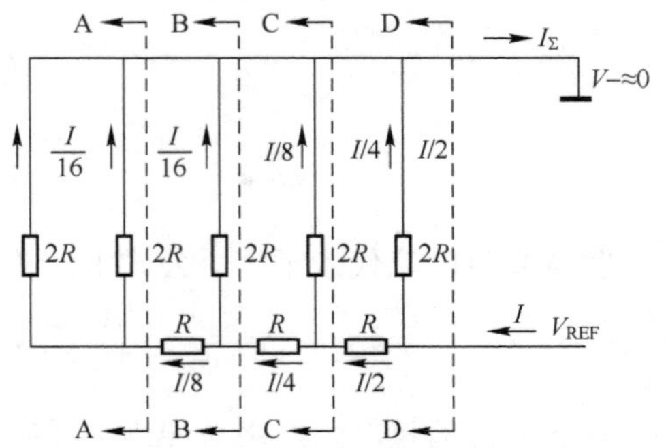

若 $d_i = 0$ 时开关 S_i 接地（即放大器的 $V+$），而 $d_i = 1$ 时开关 S_i 接放大器的 $V-$，在求和放大器反馈电阻阻值等于 R 的条件下，

总电流：

图 10-21　倒 T 形电阻 D-A 转换器等效电路图

$$I_\Sigma = \frac{I}{2}D_3 + \frac{I}{4}D_2 + \frac{I}{8}D_1 + \frac{I}{16}D_0$$

在求和放大器反馈电阻为 R 的条件下，输出电压 $U_O = -R \times I_\Sigma$，即：

$$U_O = -\frac{V_{REF}}{2^4} \times (D^3 2^3 + D^2 2^2 + D^1 2^1 + D^0 2^0)$$

同理，对于 n 位输入的倒 T 形电阻网络 D-A 转换器，在在求和放大器反馈电阻为 R 的条件下，输出电压：

$$U_O = -\frac{V_{REF}}{2^n}(D_{n-1}2^{n-1} + D_{n-2}2^{n-2} + \cdots D_1 2^1 + D_0 2^0)$$

（3）权电流型 D-A 转换器

在分析电阻网络 D-A 转换器和倒 T 型电阻网络 D-A 转换器的过程中，都把模拟开关作为理想开关处理，但实际中每个开关都有一定的导通电阻和导通压降，而且每个开关的情况也不完全相同，这些问题的存在会引起转换误差，影响转换精度，所以出现了权电流型 D-A 转换器。

如图 10-22 所示为权电流型 D-A 转换器，它采用了恒流源，每个支路电流的大小不再受开关内阻和压降的影响，从而降低了对开关电路的要求。

对于恒流源等效电路，如图 10-23 所示：

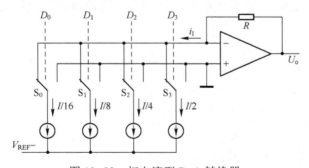

图 10-22　权电流型 D-A 转换器

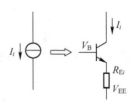

图 10-23　恒流源等效电路

只要电路保证 V_B 和和 V_{EE} 不变，则晶体管的集电极电流即可保持恒定，不受开关内阻的影响，电流大小近似为：

$$I_i \approx \frac{V_B - V_{EE} - V_{BE}}{R_{Ei}}$$

当输入数字量的某位代码为1时，对应开关将恒流源接至运算放大器的输入端，当代码为0时，对应的开关接地，故输出电压为：

$$U_o = i_\Sigma R = R\left(\frac{I}{2}D_3 + \frac{I}{2^2}D_2 + \frac{I}{2^3}D_1 + \frac{I}{2^4}D_0\right)$$

$$= \frac{RI}{2^4}(2^3D_3 + 2^2D_2 + 2^1D_1 + 2^0D_0)$$

可见，U_o 正比于输入的数字量。每个支路电流的大小，与有关数字量的权重密切相关。

10.2.2　D–A 转换技术指标

DAC 的性能指标是选用 DAC 芯片型号的依据，也是衡量芯片质量的重要参数。DAC 性能指标很多，主要有以下四点：

（1）分辨率

分辨率是指 D–A 转换器能分辨的最小输出模拟增量，取决于输入数字量的二进制位数。一个 n 位的 DAC 所能分辨的最小电压增量定义为满量程值的 2^{-n} 倍。

例如，满量程为 10 V 的 8 位 DAC 芯片的分辨率为 $10\,V \times 2^{-8} = 39\,mV$；一个同样量程的 16 位的分辨率高达 $10\,V \times 2^{-16} = 153\,\mu V$。

（2）转换精度

转换精度和分辨率是两个不同的概念。转换精度是指满量程时 DAC 的实际模拟输出值和理论值的接近程度。对 T 型电阻网络的 DAC，其转换精度与参考电压 V_{REF}、电阻值和电子开关的误差有关。

例如，满量程时理论输出值为 10 V，实际输出值在 $9.99 \sim 10.01\,V$ 之间，其转换精度为 $\pm 10\,mV$。通常，DAC 的转换精度为分辨率的一半，即为 $\frac{1}{2}LSB$。LSB 即为分辨率，指最低 1 位数字量变化引起输出电压幅度的变化量。

（3）偏移量误差

偏移量误差是指输入数字量为零时，输出模拟量对零的偏移值。这种误差通常可以通过 DAC 的外接 V_{REF} 和电位器加以调整。

（4）线性度

线性度是指 DAC 的实际转换特性曲线和理想直线之间的最大偏差。通常，线性度不应超出 $\pm\frac{1}{2}LSB$。

除上述指标外，转换速度和温度灵敏度也是 DAC 得重要技术参数。不过，因为它们都比较小，通常情况下可以不予考虑。

10.2.3　并行转换芯片 MAX526

MAX526 D–A 芯片是 Maxim 公司生产的 12 位、4 路高精密并行数模转换器，其引脚图如图 10-24 所示。数据通过两次写操作（低 8 位 LSB，高 4 位 MSB）装入各输入寄存器。并通过异步装载输入信号将输入寄存器数据装入寄存器。MAX526 具有建立时间为 3 μs，不可校正误差不高于 1LSB 的优点，使其广泛地应用在工业处理控制、自动测试设备等方面。

其主要性能指标如下：

- 分辨率为 12 位并行输入；
- 总不可校正线性误差为±1LSB；
- 4 路单端电压输出型；
- 外接基准源，可接 DC 或 AC 信号；
- 与 TCL/CMOS 芯片兼容；
- 最小转换时间为 3 μs，由内部或外部采集控制；
- 模拟量输出，输出电压为 $V_{OUT} = (N_B \times V_{REF})/4096$；
- 000H～FFFH 与 VOUT 的 0～10 V 对应。

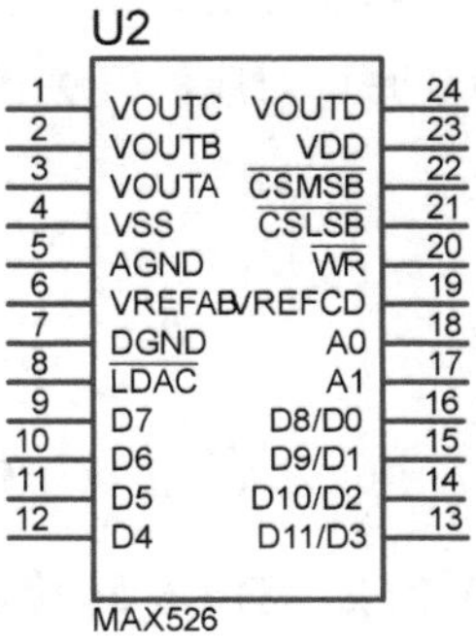

主要引脚及功能：

输出端：4 通道电压型模拟量输出引脚 VOUTA～VOUTD；

电源信号：AGND（模拟地）、DGND（数字地）、VSS（-5 V）、VDD（+12 V）；

控制信号：$\overline{CSMSB}$、$\overline{CSMSB}$（高低字节位选择，当 $\overline{CSMSB}$ 为 0 时低 8 位数据输出；$\overline{CSMSB}$ 为 0 时高 4 位数据输出）、$\overline{LDAC}$（为 0 时将各自输入寄存器的内容转换到它各自独立的 DAC 寄存器中）、A0 和 A1（通道选择）；

数据线：D0～D7、D8～D11 与 D0～D3 复用；

基准信号源：VREFAB（A、B 模拟量基准输入）、VREFCD（C、D 模拟量基准输入）。

从图 10-25 MAX526 的内部结构中可以看出此 D-A 数模转换器内部结构共有四组配置

图 10-24　MAX526 引脚图

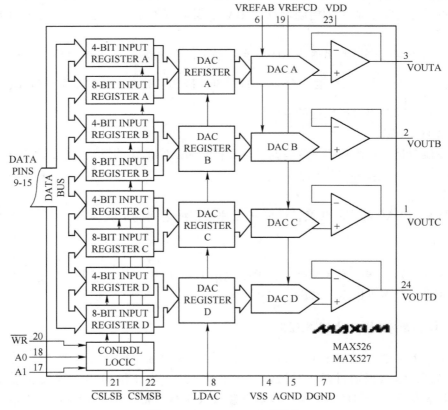

图 10-25　MAX526 内部结构

256

一样的电路。且每组电路中的 12 位分为低 8 位和高 4 位两个寄存器；通过 A0（PIN18）和 A1（PIN17）选择以便区分访问的是 VOUTA ~ VOUTD。通过 $\overline{\text{CSLSB}}$（PIN21）、$\overline{\text{CSLSB}}$（PIN22）、$\overline{\text{WR}}$（PIN20）三个信号将转换数据装入各个输入寄存器，并区分写入的数据是高位还是低位输入寄存器，具体的操作参考表 10-6。

地址行 A0 和 A1 选择某个 DAC 从数据总线接收数据，具体的选择请参看表 10-5。

表 10-5　DAC 地址选择

A0	A1	选择的输入寄存器
L	L	DAC A 输入寄存器
H	L	DAC B 输入寄存器
L	H	DAC C 输入寄存器
H	H	DAC D 输入寄存器

$\overline{\text{CSLSB}}$、$\overline{\text{CSMSB}}$、$\overline{\text{WR}}$从数据总线加载到由 A0 和 A1 选择的输入寄存器。拉低$\overline{\text{CSLSB}}$、$\overline{\text{WR}}$可以将输入寄存器的低 8 位进行加载，而拉低$\overline{\text{CSMSB}}$、$\overline{\text{WR}}$可加载高 4 位。数据加载到输入寄存器中的顺序并不重要。重要的是通过将$\overline{\text{CSLSB}}$、$\overline{\text{CSMSB}}$、$\overline{\text{WR}}$拉低，可以同时将输入寄存器的 12 位进行加载。请注意，数据将分别写入 4MSBs（D8 ~ D11）和 4LSBs（D3 ~ D0）。图 10-26 为 MAX526 的输入控制逻辑原理图。

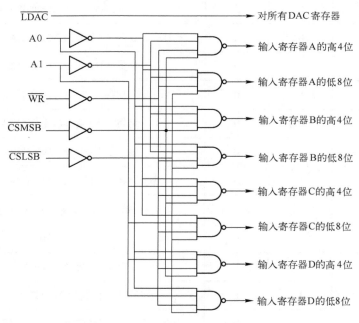

图 10-26　MAX526 的输入控制逻辑原理图

需要注意的一点是 A0 和 A1 的地址选择线，在选择寄存器 B 和寄存器 C 时的地址线 H 和 L 时应注意。下图 10-27 为 MAX526 的写工作时序。可以参考图 10-26 的输入控制逻辑来看表 10-6 的写工作时序的逻辑真值表。

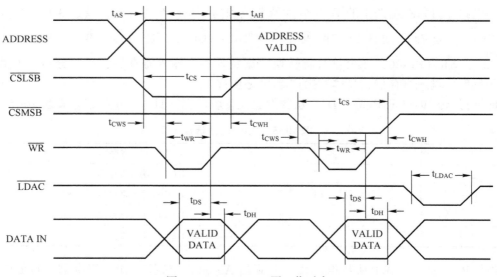

图 10-27　MAX526 写工作时序

表 10-6　$\overline{CSMSB}$、$\overline{CSLSB}$、$\overline{WR}$、$\overline{LDAC}$的逻辑真值表

$\overline{CSLSB}$	$\overline{CSMSB}$	$\overline{WR}$	$\overline{LDAC}$	功　　能
L	H	L	H	将低字节装入已选择的输入寄存器
L	H	上升沿	H	将低字节锁存到已选择的输入寄存器
上升沿	H	L	H	将低字节锁存到已选择的输入寄存器
H	L	L	H	将高字节装入已选择的输入寄存器
H	L	上升沿	H	将高字节锁存到已选择的输入寄存器
H	上升沿	L	H	将高字节锁存到已选择的输入寄存器
X	X	L	H	数据从输入寄存器转移到各自独立的寄存器中
X	X	H	上升沿	锁存寄存器，输入寄存器不能写入
上升沿	X	H	H	空操作
H	L	L	L	将高字节装入已选择的输入寄存器并装入 DAC
L	L	L	L	将所有 12 位字节装入已选择的输入寄存器
L	L	L	H	将所有 12 位字节装入已选择的输入寄存器
L	H	L	L	将低字节装入已选择的输入寄存器
H	H	L	L	数据从输入寄存器转移到各自独立的寄存器中
H	H	L	H	空操作

MAX526 的编程设计时序可参考表 10-6 进行数据的读写，各个通道寄存器的转换实现是靠各个引脚之间的高低电平的转换实现的。图 10-28 为 MAX526 与单片机的接口电路。单片机的 P0 口用作数据口，注意设计 P0 口时需要添加上拉电阻；P2 口的 P2.2～P2.7 和 MAX526 的控制信号线相连接；注意 MAX526 的电源分为+12 V、-5 V、+10 V 三种。

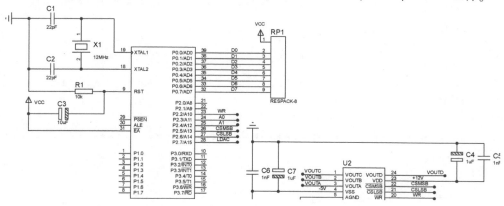

图 10-28　MAX526 与单片机接线图

MAX526 中 A1、A0 为通道选择；A1=0，A0=0 时选通 A 通道，A1=0，A0=1 时选通 B 通道，A1=1，A0=0 时选通 C 通道，A1=1，A0=1 时选通 D 通道，DATA_M 为输入的数据，先输入低 8 位，后输入高 4 位，代码实现如下：

```
#include<reg52. h>
#include <intrins. h>
#define DATA_M      P0
#define uchar        unsigned char
sbit WR = P2^2;
sbit A0 = P2^3;
sbit A1 = P2^4;
sbit CSMSB = P2^5;
sbit CSLSB = P2^6;
sbit LDAC = P2^7;
/********************驱动函数********************/
void max526( )
{
    DATA_M = 0x0F;              //可根据要求输出所需要的数据
    A1 = 1;                     //选择 C 通道
    A0 = 0;
    CSMSB = 0;
    CSLSB = 0;
    WR = 0;
    _nop_( );
    _nop_( );
    WR = 1;
```

```
            DATA_M = 0x0F;                    //可根据要求输出所需要的数据
            CSMSB = 0;
            CSLSB = 1;
            WR = 0;
            _nop_();
            _nop_();
            WR = 1;
            _nop_();
            _nop_();
            LDAC = 0;
}
/ ****************************** 主函数 ***************************** /
void main()
{
        max526();
        while(1);
}
```

10.2.4　串行转换芯片 TLC5615

目前 D-A 转换器从接口上可分为两大类：并行接口 D-A 转换器和串行接口 D-A 转换器。并行接口 D-A 转换器的引脚多，体积大，占用单片机的口线多；而串行 D-A 转换器的体积小，占用单片机的口线少。为减小线路板的面积，减少占用单片机的口线，人们越来越多地采用串行 D-A 转换器。例如 TI 公司的 TLC5615。

TLC5615 是具有 3 线串行接口的 D-A 转换器。其输出为电压型，最大输出电压是基准电值的两倍。带有上电复位功能，上电时把 DAC 寄存器复位至全 0。TLC5615 的性价比较高，应用比较广泛。

TLC5615 的特点如下：

- 10 位 CMOS 电压输出；
- 可在 5 V 单电源环境下工作；
- 3 线串行接口（SPI）；
- 内部上电复位；
- 输出电压具有和基准电压相同的极性；
- 建立时间为 12.5 μs；
- 低功耗，最高只有 1.75 mW。

TLC5615 的功能方框图如图 10-29 所示。TLC5615 使用通过固定增益为 2 的运放缓冲的电阻串网络，把 10 位数字数据转换为模拟电压电平。TLC5615 具有与基准输入相同的极性，上电时内部电路把 DAC 寄存器全复位至零。

10 位 D-A 转换寄存器将 16 位移位寄存器中的 10 位有效数据取出，并送入 D-A 转换模块进行转换，转换后的结果通过放大倍数为 2 的放大电路放大后，由 OUT 引脚输出。

TLC5615 的引脚排列及功能说明如图 10-30 及表 10-7。

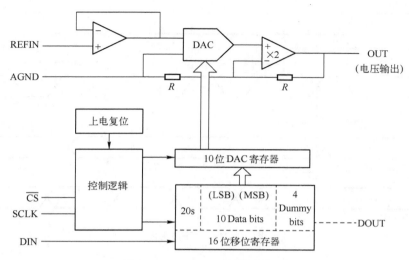

图 10-29 TLC5615 功能方框图

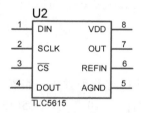

图 10-30 TLC5615 的引脚排列

表 10-7 引脚及功能

引 脚		I/O	说 明
名 称	序 号		
DIN	1	I	串行数据输入
SCLK	2	I	串行时钟输入
$\overline{CS}$	3	I	芯片选择、低电平有效
DOUT	4	O	用于级联时的串行数据输出
AGND	5		模拟地
REFIN	6	I	基准输入
OUT	7	O	DAC 模拟电压输出
VDD	8		正电源

1. TLC5615 时序分析

TLC5615 的时序图如图 10-31 所示。

由时序图可以看出，当片选 $\overline{CS}$ 为低电平时，输入数据 DIN 和输出数据 DOUT 由片选 $\overline{CS}$ 和时钟 SCLK 同步输入或输出，而且最高有效位在前，低有效位在后。输入时钟 SCLK 的上升沿把串行输入数据经 DIN 移入内部的 16 位移位寄存器，SCLK 的下降沿输出串行数据 DOUT。片选 $\overline{CS}$ 的上升沿把数据传送至 DAC 寄存器。

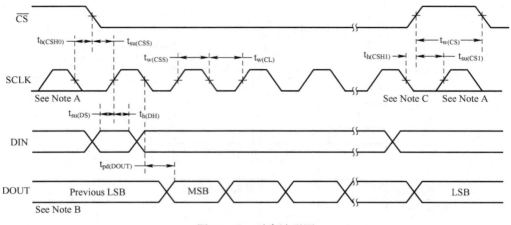

图 10-31　时序波形图

当片选$\overline{CS}$为高电平时，串行输入数据 DIN 不能由时钟同步送入移位寄存器；输出数据 DOUT 保持最近的数值不变且不进入高阻状态。所以想要串行输入数据和输出数据，必须满足两个条件。

1）时钟 SCLK 的有效跳变；

2）片选$\overline{CS}$为低电平。

串行 D-A 转换器 TLC5615 的使用有两种方式：级联方式和非级联方式。如果使用非级联方式，则 DIN 只需输入 12 位数据；前 10 位为 TLC5615 输入的 D-A 转换数据，且输入时高位在前，低位在后；后 2 位必须低于 LSB 的位数，因为 TLC5615 的 DAC 锁存器为 12 位宽。如果使用 TLC5615 的级联功能，则来自 DOUT 的数据须输入 16 位时钟下降沿，因此完成一次数据输入需要 16 个时钟周期，输入的数据也应为 16 位。输入 16 位数据中，前 4 位为高虚拟位，中间 10 位为 D-A 转换数据，最后 2 位为低于 LSB 的位。具体请参考图 10-32 和图 10-33。

非级联方式：因为 TLC5615 芯片内的输入锁存器为 12 位宽，所以要在 10 位数字的低位后面再填上 2 位数字 XX。XX 位不关心状态。串行传送的方向是先送出高位 MSB，后送出低位 LSB。

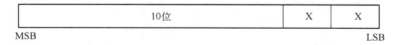

图 10-32　非级联方式

级联方式：如果有级联电路，则应使用 16 位的传送格式，即在最高位 MSB 的前面再加上 4 个虚位，被转换的 10 位数字在中间。

图 10-33　级联方式

TLC5615 通过固定增益为 2 的运放缓冲电阻网络，把 10 位数字数据转换为模拟电压。上电时，内部电路把 D-A 寄存器复位为 "0"。其输出具有与基准输入相同的极性，表达式为

$$V_{\text{out}} = \frac{2 \times V_{\text{REFIN}} \times N}{2^{10}}$$

其中，V_{REFIN} 是参考电压，N 是串行输入数据接口输入的 10 位二进制数。TLC5615 的数模转换关系表见表 10-8。

表 10-8　D-A 转换关系表

数字量输入	模拟量输出
1111 1111 11(00)	$2\,V_{\text{REFIN}} \times 1023/1024$
⋮	⋮
1000 0000 01(00)	$2\,V_{\text{REFIN}} \times 513/1024$
1000 0000 00(00)	$2\,V_{\text{REFIN}} \times 512/1024$
0111 1111 11(00)	$2\,V_{\text{REFIN}} \times 511/1024$
⋮	⋮
0000 0000 01(00)	$2\,V_{\text{REFIN}} \times 1/1024$
0000 0000 00(00)	0 V

2. TLC5615 与单片机的接线图

图 10-34 为 TLC5615 和单片机的接口电路，TLC5615 与单片机的接口电路采用标准的 SPI 串行总线协议，在电路中只有三条线与单片机相连接，分别是 TLC5615 的片选$\overline{\text{CS}}$、串行时钟输入 SCLK 和串行数据输入 DIN。它们与单片机的 P3.0~P3.2 口相连接。

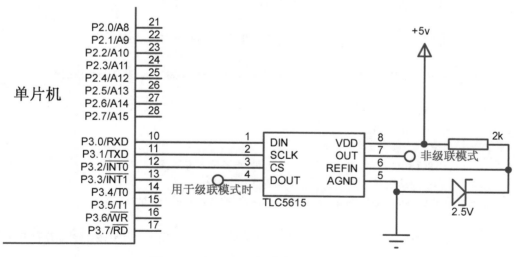

图 10-34　TLC5615 与单片机的接口电路

根据 TLC5615 与单片机的接口电路，编写 TLC5615 的驱动函数，TLC5615 最大的串行时钟速率不超过 14 MHz，10 位 DAC 的建立时间为 12.5 μs，通常更新速率限制至 80 kHz

以内。

　　根据图 10-30 的时序图，可以看出，只有当片选信号$\overline{CS}$为低电平时，串行输入数据才能被移入 16 位移位寄存器。当$\overline{CS}$为低电平时，在每一个 SCLK 时钟的上升沿将 DIN 的 1 位数据移入内部 16 位移位寄存器，在每一个 SCLK 的下降沿 16 位移位寄存器的 1 位数据输出 DOUT。注意，无论是移入还是移出，二进制数据的最高有效位（MSB）在前，最低有效位（LSB）在后。接着，$\overline{CS}$的上升沿将 16 位移位寄存器的 10 位有效数据锁存于 10 位 DAC 寄存器，供 DAC 电路进行转换；当片选$\overline{CS}$为高电平时，DIN 不能由时钟同步送入 16 位寄存器，而 DOUT 保持最近的数值不变而不进入高阻状态。注意，$\overline{CS}$的上升和下降必须发生在 SCLK 为低电平期间。驱动程序如下：

```
/********************************************************
1. SCLK 上升沿数据进入寄存器
2. SCLK 为低时, CS 的上升沿数据开始进行 D-A 转换
3. 连续输入 12 位数据, 高位在前, 低位在后, 其中前 10 位有效, 后 2 位补 0
********************************************************/
#include<reg51.h>
sbit SCLK = P3^1;              //串行时钟
sbit DIN = P3^0;              //串行数据输入
sbit CS = P3^2;              //片选
/*********************** TLC5615 的驱动程序 ****************/
void output(uint DA_Value)    //TLC5615 驱动函数
{
    unsigned char i;
    DA_Value = DA_Value<<6;
                //将 DA_Value 左移 6 位, 即 nnnn nnnn nnnn nnnn 变为 nnnn nnnn nn00 0000
    SCLK = 0;              //为低电平, 准备输入数据
    CS = 0;              //片选
    for(i = 12; i>0; i--)      //从高位开始, 连续取出 12 位数据
    {
        if(DA_Value&0x8000)    //和 1000 0000 0000 0000 求与, 获取最高位的值
            DIN = 1;
        else
            DIN = 0;

        SCLK = 1;              //上升沿, 准备输入寄存器
        SCLK = 0;              //准备下一次输入
        DA_Value = DA_Value<<1; //左移一位, 准备输入下一位数据
    }
    CS = 1;                  //在 SCLK 为低电平的时候, CS 上升沿, 数据开始进行 D-A 转换
}
```

10.2.5　设计一波形发生器

　　利用单片机和 TLC5615 芯片设计出能产生锯齿波、正弦波、方波的信号发生器，系统

中设计三个按键，分别是产生锯齿波、正弦波、方波的触发器。按下一次按键触发信号发生器发出相关信号，再按一下按键将停止。其电路图如 10-35 所示。A89C51 的 P2.0~P2.2 接 TLC5615 的 DIN、SCLK、CS；P1.0~P1.2 接按键。

按键接的是普通的 I/O 口，所以在设计按键切换时，需要使用查询法来查询切换键是否有按下。具体设计请参考软件流程图。

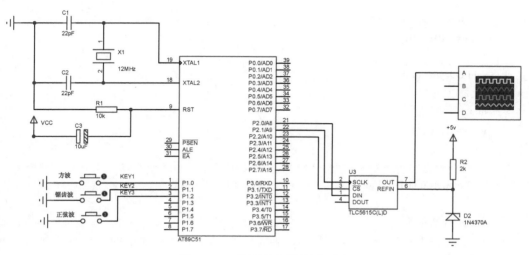

图 10-35　波形发生器的原理图

如图 10-36 为软件设计流程图，程序具体如下：

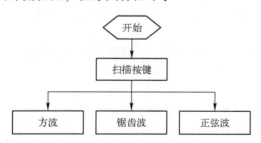

图 10-36　软件设计流程图

```
#include<reg51. h>
#include <intrins. h>
#include<absacc. h>
#include<math. h>
#define uchar unsigned char
#define uint    unsigned int
#define   pi    3. 14
/********************* 相关端口设计 *************************/
sbit DIN  =  P2^0;              //TLC5615 传输口
sbit SCLK =  P2^1;             //TLC5615 时钟线
sbit CS   =  P2^2;             //TLC5615 片选
sbit KEY1 =  P1^0;             //方波
```

```c
sbit KEY2 =    P1^1;                      //锯齿波
sbit KEY3 =    P1^2;                      //正弦波
/******************* 延时函数 *********************/
void delayms(uint z)
{
uint x,y;
    for(x=z;x>0;x--)
for(y=110;y>0;y--);
}
void delayus(uint i)
{
uint j;
for(i=j;j>0;j--);
}
/****************** TLC5615 的驱动程序 ****************/
void output(uint DA_Value)               //TLC5615 驱动函数
{
unsigned char i;
DA_Value = DA_Value<<6;//将 DA_Value 左移 6 位,即 nnnn nnnn nnnn nnnn 变为 nnnn nnnn
nn00 0000
SCLK=0;                      //为低电平,准备输入数据
CS=0;                        //片选
for(i=12;i>0;i--)            //从高位开始,连续取出 12 位数据
{
if(DA_Value&0x8000) //和 1000 0000 0000 0000 求与,获取最高位的值
DIN=1;
else
DIN=0;

SCLK=1;                      //上升沿,准备输入寄存器
SCLK=0;                      //准备下一次输入
DA_Value=DA_Value<<1;        //左移一位,准备输入下一位数据
}
CS=1;                        //在 SCLK 为低电平的时候,CS 上升沿,数据开始进行 D-A 转换
}
/********************* 主函数 ***********************/
void main()
{
uchar i;
uint j;
float T;
while(1)
{
```

266

```
if( KEY1 ==0)                              //方波
  {
        delayms(2);
        if( KEY1 ==0)
        {
            while( !KEY1);
            for( i =0;i<25;i++)
            {
                output (0x3ff);
                delayms(50);
                output (0x000);
                delayms(50);
            }
        }
  }
/ ***********************************************/
if( KEY2 ==0)                              //锯齿波
  {
        delayms(2);
        if( KEY2 ==0)
        {
            while( !KEY2);
            for( i =0;i<50;i++)
            for( j =0;j<1020;j+=10)
            {
                output (j);
            }
        }
  }
/ ***********************************************/
if( KEY3 ==0)                              //正弦波
{
        delayms(2);
        if( KEY3 ==0)
        {
            while( !KEY3);
            for( i =0;i<256;i++)
            {
                T =pi * i/32;
                T =100 * sin(T)+100;
                output( (uint)T);
            }
```

思考与练习

10-1　试述 A-D 转换器的种类及特点。

10-2　A-D 和 D-A 的主要技术指标中，"分辨率"与"转换精度"（即"量化误差"或"转换误差"）有何不同？

10-3　MAX526 与 AT89C51 单片机有哪些控制信号？其作用是什么？

10-4　在一个由 AT89C51 单片机与一片 ADS7804 组成的数据采集系统中，编写每隔 1min 采集一次数据的程序，共采样 100 次，其值存入变量 value 中。

第11章　单片机应用设计

11.1　基于 DS18B20 设计数字温度计（1—Wire 总线）

11.1.1　DS18B20 简介

DS18B20 是 DALLAS 公司生产的单总线结构的温度传感器，数据通过单线接口送入或送出，每个 DS18B20 有唯一的系列号，因此单总线上可以挂接多个温度传感器，温度传感器具有 3 引脚 To-92 和 8 引脚 SOIC 贴片小体积封装形式，包括以下基本特性：

1）温度测量范围为 -55℃ $\sim +125$℃，在 -10℃ $\sim +85$℃ 范围内，精度为 ± 0.5℃。

2）用户可以从单总线读出 9~12 位数字值，分辨率可达到 0.0625℃。

3）可以用数据线供电（寄生电源），远距离时不需要增加额外供电电源。

4）内部包含 ROM 可以设置温度上下限的报警。

5）应用范围包括工业系统恒温控制和消费类产品（如温度计）。

引脚说明如图 11-1 所示。

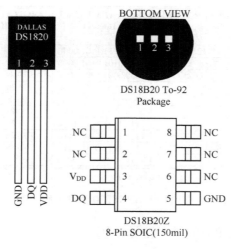

图 11-1　DS18B20 引脚图

GND——地；

DQ——数字输入输出；

V_{DD}——外接供电电源输入端。当工作在寄生电源时，此引脚需要接地；

NC——空引脚。

11.1.2 预备知识

（1）DS18B20 数据输出格式及温度计算

DS18B20 读出的温度结果为 2B，读数以 16 位、符号扩展的二进制补码读数形式体现。所以需要把补码转换为原码，才能计算出真实的温度值。

这 2B 的数据格式如图 11-2 所示。

MSB							LSB	
s	s	s	s	s	2^6	2^5	2^4	高8位

MSB							LSB	
2^3	2^2	2^1	2^0	2^{-1}	2^{-2}	2^{-3}	2^{-4}	低8位

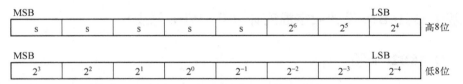

图 11-2　DS18B20 的数据格式

高 8 位中前 5 位为符号位，表示温度是零上还是零下。高 8 位中后三位和低 8 位中的高四位构成温度的整数部分。低 8 位的后四位为温度的小数部分。

正温度原码就是补码的本身，在 12 位分辨率的情况下：

$$温度值=读取值\times 0.0625$$

负温度原码是补码减一取反。在 12 位分辨率的情况下：

温度值=−(读取值减一再取反)×0.0625。

下图 11-3 为 DS18B20 的温度示例。

TEMPERATURE	DIGITAL OUTPUT (Binary)	DIGITAL OUTPUT (Hex)
+125℃	0000 0111 1101 0000	07D0h
+85℃	0000 0101 0101 0000	0550h*
+25.0625℃	0000 0001 1001 0001	0191h
+10.125℃	0000 0000 1010 0000	00A2h
+0.5℃	0000 0000 0000 1000	0008h
0℃	0000 0000 0000 0000	0000h
−0.5℃	1111 1111 1111 1000	FFF8h
−10.125℃	1111 1111 0101 1110	FF5Eh
−25.0625℃	1111 1110 0110 1111	FF6Fh
−55℃	1111 1100 1001 0000	FC90h

*The power on reset register value is +85℃.

图 11-3　DS18B20 温度示例

注意：DS18B20 上电复位时的温度值固定为+85℃。

（2）DS18B20 相关操作指令集合

开始使用 DS18B20 时，首先需要初始化，单总线上的所有处理均从初始化开始，主机在单总线上发出一复位脉冲，接着从器件开始响应送出应答脉冲，告知主机已经准备开始工作。访问 DS18B20 协议如下：

1）初始化；

2）ROM 操作指令；

3）存储器操作指令；

4）数据传输。

DS18B20 操作指令分为 ROM 操作命令和功能操作命令，见表 11-1。

表 11-1　DS18B20 操作指令

命令名称	指令代码	指令功能
温度转换	44H	让 DS18B20 开始转换温度，转换时间 200 ms ~ 500 ms，将转换后的数据放入内部 9B RAM 中
读暂存器	BEH	读内部 9B 完整数据，向主机传送 2B 的数据
写暂存器	4EH	主机向 DS18B20 发送 3B，发送到内部 RAM 第 3、4 字节上用来存放温度上下限温度命令，该命令之后，传送 2 字节的数据
复制暂存器	48H	将 RAM 中第 3、4 字节内容复制到 EEPROM 中
重调 EEPROM	B8H	将温度触发器的值从 EEPROM 中，恢复到 RAM 的第 3、4 字节（上电时也会自动发生）
读供电状态	B4H	读取 DS18B20 的供电方式（0：寄生电源供电，1：外接电源供电）
读 ROM	33H	读取 DS18B20 中的 64 位地址
符合 ROM	55H	主机对总线上多个 DS18B20 进行寻址，与地址符合的 DS18B20 会做出响应
跳过 ROM	CCH	此命令用于单点总线系统，主机可以跳过 64 位编码，直接命令 DS18B20。只适用于单总线上只有一个温度计
搜索 ROM	F0H	向单总线上发送 64 位 ROM 码，来识别总线上所有 DS18B20
警告 ROM	ECH	在最近一次温度测量中，如果此温度超过上限或低于下限，DS18B20 就会发出警告

11.1.3　系统硬件电路图

基于 DS18B20 的测温系统硬件电路图如图 11-4 所示。

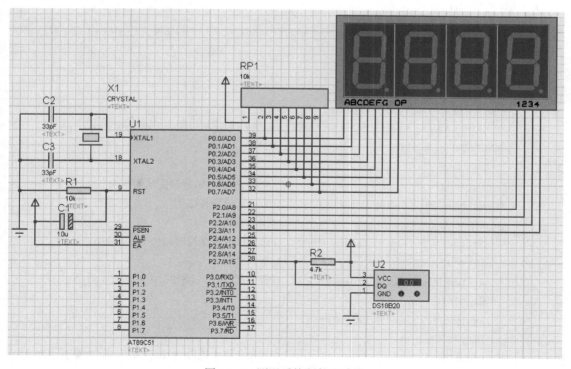

图 11-4　测温系统硬件电路图

11.1.4　软件设计

（1）DS18B20 初始化

如图 11-5 为 DS18B20 初始化时序图。主机先发出一个 480~960 μs 的低电平脉冲，然后释放总线变为高电平，这个变化过程 DS18B20 需要等待 15~60 μs 处于稳定，并在随后的 480 μs 时间内对总线电平进行检测，如果有低电平出现，并且持续时间在 60~240 μs 范围内，说明总线上有器件已做出应答；若无低电平出现，即一直都是高电平，说明总线上无器件应答。

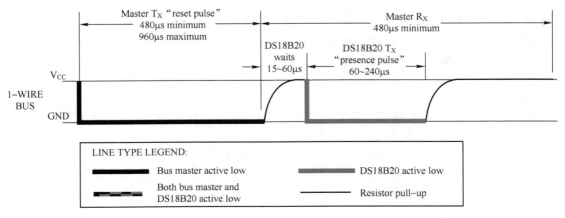

图 11-5　DS18B20 初始化时序图

DS18B20 初始化程序如下：

```
/*****************************************************
* 函数名 :Ds18b20Init
* 函数功能 :DS18B20 初始化
* 输入 :无
* 输出 :初始化成功,返回 1;初始化失败,返回 0
*****************************************************/
bitDs18b20Init(void){
    bit    flag;
    DQ = 1;                              //先将总线拉高,保持主从同步
    for(time = 0 ; time < 2;time++);     //短暂延时保持稳定
    DQ = 0;                              //拉低总线
    for(time = 0 ; time < 200;time++);   //总线低电平保持时间为 480~960 μs
    DQ = 1;                              //释放总线
    for(time = 0 ; time < 10;time++);    //释放总线后让 DS18B20 等待 15~60 μs
    flag=DQ;
    for(time = 0 ; time < 100;time++);
    DQ=1;
    return flag;                         //初始化标志位(0:初始化成功  1:初始化失败)
}
```

（2）向 DS18B20 写入 1B 数据

如图 11-6 为 DS18B20 写时序图，从时序图可以看出写周期时间范围为 60~120 μs。进行写操作时先把总线电平拉低，表示写周期开始，写操作一共分为两种，一种写"0"操作，另一种写"1"操作。DS18B20 的采样周期为 15~45 μs。

1）写"0"操作：先将总线置为低电平保持 15 μs，并在随后的 45 μs 时间段内 DS18B20 开始对总线电平进行采样，45 μs 过后采样结束，写周期结束后释放总线。

2）写"1"操作：先将总线置为低点平保持至少 1 μs，随后恢复总线置为高电平，15 μs 过后 DS18B20 在 45 μs 时间段内开始对总线进行采样，写周期结束后释放总线。

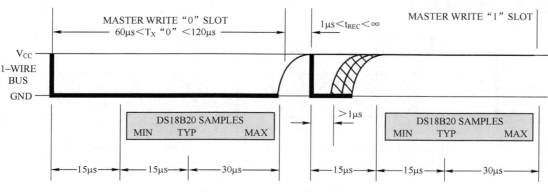

图 11-6　DS18B20 写时序图

（3）DS18B20 向 DS18B20 写入 1B 数据程序如下：

```
/****************************************************
* 函数名 :Ds18b20WriteByte
* 函数功能 :向 DS18B20 写入 1B
* 输入 :data
* 输出 :无
****************************************************/

void   Ds18b20WriteByte( unsigned char data)
{
    unsigned char i;
    DQ = 1;                                //先将总线拉高,保持主从同步
    for( time = 0 ; time < 2;time++);      //短暂延时保持稳定
    for( i = 0; i < 8 ; i++ )
    {
        DQ = 0;                            //总线置为低电平
        _nop_();                           //低电平保持至少 1 μs
        DQ = data & 0x01 ;                 //开始写入第一位数据,从低位开始
        for( time = 0 ; time < 20;time++); //DS18B20 采样时间不能少于 45 μs
        DQ = 1;                            //释放总线
        for( time = 0 ; time < 1;time++);
```

```
        data>>=1;                              //数据右移一位,最高位补零
    }
    for( time = 0 ; time < 1;time++);
}
```

（4）从 DS18B20 读出 1B 数据

如图 11-7 为 DS18B20 读时序图。读周期期开始时，主机就要把总线电平拉低 1 μs 或 2 μs，随后就得释放总线，在 15 μs 时范围内 DS18B20 把一位数据传送到总线上，因此主机必须在 2~15 μs 范围内对总线进行采样，15 μs 后采样结束，直到读周期结束，释放总线，开始下一位数据传输。

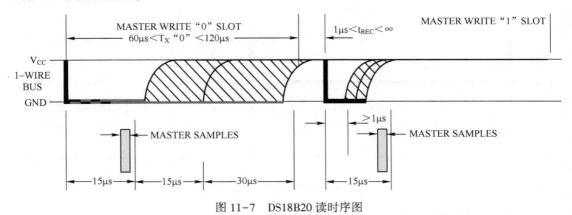

图 11-7　DS18B20 读时序图

（5）从 DS18B20 读出 1B 数据程序如下：

```
/*********************************************************
* 函数名 :Ds18b20ReadByte
* 函数功能 :从 DS18B20 读出 1B
* 输入 :无
* 输出 :data
*********************************************************/
unsigned   char   Ds18b20ReadByte( void)
{
    unsigned   char   i,data;
    DQ = 1;                              //先将总线拉高,保持主从同步
    for( time = 0 ; time < 2;time++);    //短暂延时保持稳定
    for( i = 0 ; i < 8 ; i ++)
    {
        DQ = 0;
        _nop_( );                         //低电平保持在 1~2 μs 左右,
        _nop_( );
        DQ = 1;                           //释放总线,等待 DS18B20 传送数据
        dat >>= 1;
        for( time = 0 ; time < 2;time++);   // 延时大概 6 μs
```

```
            if ( DQ  = = 1)
                  data |= 0x80;
            else
                  data |= 0x00;
            for( time  =  0  ; time  <  10;time++);
            }
            returndata;
      }
```

【例11-1】使用 DS18B20 测温并显示。

实现代码如下:

```
#include<reg52. h>
#include<intrins. h>

sbit DQ  =  P2^7;
sbit LED0 = P2^0;
sbit LED1 = P2^1;
sbit LED2 = P2^2;
sbit LED3 = P2^3;
unsigned char code table[ ] = {0x3f,0x06,0x5b,0x4f,0x66,0x6d,
0x7d,0x07,0x7f,0x6f,0x40};
unsigned char Displaydata[ ] = {0,0,0,0};
unsigned char time ;
void delayms( unsigned int ms)
{
    unsigned char i;
    while( ms--)
    {
        for( i=0;i<120;i++);
    }
}
/ * * * * * * * * * * * * * * * * * * * * * * * * * * * * * * * * * * * * * * * * * * * * * * *
* 函数名 :Ds18b20Init
* 函数功能 :DS18B20 初始化
* 输入 :无
* 输出 :初始化成功,返回 0;初始化失败,返回 1
* * * * * * * * * * * * * * * * * * * * * * * * * * * * * * * * * * * * * * * * * * * * * * /
unsigned char InitDs18b20( )                //DS18B20 初始化
{
    bit    flag;
    DQ  =  1;                              //先将总线拉高,保持主从同步
    for( time  =  0  ; time  <  2;time++);  //短暂延时保持稳定
    DQ  =  0;                              //拉低总线
```

```c
    for( time = 0 ; time < 200;time++);              //总线低电平保持时间为 480~960 μs
    DQ = 1;                                          //释放总线
    for( time = 0 ; time < 10;time++);               //释放总线后让 DS18B20 等待 15~60 μs
    flag=DQ;
    for( time = 0 ; time < 100;time++);
    DQ=1;
    return flag;                                     //初始化标志位(0:初始化成功   1:初始化失败)
}
/ ***************************************************************
 * 函数名 :Ds18b20ReadByte
 * 函数功能 :从 DS18B20 读出 1B
 * 输入 :无
 * 输出 :data
 *************************************************************** /
unsigned char Ds18b20ReadByte( )
{
    unsigned  char  i,dat;
    DQ = 1;                                          //先将总线拉高,保持主从同步
    for( time = 0 ; time < 2;time++);                //短暂延时保持稳定
    for( i = 0 ; i < 8 ; i ++)
    {
    DQ = 0;
    _nop_( );                                        //低电平保持在 1~2 μs 左右,
    _nop_( );
    DQ = 1;                                          //释放总线,等待 DS18B20 传送数据
    dat >>= 1;
    for( time = 0 ; time < 1;time++);                //延时大概 6 μs
    if ( DQ == 1)
    dat |= 0x80;
    else
    dat |= 0x00;
    for( time = 0 ; time < 10;time++);
    }
    returndat;
}
/ ***************************************************************
 * 函数名 :Ds18b20WriteByte
 * 函数功能 :向 DS18B20 写入 1B
 * 输入 :data
 * 输出 :无
 *************************************************************** /
void Ds18b20WriteByte( unsigned char dat)             //DS18B20 写数据
{
    unsigned char i;
```

```
    DQ = 1;                                //先将总线拉高,保持主从同步
    for( time = 0 ; time < 2;time++);      //短暂延时保持稳定
    for( i = 0; i < 8 ;i++)
    {
    DQ = 0;                                //总线置为低电平
    _nop_( );                              //低电平保持至少 1 μs
    _nop_( );
    DQ = dat & 0x01 ;                      //开始写入第一位数据,从低位开始
    for( time = 0 ; time < 20;time++);     //DS18B20 采样时间不能少于 45 μs
    DQ = 1;                                //释放总线
    for( time = 0 ; time < 1;time++);
    dat>>=1;                               //数据右移一位,最高位补零
    }
}
/ ****************************************************
* 函数名 :Ds18b20ReadTemp
* 函数功能 :向 DS18B20 读取温度
* 输入 :无
* 输出 :无
 **************************************************** /
int Ds18b20ReadTemp( )                     //读取温度
{
    unsigned char a,b;
    int temp = 0;
    while( InitDs18b20( ));
    Ds18b20WriteByte( 0xcc);               //跳过序列号
    Ds18b20WriteByte( 0x44);               //启动温度转换
    while( InitDs18b20( ));
    Ds18b20WriteByte( 0xcc);
    Ds18b20WriteByte( 0xbe);               //读取温度
    a = Ds18b20ReadByte( );                //低 8 位
    b = Ds18b20ReadByte( );                //高 8 位
    temp = b;
    temp <<= 8;                            //合并两个无符号字符型放在整型变量中
    temp |= a;

    return temp ;
}
/ ****************************************************
* 函数名 : datapros( )
* 函数功能 :温度读取处理转换后并显示
* 输入 : temp
* 输出 :无
 **************************************************** /
```

```c
void datapros(int temp)
{
    float tp;
    if(temp < 0)                            //当温度值为负数
      {
        Displaydata[0] = 0x40;
        temp = temp-1;
        temp = ~temp;
        tp = temp;
        temp = tp * 0.0625 * 10+0.5;        //取温度小数点后一位 0.0625 需要乘 10
      }
    else
      {
        Displaydata[0] = 0x00;
        tp = temp;
        temp = tp * 0.0625 * 10+0.5;
      }
        Displaydata[1] = temp/100;          //取百位
        Displaydata[2] = temp%100/10;       //取十位
        Displaydata[3] = temp%10;           //取个位

    if(Displaydata[0] == 0x40)              //判断第 0 位数码管符号位是否有"-"
    {
        LED0 = 0;
    }
    else
    {
        LED0 = 1;
    }
    P0 = 0x40;
    delayms(3);
    LED0 = 1;

    if(table[Displaydata[1]] == 0x3f)       //判断第 1 位是否是零
    {
        LED1 = 1;
    }
    else
    {
        LED1 = 0;
    }
    P0 = table[Displaydata[1]];
    delayms(3);
    LED1 = 1;
```

```
        LED2=0;
        P0=table[Displaydata[2]]+0x80;              //显示第 2 位
        delayms(3);
        LED2=1;

        LED3=0;
        P0=table[Displaydata[3]];                    //显示第 3 位
        delayms(3);
        LED3=1;
    }
    void main()
    {
        while(1)
        {
            datapros(Ds18b20ReadTemp());
        }
    }
```

protues 运行结果如图 11-8 和图 11-9 所示。

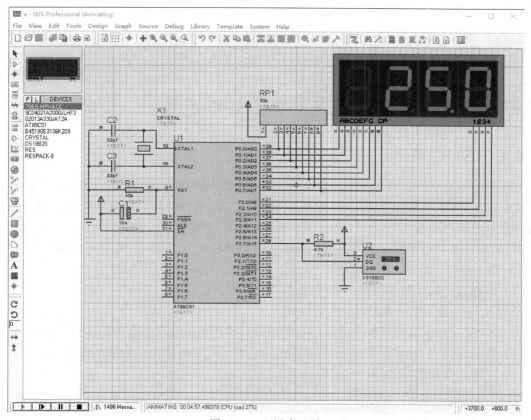

图 11-8　正温度显示

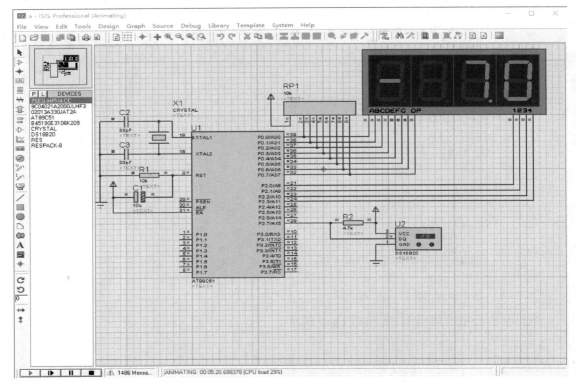

图 11-9　负温度显示

11.2　基于 DS1302 设计数字电子钟（SPI 总线）

11.2.1　DS1302 简介

DS1302 是 DALLAS 公司推出的高性能、低功耗的时钟芯片，内含有一个实时时钟/日历和 31B 静态 RAM，DS1302 通过半双工 SPI 串行接口（3 个接口）与单片机相连进行通信。实时时钟/日历电路提供秒、分、时、日、日期、月、年的信息，直到 2100 年。每个单位时间均可自动调整，电子时钟芯片具有 8 引脚 DIP 直插和 8/16 引脚 SOIC 贴片封装，还包括以下基本特性：

1）内部具有闰年调整功能；

2）31×8 位通用暂存 RAM；

3）2.0 V~5.5 V 宽电压操作范围（工作在 2 V 时，工作电流小于 300 nA），与 TTL 兼容；

4）读写时钟或 RAM 数据时有单字节或多字节（脉冲串模式）数据传送方式；

5）可选工业级温度范围：−40℃~+85℃。

引脚说明，如图 11-10 所示。

X1，X2 —— 32.768 kHz 晶振引脚；

GND —— 地；

$\overline{\text{RST}}$ —— 复位引脚；

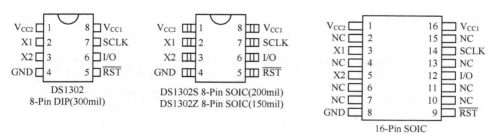

图 11-10 DS1302 引脚图

I/O —— 数据输入/输出引脚;

SCLK —— 串行时钟;

V_{cc_1},V_{cc_2} —— 电源供电引脚。

11.2.2 预备知识

(1) 命令字节

传送每一字节数据都需要命令字节初始化。见表 11-2,命令字节最高位第 7 位必须为 1,如果为 0 将禁止写入。第 6 位:逻辑 0 为时钟/日历数据,逻辑 1 为 RAM 数据。

第 1 位到第 5 位表示输入输出的指定寄存器。第 0 位:逻辑 0 为写操作,逻辑 1 为读操作。命令直接总以最低位开始输入。

表 11-2 命令字节

7	6	5	4	3	2	1	0
1	RAM / $\overline{CK}$	A4	A3	A2	A1	A0	RD / $\overline{WR}$

(2) $\overline{RST}$复位引脚与时钟控制

所有数据传送开始时$\overline{RST}$输入为高电平,可以实现两种功能:①$\overline{RST}$引脚接通允许对地址/命令序列的移位寄存器进行读写操作。②$\overline{RST}$引脚信号可以对单字节或多字节数据传送进行终止。读写操作如图 11-11 和图 11-12 所示。

时钟周期是上升沿伴随下降沿的连续序列,当进行数据输入时,在时钟的上升沿期间必须有效,当进行数据输出时,数据需要在时钟的下降沿期间输出。在进行数据传送的过程中,如果$\overline{RST}$复位引脚置低,数据传送将被终止,会使 I/O 口引脚进入高阻抗状态。在上电运行时,在 Vcc 大于 2.0 V 之前,$\overline{RST}$必须为零。而且,只有 SCLK 为低电平时,$\overline{RST}$复位引脚才能置高电平。

SINGLE BYTE READ

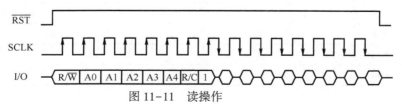

图 11-11 读操作

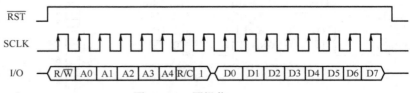

图 11-12　写操作

（3）数据输入

数据输入第 1 个字节为命令字节，随后的 8 个 SCLK 周期的上升沿为数据字节的输入，输入的每个字节都是低位在前开始写入。

（4）数据输出

数据输出第 1 个字节为命令字节，随后的 8 个 SCLK 周期的下降沿为数据字节的输出，需要注意的是第 1 个数据位的传送发生在命令字节被写完后的第 1 个下降沿，CE 保持高电平。

（5）时间和日历寄存器

如下表 11-3 所示时间和日历寄存器，通过写地址命令设置这些寄存器初始时间，也可以写读地址命令，从寄存器读取想要的时间。由表可以看出第 1 列为读地址命令，第 2 列为写地址命令。前 7 行为时间寄存器，分别为秒寄存器、分寄存器、小时寄存器、日期寄存器、月寄存器、星期寄存器、年寄存器，第 8 行为写保护寄存器，第 9 行为充电保护寄存器。时间日期寄存器内部数据以二进制 BCD 码格式存储。

秒寄存器：第 6 位到第 0 位表示秒时间；第 7 位为时钟控制位，为 1 时时钟停止，为 0 时时钟开启。

小时寄存器：第 7 位，置 1 为 12 小时模式，置 0 为 24 小时模式；第 5 位，为 1 表示 PM，为 0 表示 AM。当设置为 24 小时模式时，第 5 位到第 0 位表示小时。

控制寄存器：第 7 位为写保护位，置 1 阻止写操作，置 0 允许写操作。

表 11-3　时间和日历寄存器

READ	WRITE	BIT 7	BIT 6	BIT 5	BIT 4	BIT 3	BIT 2	BIT 1	BIT 0	RANGE
81h	80h	CH	10 Seconds			Seconds				00~59
83h	82h		10 Minutes			Minutes				00~59
85h	84h	12 $\sqrt{24}$	0	$\dfrac{10}{\overline{AM/PM}}$	Hour	Hour				1~12/0~23
87h	88h	0	0	10 Date		Date				1~31
89h	88h	0	0	0	10 Month	Month				1~12
88h	8Ah	0	0	0	0	0	Day			1~7
8Dh	8Ch	10 Year				Year				00~99
8Fh	8Eh	WP	0	0	0	0	0	0	—	—
91h	90h	TCS	TCS	TCS	TCS	DS	DS	RS	RS	—

11.2.3 系统硬件原理图

系统硬件原理图如图11-13所示。

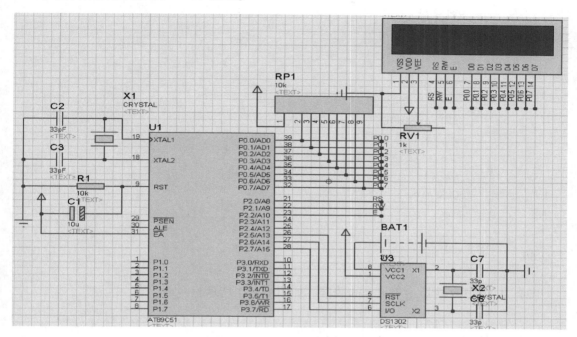

图11-13 DS1302系统原理图

11.2.4 软件设计

（1）向DS1302写地址命令和数据

如图11-12写操作时序图可知，先传送命令字节，然后传送数据，顺序为低位在前传送。

```
/ ************************************************
 * 函数名：WriteAddressData()
 * 函数功能：向DS1302写地址命令和数据
 * 输入：address  dat
 * 输出：无
 ************************************************ /
void  WriteAddressData( unsigned char address , unsigned char dat)
{
    unsigned char i;
    RST = 1 ;
    SCLK = 0;
    _nop_();
    for( i=0 ; i<8 ; i++ )
    {
```

```
        DSIO = address&0x01;            //从最低位开始送入
        address >>= 1;                  //地址左移一位
        SCLK = 1;                       //上升沿
        _nop_();
        SCLK = 0;
        _nop_();
    }
    for(i=0 ; i<8 ; i++)
    {
        DSIO = dat&0x01;
        dat >>= 1;
        SCLK = 1;
        _nop_();
        SCLK = 0;
        _nop_();
    }
    RST = 0;
}
```

（2）从 DS1302 读取一个地址的数据（如图 11-11 所示）

```
/***********************************************************
*  函数名 : ReadAddressData()
*  函数功能 :从 DS1302 读取一个地址的数据
*  输入 : address
*  输出 : dat
***********************************************************/
unsigned   char   ReadAddressData(unsgined char address)
{
    unsigned char dat,dat1;
    unsigned char i ;
    RST = 1;
    _nop_();
    SCLK = 0;
    for(i=0 ; i<8 ; i++)
    {
        DSIO = address&0x01;
        address>> = 1;
        SCLK = 1;
        _nop_();
        SCLK = 0;
        _nop_();
    }
    for(i=0 ; i<8 ; i++)
```

```
    {
        dat1 = DSIO;                        //从最低位开始接收
        dat = (dat>>1) | (dat1<<7);
        SCLK = 1;
        _nop_();
        SCLK = 0;
        _nop_();
    }
    RST = 0;
    _nop_();                                //以下为复位稳定操作
    SCLK = 1;
    _nop_();
    DSIO = 0;
    _nop_();
    DSIO = 1;
    _nop_();
    return dat;
}
```

(3) DS1302 初始化

```
/*****************************************************
* 函数名 : Ds1302Init()
* 函数功能 : Ds1302 初始化
* 输入 : 无
* 输出 : 无
*****************************************************/
unsigned char WriteRTCaddress[] = {0x80, 0x82, 0x84, 0x86, 0x88, 0x8a, 0x8c};//写地址命令
unsigned char ReadRTCaddress[] = {0x81, 0x83, 0x85, 0x87, 0x89, 0x8b, 0x8d};//读地址命令
unsigned char time[] = {0,0,0x12,0x20,0x03,0x03,0x19};//存储顺序是秒分时日月周年,格式为 BCD 码
void Ds1302Init(void)
{
    unsigned char i;
    WriteAddressWrite(0x8e,0x00);//往控制寄存器写入 0x00 关闭写保护
    for(i=0; i<7; i++)
    {
        WriteAddress&Data(WriteRTCaddress[i], time[i]);
    }
    WriteAddressWrite(0x8e,0x80);//往控制寄存器写入 0x80 开启写保护
}
```

（4）读取 DS1302 时间和日期

```
/**************************************************
*  函数名 ：Ds1302ReadTimeDay( )
*  函数功能 :读取时间
*  输入 ：无
*  输出 ：无
**************************************************/
void Ds1302ReadTimeDay( void)
{
    unsigned char i;
    for (i=0; i<7; i++)                    //读取 7B 的时钟信号:分秒时日月周年
    {
        time[i] = ReadAddress&Data( ReadRTCaddress[i]);
    }

}
```

【例 11-2】 应用 DS1302 设计电子钟。

```
#include <reg52. h>
#include <intrins. h>


#define DATAPINS P0

sbit LCD1602_RS = P2^0;
sbit LCD1602_RW = P2^1;
sbit LCD1602_E = P2^2;
sbit DSIO = P2^7;
sbit SCLK = P2^6;
sbit RST = P2^5;


unsigned char  WriteRTCaddress[ ] = {0x80, 0x82, 0x84, 0x86, 0x88, 0x8a, 0x8c};
//写地址命令
unsigned char  ReadRTCaddress[ ] = {0x81, 0x83, 0x85, 0x87, 0x89, 0x8b, 0x8d};
//读地址命令
unsigned char  TIME[ ] = {0,0,0x12,0x20,0x03,0x03,0x19};
//存储顺序
void Delay1ms( unsigned int c)
//误差 0 μs
{
    unsigned char a,b;
```

```
    for ( ; c>0; c--)
    {
        for ( b = 199;b>0;b--)
        {
            for( a = 1;a>0;a--);
        }
    }

}
/ * * * * * * * * * * * * * * * * * * * * * * * * * * * * * * * * * * * * * * * * * * * * * * * * * * * *
* 函数名 : WriteAddressData( )
* 函数功能 :向 DS1302 写地址命令和数据
* 输入 : address    dat
* 输出 : 无
* * * * * * * * * * * * * * * * * * * * * * * * * * * * * * * * * * * * * * * * * * * * * * * * * * * * * /
void    WriteAddressData( unsigned char address , unsigned char dat)
{
    unsigned char i;
    RST = 1 ;
    SCLK = 0;
    _nop_( ) ;
    for( i = 0 ; i<8 ; i++)
    {
        DSIO = address&0x01;
        address >> = 1;
        SCLK = 1;
        _nop_( ) ;
        SCLK = 0;
        _nop_( ) ;
    }
    for( i = 0 ; i<8 ; i++)
    {
        DSIO = dat&0x01;
        dat >> = 1;
        SCLK = 1;
        _nop_( ) ;
        SCLK = 0;
        _nop_( ) ;
    }
    RST = 0;
}
/ * * * * * * * * * * * * * * * * * * * * * * * * * * * * * * * * * * * * * * * * * * * * * * * * * * * *
* 函数名 : ReadAddressData( )
```

```
*  函数功能 :从 DS1302 读取一个地址的数据
*  输入 : address
*  输出 : dat
***********************************************************/
unsigned   char   ReadAddressData(unsigned char address)
{
    unsigned char dat,dat1;
    unsigned char i ;
    RST = 1;
    _nop_();
    SCLK = 0;
    for(i=0 ; i<8 ; i++)
    {
        DSIO = address&0x01;
        address>>=1;
        SCLK = 1;
        _nop_();
        SCLK = 0;
        _nop_();
    }
    for(i=0 ; i<8 ; i++)
    {
        dat1 = DSIO;                          //从最低位开始接收
        dat = (dat>>1) | (dat1<<7);
        SCLK = 1;
        _nop_();
        SCLK = 0;
        _nop_();
    }
    RST = 0;
    _nop_();                                  //以下为 DS1302 复位的稳定时间
    SCLK = 1;
    _nop_();
    DSIO = 0;
    _nop_();
    DSIO = 1;
    _nop_();
        return dat;
}
/***********************************************************
*  函数名 : Ds1302Init( )
*  函数功能 :DS1302 初始化
*  输入 : 无
```

```
 *  输出：无
 ***********************************************************/
void    Ds1302Init(void)
{
        unsigned char i ;
        WriteAddressData(0x8e,0x00);                //往控制寄存器写入 0x00 关闭写保护
        for(i=0 ; i<7 ; i++)
        {
             WriteAddressData(WriteRTCaddress[i], TIME[i]);
        }
        WriteAddressData(0x8e,0x80);                //往控制寄存器写入 0x80 开启写保护
}
/*********************************************************
 * 函数名：Ds1302ReadTimeDay()
 * 函数功能：读取时间
 * 输入：无
 * 输出：无
 ***********************************************************/
void Ds1302ReadTimeDay()
{
    unsigned char i;
    for (i=0; i<7; i++)                              //读取 7B 的时钟信号:分秒时日月周年
    {
        TIME[i] = ReadAddressData(ReadRTCaddress[i]);
    }

}
void LcdWriteCom(unsigned char com)                 //写入命令
{
    LCD1602_E = 0;                                  //使能清零
    LCD1602_RS = 0;                                 //选择写入命令
    LCD1602_RW = 0;

    DATAPINS = com;         //由于 4 位的接线是接到 P0 口的高 4 位,所以传送高 4 位不用改
    Delay1ms(1);

    LCD1602_E = 1;                                  //写入时序
    Delay1ms(5);
    LCD1602_E = 0;

    DATAPINS = com << 4;                            //发送低 4 位
    Delay1ms(1);
```

```c
        LCD1602_E = 1;                              //写入时序
        Delay1ms(5);
        LCD1602_E = 0;
}
void LcdWriteData(unsigned char dat)               //写入数据
{
        LCD1602_E = 0;                              //使能清零
        LCD1602_RS = 1;                             //选择写入数据
        LCD1602_RW = 0;

        DATAPINS = dat;      //由于4位的接线是接到P0口的高4位,所以传送高4位不用改
        Delay1ms(1);

        LCD1602_E = 1;                              //写入时序
        Delay1ms(5);
        LCD1602_E = 0;

        DATAPINS = dat << 4;                        //写入低4位
        Delay1ms(1);
        LCD1602_E = 1;                              //写入时序
        Delay1ms(5);
        LCD1602_E = 0;
}
void LcdInit()                                      //LCD初始化子程序
{
        LcdWriteCom(0x32);                          //将8位总线转为4位总线
        LcdWriteCom(0x28);                          //在四位线下的初始化
        LcdWriteCom(0x0c);                          //开显示不显示光标
        LcdWriteCom(0x06);                          //写1个指针加1
        LcdWriteCom(0x01);                          //清屏
LcdWriteCom(0x80);                                  //设置数据指针起点
}
void main()
{
        LcdInit();
        Ds1302Init();
        while(1)
        {
                Ds1302ReadTimeDay();
                LcdWriteCom(0x80+0X40);
                LcdWriteData('0'+TIME[2]/16);       //时
                LcdWriteData('0'+(TIME[2]&0x0f));
                LcdWriteData('-');
                LcdWriteData('0'+TIME[1]/16);       //分
```

```
LcdWriteData('0'+(TIME[1]&0x0f));
LcdWriteData('-');
LcdWriteData('0'+TIME[0]/16);              //秒
LcdWriteData('0'+(TIME[0]&0x0f));
LcdWriteCom(0x80);
LcdWriteData('2');
LcdWriteData('0');
LcdWriteData('0'+TIME[6]/16);              //年
LcdWriteData('0'+(TIME[6]&0x0f));
LcdWriteData('-');
LcdWriteData('0'+TIME[4]/16);              //月
LcdWriteData('0'+(TIME[4]&0x0f));
LcdWriteData('-');
LcdWriteData('0'+TIME[3]/16);              //日
LcdWriteData('0'+(TIME[3]&0x0f));
LcdWriteCom(0x8D);
LcdWriteData('0'+(TIME[5]&0x07));          //星期
}
}
```

程序执行后仿真电路图如图 11-14 所示。

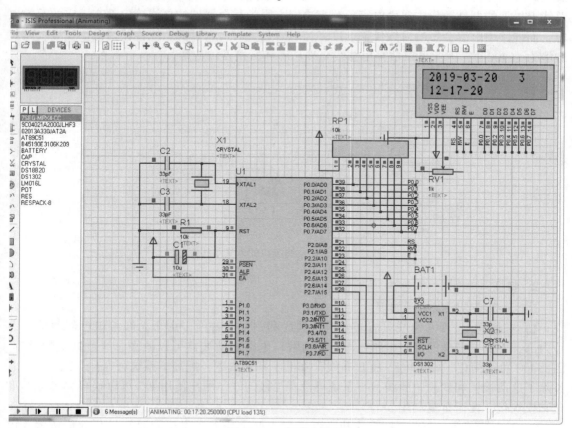

图 11-14　仿真电路图

11.3　AT24C02 的存储应用（I^2C 总线）

11.3.1　I^2C 总线简介

1. 工作原理

I^2C 总线是由 Philips 公司开发的一种简单、双向二线制同步串行总线。它只需要两根线即可在连接于总线上的器件之间传送信息。

主器件用于启动总线传送数据，并产生时钟以开放传送的器件，此时任何被寻址的器件均被认为是从器件。在总线上主和从、发和收的关系不是恒定的，而取决于此时数据传送方向。如果主机要发送数据给从器件，则主机首先寻址从器件，然后主动发送数据至从器件，最后由主机终止数据传送；如果主机要接收从器件的数据，首先由主器件寻址从器件，然后主机接收从器件发送的数据，最后由主机终止接收过程。在这种情况下主机负责产生定时时钟和终止数据传送。

SDA（串行数据线）和 SCL（串行时钟线）都是双向 I/O 线，接口电路为开漏输出，需通过上拉电阻接电源 VCC，如图 11-15 所示。当总线空闲时，两根线都是高电平，连接总线的外同器件都是 CMOS 器件，输出级也是开漏电路，在总线上消耗的电流很小，因此，总线上扩展的器件数量主要由电容负载来决定，因为每个器件的总线接口都有一定的等效电容，而线路中电容会影响总线传输速度，当电容过大时，有可能造成传输错误。所以，其负载能力为 400pF，因此可以估算出总线允许长度和所接器件数量。

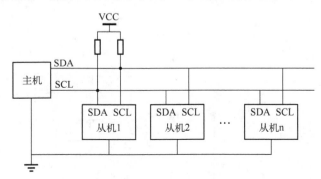

图 11-15　I^2C 总线接口的电气结构图

2. 特征

I^2C 总线特点可以概括如下：

1）在硬件上，I^2C 总线只需要一根数据线和一根时钟线，由于总线接口已经集成在芯片内部，不需要特殊的接口电路，而且片上接口电路的滤波器可以滤去总线数据上的毛刺。因此 I^2C 总线简化了硬件电路 PCB 布线，降低了系统成本，提高了系统可靠性。因为 I^2C 芯片除了这两根线和少量中断线，与系统再没有连接的线，用户使用 I^2C 可以很容易形成标准化和模块化，便于重复利用。

2）I^2C 总线是一个真正的多主机总线，如果两个或多个主机同时初始化数据传输，可以通过冲突检测和仲裁防止数据破坏，每个连接到总线上的器件都有唯一的地址，任何器件既可以作为主机也可以作为从机，但同一时刻只允许有一个主机。数据传输和地址由软件设定，非常灵活。总线上的器件增加和删除不影响其他器件正常工作。

3）I^2C总线可以通过外部连线进行在线检测，便于系统故障诊断和调试，故障可以立即被寻址，也利于软件标准化和模块化，缩短开发时间。

4）连接到相同总线上的I^2C数量只受总线最大电容的限制，串行的8位双向数据传输位速率在标准模式下可达100 kbit/s，快速模式下可达400 kbit/s，高速模式下可达3.4 Mbit/s。

5）总线具有极低的电流消耗，抗高噪声干扰，增加总线驱动器可以使总线电容扩大10倍，传输距离达到15 m；兼容不同电压等级的器件，且工作温度范围宽。

11.3.2 I^2C总线协议

1. I^2C总线信号定义

I^2C协议规定，总线上数据的传输必须以一个起始信号作为开始条件，以一个结束信号作为传输的停止条件。起始和结束信号总是由主设备产生。总线在空闲状态时，SCL和SDA都保持着高电平，当SCL为高电平而SDA由高到低的跳变，表示产生一个起始条件；当SCL为高而SDA由低到高的跳变，表示产生一个停止条件。在起始条件产生后，总线处于忙状态，由本次数据传输的主从设备独占，其他I^2C器件无法访问总线；而在停止条件产生后，本次数据传输的主从设备将释放总线，总线再次处于空闲状态。如图11-16所示：

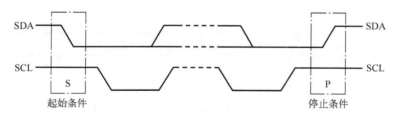

图11-16 I^2C总线的起始信号和停止信号

在了解起始条件和停止条件后，再来看看在这个过程中数据的传输是如何进行的。前面已经提到过，数据传输以字节为单位。主设备在SCL线上产生每个时钟脉冲的过程中将在SDA线上传输一个数据位，当一个字节按数据位从高位到低位的顺序传输完后，紧接着从设备将拉低SDA线，回传给主设备一个应答位，此时才认为一个字节真正的被传输完成。当然，并不是所有的字节传输都必须有一个应答位，比如：当从设备不能再接收主设备发送的数据时，从设备将回传一个否定应答位。数据传输的过程如图11-17所示：

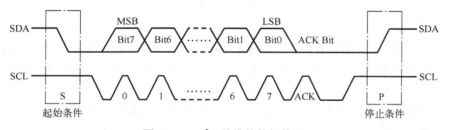

图11-17 I^2C总线的数据传送

在前面还提到过，I²C 总线上的每一个设备都对应一个唯一的地址，主从设备之间的数据传输是建立在地址的基础上，也就是说，主设备在传输有效数据之前要先指定从设备的地址，地址指定的过程和上面数据传输的过程一样，只不过大多数从设备的地址是 7 位的，然后协议规定再给地址添加一个最低位用来表示接下来数据传输的方向，0 表示主设备向从设备写数据，1 表示主设备向从设备读数据。如图 11-18 所示：

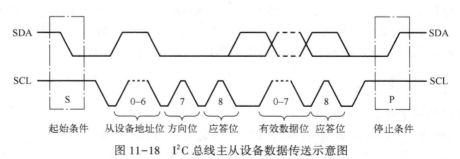

图 11-18　I²C 总线主从设备数据传送示意图

2. I²C 总线操作

对总线的操作实际就是主从设备之间的读写操作。大致可分为以下三种操作情况：

1）主设备往从设备中写数据。数据传输格式如图 11-19 所示：

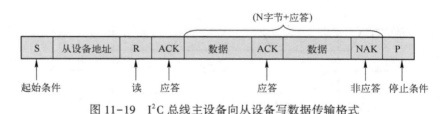

图 11-19　I²C 总线主设备向从设备写数据传输格式

2）主设备往从设备中读数据。数据传输格式如图 11-20 所示：

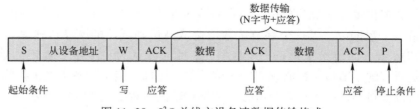

图 11-20　I²C 总线主设备读数据传输格式

3）主设备往从设备中写数据，然后重启起始条件，紧接着从从设备中读取数据；或者是主设备从从设备中读数据，然后重启起始条件，紧接着主设备往从设备中写数据。数据传输格式如图 11-21 所示：

第三种操作在单个主设备系统中，重复开启起始条件机制要比用 STOP 终止传输后又再次开启总线更有效率。

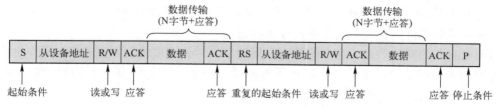

图 11-21　I^2C 总线主设备向从设备读写数据并重启传输格式

3. 数据传输

字节格式：发送到 SDA 线上的每个字节必须为 8 位，每次传输可以发送的字节数量不受限制。每个字节后必须跟一个响应位。首先传输的是数据的最高位（MSB），如果从机要完成一些其他功能后（例如一个内部中断服务程序）才能接收或发送下一个完整的数据字节时，可以使时钟线 SCL 保持低电平，迫使主机进入等待状态，当从机准备好接收下一个数据字节并释放时钟线 SCL 后数据传输继续。

应答响应：数据传输必须带有响应，相关的响应时钟脉冲由主机产生。在响应的时钟脉冲期间发送器释放 SDA 线（高）。在响应的时钟脉冲期间，接收器必须将 SDA 线拉低，使它在这个时钟脉冲的高电平期间保持稳定的低电平。传输格式如图 11-22 所示。

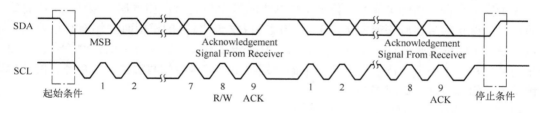

图 11-22　I^2C 总线数据传输和应答

通常被寻址的接收器在接收到的每个字节后，除了用 CBUS 地址开头的数据，还必须产生一个响应。当从机不能响应从机地址时（例如它正在执行一些实时函数不能接收或发送），从机必须使数据线保持高电平，主机然后产生一个停止条件终止传输或者产生重复起始条件开始新的传输。

如果从机接收器响应了从机地址，但是在传输了一段时间后不能接收更多数据字节，主机必须再一次终止传输。这个情况用从机在第一个字节后没有产生响应来表示。从机使数据线保持高电平，主机产生一个停止或重复起始条件。

如果传输中有主机接收器，它必须通过在从机发出的最后一个字节时产生一个响应，向从机发送器通知数据结束。从机发送器必须释放数据线，允许主机产生一个停止或重复起始条件。

时钟同步：所有主机在 SCL 线上产生它们自己的时钟来传输 I^2C 总线上的数据。数据只在时钟的高电平周期有效，因此需要一个确定的时钟进行逐位仲裁。

时钟同步通过线与连接 I^2C 接口到 SCL 线来执行。这就是说 SCL 线从高到低切换会使器件开始数它们的低电平周期，而且一旦器件的时钟变低电平，它会使 SCL 线保持这种状态直到到达时钟的高电平。但是如果另一个时钟仍处于低电平周期，这个时钟从低到高切换不会改变 SCL 线的状态。因此 SCL 线将被有最长低电平周期的器件一直保持低电平。此时低电平周期短的器件则会进入高电平的等待状态。

当所有有关的器件数完了它们的低电平周期后，时钟线被释放并变成高电平。之后，器件时钟和 SCL 线的状态没有差别，而且所有器件会开始数它们的高电平周期。首先完成高电平周期计数的器件会再次将 SCL 线拉低。

这样产生的同步 SCL 时钟的低电平周期由低电平时钟周期最长的器件决定，而高电平周期由高电平时钟周期最短的器件决定。

11.3.3　单片机模拟 I^2C 总线通信

目前，市场上很多类型单片机都已经具有硬件 I^2C 总线控制单元，这类单片机在工作时，总线状态由硬件监测，无须用户介入，操作非常方便。但是还有许多单片机并不具有 I^2C 总线接口，如 AT89C51 单片机，是否这类单片机就和 I^2C 总线以及 PC 总线器件无缘了？办法总是有的，可利用单片机的任意两条 I/O 线来模拟 I^2C 总线接口，其中一条 I/O 口线用于模拟时钟信号 SCL，另一条 I/O 口线用于模拟数据信号 SDA，再配合上用 C51 编写的与 I^2C 总线相关的函数，就能方便地扩展 I^2C 总线接口器件。

为了保证数据传送的可靠性，标准 I^2C 总线的数据传送有严格的时序要求。I^2C 总线的起始信号、停止信号、应答或发送"0"、非应答或发送"1"的模拟时序均有严格要求。单片机在模拟 I^2C 总线通信时，需编写如下几个关键部分函数：总线初始化启动信号、答信号停止信号、写一个字节、读一个字节。下面分别给出具体函数的写法供大家参考，阅读代码时请参考前面相关部分的时序图。

1）总线初始化：将总线拉高以释放总线。

```
void init( )
{
    SCL = 1;
    delay( );
    SDA = 1;
    delay( );
}
```

2）启动信号：SCL 高电平期间，SDA 一个下降沿产生启动信号。

```
void start( )
{
    SDA = 1;
    delay( );
    SCL = 1;
    delay( );
    SDA = 0;
    delay( );
}
```

3）应答信号：

```
void respons( )
{
Uchar i=0;
SCL=1;
delay( );
while((SDA==1)&&(i<255)) i++;
SCL=0;
delay( );
}
```

SCL 在高电平期间，SDA 被从设备拉为低电平表示应答。代码中 (SDA==1)&&(i<255)表示在这段时间内没有收到从器件的应答则主控器默认从器件已经收到数据而不再等待应答信号，如果不加这个延时退出，一旦从器件没有发出应答信号，程序将永远停止在这里。

4）停止信号：SCL 高电平期间 SDA 产生一上升沿信号。

```
void  stop( )
{
SDA=0;
delay( );
SCL=1;
delay( );
SDA=1;
delay( );
}
```

5）写一个字节：

```
void writebyte(uchar data)
{
uchar i,temp;
temp=data;
for(i=0;i<8;i++)
{
temp=temp<<1;
SCL=0;
delay( );
SDA=CY;
delay( );
SCL=1;
delay( );
}
SCL=0;
delay( );
```

```
        SDA = 1;
        delay( );
   }
```

串行发送一个字节时需要把这个字节中的 8 位一位一位的发出，其中 temp = temp<<1;
表示将 temp 左移一位，最高位移入特殊功能寄存器 PSW 的 CY 位中，然后将 CY 赋给 SDA，
进而在 SCL 控制下发送出去字节。

6）读一个字节：

```
void readbyte( uchar data)
{
    uchar i,temp;
     SCL = 0;
     delay( );
     SDA = 1;
        for( i = 0;i<8;i++)
      {
        SCL = 1;
        delay( );
        temp = (temp<<1) │ SDA;
        SCL = 0;
        delay( );

      }

       delay( );
      return temp;
}
```

串行接收一个字节时也需要将一个字节的 8 位一位一位接收，然后组合成一个字节。

【例 11-3】 设计具有记忆功能的秒计数显示。电路如图 11-23 所示，运行结果如
图 11-24 所示。

```
#include<reg51. h>
#include<intrins. h>
#define uint unsigned int
#define uchar unsigned char
bit flag = 0;                              //写 AT24C02 的标志信息
sbit SDA = P3^7;
sbit SCL = P3^6;
sbit shi = P3^0;
sbit ge = P3^1;
uchar sec,tcnt;
uchar code table[ ] = {0xc0,0xf9,0xa4,0xb0,0x99,0x92,0x82,0xf8,0x80,0x90};
```

```c
// ****************** 延时函数 ******************** //
void delayms(uint ms)
{
    uchar i;
    while(ms--)
    {
        for(i=0;i<120;i++);
    }
}
// *********** 起始信号 ******************* //
void start()
{
    SDA=1;
    SCL=1;
    _nop_();
    _nop_();
    SDA=0;
    _nop_();
    _nop_();
    _nop_();
    _nop_();
    SCL=0;
}
// *********** 停止信号 ******************* //
void stop()
{
    SDA=0;
    _nop_();
    _nop_();
    SCL=1;
    _nop_();
    _nop_();
    _nop_();
    _nop_();
    SDA=1;
}
// *********** 从 AT24C02 读取数据 ***************** //
uchar read_byte()
{
    uchar i,da;
    for(i=0; i<8;i++)
```

```
        {
            SCL = 1;
            da = da<<1;
            da = da | (uchar)SDA;
            SCL = 0;
        }
        return(da);
    }
// ********** 向 AT24C02 写入数据 ****************** //
bit write_byte(uchar write_data)
    {
        uchar i;
        bit ack_bit;                         //定义应答信号
        for(i=0;i<8;i++)                     //循环移入 8 个位
        {
            SDA = (bit)(write_data & 0x80);
            _nop_();
            SCL = 1;
            _nop_();
            _nop_();
            SCL = 0;
            write_data = write_data<<1;
        }
        SDA = 1;                             //读取应答
        _nop_();
        _nop_();
        SCL = 1;
        _nop_();
        _nop_();
        _nop_();
        _nop_();
        ack_bit = SDA;
        SCL = 0;
        return ack_bit;                      //返回 AT24C02 应答位
    }
// ********** 向 AT24C02 指定地址写入数据 ********** //
void write_byte_add(uchar addr, uchar write_data)
    {
        start();
        write_byte(0xa0);
        write_byte(addr);
```

```
        write_byte( write_data);
        stop( );
        delayms( 10);
}
// ************ 从 AT24C02 当前地址读取数据 ************ //
unsigned char read_current( )
{
        uchar read_data;
        start( );
        write_byte( 0xa1);
        read_data = read_byte( );
        stop( );
        return read_data;
}
// ************ 从 AT24C02 指定地址读取数据 ************ //
unsigned char read_random( uchar random_addr)
{
        start( );
        write_byte( 0xa0);
        write_byte( random_addr);
        return( read_current( ));
}


// ****************** 显示函数 ************* //
void display( uchar bai_c, uchar sh_c)
{
        shi = 1;
        P2 = table[ bai_c];                      //显示第 1 位
        delayms( 5);
        shi = 0;
        P2 = table[ sh_c];                       //显示第 2 位
        ge = 1;
        delayms( 5);
        ge = 0;


}


// ****************** 主函数 ************* //
void main( )
{
        SDA = 1;
```

```
        SCL = 1;
        sec = read_random(0x02);              //读出保存的数据赋给 sec
        if(sec>100)                           //防止首次读出错误数据
        sec = 0;
        TMOD = 0x01;                          //定时器 T0 工作在定时方式 1
        ET0 = 1;                              //T0 中断允许
        EA = 1;                               //CPU 中断允许
        TH0 = (65536-50000)/256; //
        TL0 = (65536-50000)%256;              //TH0、TL0 送初值
        TR0 = 1;                              //启动 T0
        while(1)
        {
            display(sec/10,sec%10);
            if(flag == 1)                     //判断计时器是否计时为 1 s
            {
                flag = 0;                     //清 0
                write_byte_add(2,sec);        //在 24C02 的地址 02 中写入数据 sec
            }
        }
}
// *****************定时器 T0 中断函数***************//
void t0() interrupt 1
{
    TH0 = (65536-50000)/256; //
    TL0 = (65536-50000)%256;                  //重装 TH0、TL0 送初值
    tcnt++;                                   //50ms tcnt 加 1
    if(tcnt == 20)
    {
        tcnt = 0; //
        sec++;
        flag = 1; //1 秒写一次 24C02
        if(sec == 100)
        {
            sec = 0;
        }
    }
}
```

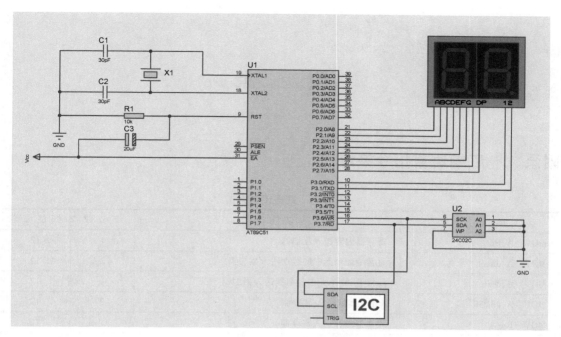

图 11-23　AT24C02 记忆并定时显示电路图

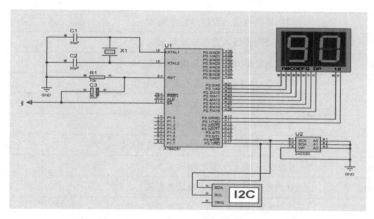

图 11-24　AT24C02 记忆并定时显示运行图

附　　录

附录 A　汇编语言指令系统

表 A-1　数据传送类指令

助　记　符	功　能　说　明	字 节 数	振 荡 周 期
MOV　A,Rn	寄存器内容送入累加器	1	12
MOV　A,direct	直接地址单元中的数据送入累加器	2	12
MOV　A,@Ri	间接 RAM 单元中的数据送入累加器	1	12
MOV　A,#data8	8 位立即数送入累加器	2	12
MOV　Rn,A	累加器内容送入寄存器	1	12
MOV　Rn,direct	直接地址单元中的数据送入寄存器	2	24
MOV　Rn,#data8	8 位立即数送入寄存器	2	12
MOV　direct,A	累加器内容送入直接地址单元	2	12
MOV　direct,Rn	寄存器内容送入直接地址单元	2	24
MOV　direct,direct	直接地址单元中的数据送入直接地址单元	3	24
MOV　direct,@Ri	间接 RAM 中的数据送入直接地址单元	2	24
MOV　direct,#data8	8 位立即数送入直接地址单元	3	24
MOV　@Ri,A	累加器内容送入间接 RAM 单元	1	12
MOV　@Ri,direct	直接地址单元中的数据送入间接 RAM 单元	2	24
MOV　@Ri,#data8	8 位立即数送入间接 RAM 单元	2	12
MOV　DPTR,#data16	16 位立即数地址送入地址寄存器	3	24
MOV　A,@A+DPTR	以 DPTR 为基地址将变址寻址单元中的数据送入累加器	1	24
MOV　A,@A+PC	以 PC 为基地址将变址寻址单元中的数据送入累加器	1	24
MOV　A,@Ri	外部 RAM（8 位地址）单元送入累加器	1	24
MOV　A,@DPTR	外部 RAM（16 位地址）单元送入累加器	1	24
MOV　@Ri,A	累加器送入外部 RAM（8 位地址）单元	1	24
MOV　@DPTR,A	累加器送入外部 RAM（16 位地址）单元	1	24
PUSH　direct	直接地址单元中的数据压入堆栈	2	24
POP　DIRECT	堆栈中的数据弹出到直接地址单元	2	24
XCH　A,Rn	寄存器与累加器交换	1	12
XCH　A,direct	直接地址单元与累加器交换	2	12
XCH　A,@Ri	间接 RAM 单元与累加器交换	1	12

表 A-2　算术操作类指令

助　记　符	功　能　说　明	字　节　数	振　荡　周　期
ADD　A,Rn	寄存器内容加到累加器	1	12
ADD　A,direct	直接地址单元加到累加器	2	12
ADD　A,@Ri	间接 RAM 单元内容加到累加器	1	12
ADD　A,#data8	8 位立即数加到累加器	2	12
ADDC　A,Rn	寄存器内容带进位加到累加器	1	12
ADDC　A,dirct	直接地址单元带进位加到累加器	2	12
ADDC　A,@Ri	间接 RAM 单元内容带进位加到累加器	1	12
ADDC　A,#data8	8 位立即数带进位加到累加器	2	12
SUBB　A,Rn	累加器带借位减寄存器内容	1	12
SUBB　A,dirct	累加器带借位减直接地址单元	2	12
SUBB　A,@Ri	累加器带借位减间接 RAM 单元内容	1	12
SUBB　A,#data8	累加器带借位减 8 位立即数	2	12
INC　A	累加器加 1	1	12
INC　Rn	寄存器加 1	1	12
INC　direct	直接地址单元内容加 1	2	12
INC　@Ri	间接 RAM 单元内容加 1	1	12
INC　DPTR	DPTR 加 1	1	24
DEC　A	累加器减 1	1	12
DEC　Rn	寄存器减 1	1	12
DEC　direct	直接地址单元内容减 1	2	12
DEC　@Ri	间接 RAM 单元内容减 1	1	12
MUL　A,B	A 乘以 B	1	48
DIV　A,B	A 除以 B	1	48

表 A-3　逻辑操作类指令

助　记　符	功　能　说　明	字　节　数	振　荡　周　期
ANL　A,Rn	累加器与寄存器相"与"	1	12
ANL　A,direct	累加器与直接地址单元相"与"	2	12
ANL　A,@Ri	累加器与间接 RAM 单元内容相"与"	1	12
ANL　A,#data8	累加器与 8 位立即数相"与"	2	12
ANL　direct,A	直接地址单元与累加器相"与"	2	12
ANL　direct,#data8	直接地址单元与 8 位立即数相"与"	3	24
ORL　A,Rn	累加器与寄存器相"或"	1	12
ORL　A,direct	累加器与直接地址单元相"或"	2	12
ORL　A,@Ri	累加器与间接 RAM 单元内容相"或"	1	12
ORL　A,#data8	累加器与 8 位立即数相"或"	2	12
ORL　direct,A	直接地址单元与累加器相"或"	2	12
ORL　direct,#data8	直接地址单元与 8 位立即数相"或"	3	24
XRL　A,Rn	累加器与寄存器相"异或"	1	12
XRL　A,direct	累加器与直接地址单元相"异或"	2	12
XRL　A,@Ri	累加器与间接 RAM 单元内容相"异或"	1	12
XRL　A,#data8	累加器与 8 位立即数相"异或"	2	12

助　记　符	功　能　说　明	字　节　数	振　荡　周　期
XRL　direct,A	直接地址单元与累加器相"异或"	2	12
XRL　direct,#data8	直接地址单元与8位立即数相"异或"	3	24
CLR　A	累加器清0	1	12
CPL　A	累加器求反	1	12
RL　A	累加器循环左移	1	12
RLC　A	累加器带进位循环左移	1	12
RR　A	累加器循环右移	1	12
RRC　A	累加器带进位循环右移	1	12

表 A-4　控制转移类指令

助　记　符	功　能　说　明	字　节　数	振　荡　周　期
ACALL addr11	绝对短调用子程序	2	24
LACLL addr16	长调用子程序	3	24
RET	子程序返回	1	24
RETI	中断返回	1	24
AJMP addr11	绝对短转移	2	24
LJMP addr16	长转移	3	24
SJMP rel	相对转移	2	24
JMP @ A+DPTR	相对于 DPTR 的间接转移	1	24
JZ rel	累加器为零转移	2	24
JNZ rel	累加器非零转移	2	24
CJNE A,direct,rel	累加器与直接地址单元比较，不等则转移	3	24
CJNE A,#data8,rel	累加器与8位立即数比较，不等则转移	3	24
CJNE Rn,#data8,rel	寄存器与8位立即数比较，不等则转移	3	24
CJNE @ Ri,#data8,rel	间接 RAM 单元，不等则转移	3	24
DJNZ Rn,rel	寄存器减1，非零转移	3	24
DJNZ direct,rel	直接地址单元减1，非零转移	3	24
CLR　C	清进位位	1	12
CLR　bit	清直接地址位	2	12
SETB C	置进位位	1	12
SETB bit	置直接地址位	2	12
CPL　C	进位位求反	1	12
CPL　bit	直接地址位求反	2	12
ANL C,bit	进位位和直接地址位相"与"	2	24
ANL　C,bit	进位位和直接地址位的反码相"与"	2	24
ORL　C,bit	进位位和直接地址位相"或"	2	24
ORL　C,bit	进位位和直接地址位的反码相"或"	2	24
MOV　C,bit	直接地址位送入进位位	2	12
MOV　bit,C	进位位送入直接地址位	2	24
JC　rel	进位位为1则转移	2	24
JNC　rel	进位位为0则转移	2	24
JB　bit,rel	直接地址位为1则转移	3	24
JNB　bit,rel	直接地址位为0则转移	3	24

附录 B ASCII 码表

表 B-1 控制字符对照表

ASCII 值	控制字符	ASCII 值	控制字符	ASCII 值	控制字符	ASCII 值	控制字符
0	NUT	32	（space）	64	@	96	、
1	SOH	33	!	65	A	97	a
2	STX	34	”	66	B	98	b
3	ETX	35	#	67	C	99	c
4	EOT	36	$	68	D	100	d
5	ENQ	37	%	69	E	101	e
6	ACK	38	&	70	F	102	f
7	BEL	39	,	71	G	103	g
8	BS	40	(	72	H	104	h
9	HT	41	)	73	I	105	i
10	LF	42	*	74	J	106	j
11	VT	43	+	75	K	107	k
12	FF	44	,	76	L	108	l
13	CR	45	–	77	M	109	m
14	SO	46	.	78	N	110	n
15	SI	47	/	79	O	111	o
16	DLE	48	0	80	P	112	p
17	DCI	49	1	81	Q	113	q
18	DC2	50	2	82	R	114	r
19	DC3	51	3	83	X	115	s
20	DC4	52	4	84	T	116	t
21	NAK	53	5	85	U	117	u
22	SYN	54	6	86	V	118	v
23	TB	55	7	87	W	119	w
24	CAN	56	8	88	X	120	x
25	EM	57	9	89	Y	121	y
26	SUB	58	:	90	Z	122	z
27	ESC	59	;	91	[	123	¦
28	FS	60	<	92	/	124		
29	GS	61	=	93	]	125	¦
30	RS	62	>	94	^	126	~
31	US	63	?	95	—	127	DEL

表 B-2　控制字符含义表

控制字符	含义	控制字符	含义	控制字符	含义
NUL	空	VT	垂直制表	SYN	空转同步
SOH	标题开始	FF	走纸控制	ETB	信息组传送结束
STX	正文开始	CR	回车	CAN	作废
ETX	正文结束	SO	移位输出	EM	纸尽
EOY	传输结束	SI	移位输入	SUB	换置
ENQ	询问字符	DLE	空格	ESC	换码
ACK	确认	DC1	设备控制 1	FS	文字分隔符
BEL	报警	DC2	设备控制 2	GS	组分隔符
BS	退一格	DC3	设备控制 3	RS	记录分隔符
HT	横向列表	DC4	设备控制 4	US	单元分隔符
LF	换行	NAK	否定	DEL	删除

附录 C　常用逻辑符号对照表

名称	国标符号	曾用符号	国外常用符号	名称	国标符号	曾用符号	国外常用符号
与门				基本 RS 触发器			
或门				同步 RS 触发器			
非门							
与非门				正边沿 D 触发器			
或非门							
异或门				负边沿 JK 触发器			
同或门							
集电极开路与非门				全加器			
三态门				半加器			
施密特与门				传输门			

308

参 考 文 献

［1］刘志君，姚颖．单片机原理及应用［M］．北京：清华大学出版社，2016．

［2］曾庆波，何一楠，辛春红．单片机应用技术［M］．哈尔滨：哈尔滨工业大学出版社，2010．

［3］丁明亮，唐前辉．51单片机应用设计与仿真——基于Keil C与Proteus［M］．北京：北京航空航天大学出版社，2009．

［4］周润景．基于Proteus的电路与单片机仿真系统与仿真［M］．北京：北京航空航天大学出版社，2005．

［5］张明波．基于单片机的点阵LED显示系统的设计［J］．单片机开发与应用，2007，23（2）：85-86．

［6］黄智伟，王彦．FPGA系统设计与实践［M］．北京：机械工业出版社，2005．

［7］李念强．单片机原理及应用［M］．2版．北京：清华大学出版社，2013．

［8］姜煜，等．基于FPGA芯片设计多功能数字钟的研究［J］．应用科技，2001，28（12）：15-17．

［9］冯育长．单片机系统设计与实例分析［M］．西安：西安电子科技大学出版社，2007．

［10］李及，赵利民．MCS-51系列单片机原理与应用［M］．长春：吉林科学技术出版社，1995．

［11］何力民．单片机应用技术选编［M］．北京：北京航空航天大学出版社，1997．